时空耦合系统变量分离降阶方法及其应用

蒋　勉　卢清华　蒋经华　张文灿　著

科 学 出 版 社

北　京

内 容 简 介

本书介绍时空耦合系统变量分离降阶方法的原理及其拓展，以及在工程中一些典型时空耦合系统上的应用。本书共6章，首先从时空耦合系统的概念开始，介绍典型时空耦合系统模型、时空耦合系统的降阶问题；然后详细介绍基于变量分离的时空耦合系统降阶方法的思路；接着介绍基于空间基函数变换和非线性度量等思想的时空耦合系统变量分离降阶方法的拓展；最后介绍时空变量分离方法在工程中典型时空耦合系统上的应用，使本书内容形成一个闭环。

本书适合时空耦合系统研究领域的相关科研人员和爱好者阅读，尤其适合从事复杂时空耦合系统降阶方法研究的科研工作者包括高校教师、博士研究生和工程师等阅读。

图书在版编目（CIP）数据

时空耦合系统变量分离降阶方法及其应用/蒋勉等著. —北京：科学出版社，2021.6

ISBN 978-7-03-068983-2

Ⅰ. ①时…　Ⅱ. ①蒋…　Ⅲ. ①耦合系统－研究　Ⅳ. ①O231

中国版本图书馆 CIP 数据核字（2021）第 105869 号

责任编辑：朱英彪　李　娜 / 责任校对：杨聪敏
责任印制：吴兆东 / 封面设计：蓝正设计

科 学 出 版 社 出版
北京东黄城根北街 16 号
邮政编码：100717
http://www.sciencep.com

北京凌奇印刷有限责任公司 印刷
科学出版社发行　各地新华书店经销

*

2021 年 6 月第　一　版　开本：720×1000　B5
2022 年 5 月第二次印刷　印张：11 3/4
字数：236 000

定价：88.00 元

（如有印装质量问题，我社负责调换）

前　言

国民经济中占有极其重要地位的石油、化工、炼钢、轧钢等工业的生产过程，以及对控制精度要求较高的半导体封装、机器人柔性装配等先进制造过程，通常都会涉及非线性、不确定性、大时滞、时变性等问题，且具有较强的空间分布特性。这些具有时间和空间耦合特征的工业过程基本上可归纳为时空耦合系统。时空耦合系统的状态、控制输入、输出及参数等不仅随时间变化，还随空间变化，因此很难对其实施良好的控制。其中，时空耦合系统的低阶近似模型是许多时空耦合系统实际应用(包括系统分析、控制和优化)的基础。由于具有空间分布特性，时空耦合系统的状态空间是一个无穷维函数空间，其在任意时刻的状态都是空间位置的函数。因此，时空耦合系统本质上是无穷维的，对其进行快速仿真分析和控制器设计具有非常大的难度。通过有效的计算方法，建立保证建模精度的适用于系统快速仿真和控制器设计的低阶近似模型，是科学和工程上实现时空耦合系统控制需要解决的基础性问题。

本书主要基于变量分离方法针对时空耦合系统的降阶问题开展相关研究，通过引入空间基函数变换和非线性度量等方法来实现时空耦合系统近似模型的进一步降阶，并给出其在工程中典型时空耦合系统上的应用。本书主要内容介绍如下：

首先，主要介绍时空耦合系统的概念及其数学描述，以及若干典型的时空耦合系统模型，目的在于引出时空耦合系统的降阶问题及主要方法的研究现状等；其次，介绍基于变量分离的时空耦合系统降阶方法的整体思路和步骤；再次，介绍作者在变量分离方法基础上的研究成果，主要是基于特征函数变换的时空耦合系统降阶、基于经验特征函数变换的时空耦合系统降阶及基于经验特征函数和非线性度量的时空耦合系统降阶三类方法；最后，介绍时空耦合系统降阶方法在工程中的应用，主要包含刚-柔耦合机械手动力学分析、铝合金热精轧过程工作辊热变形预测和梁类结构裂纹位置识别三个应用实例。

本书第 1~5 章由佛山科学技术学院蒋勉研究员撰写，第 6 章由佛山科学技术学院卢清华教授撰写，广东技术师范大学蒋经华讲师和佛山科学技术学院张文灿副教授参与了本书的撰写、审校工作。本书的完成要感谢作者导师中南大学邓华教授的指导，同时感谢原工作单位湖南科技大学机械工程学科相关领导和老师，以及现工作单位佛山科学技术学院机电工程与自动化学院领导和老师的指导和帮助。感谢国家自然科学基金项目(51775182、51305133)、湖南省自然科学基金项目(13JJB007、2018JJ3170)、广东省普通高校重点科研创新团队项目(2020KCXTD015)和佛山科学技术学院高层次人才启动基金的支持。

由于作者水平有限，书中难免存在一些疏漏和不足之处，敬请广大读者批评指正。

目　录

第 1 章 绪　　论

1.1 引　　言

国民经济中占有极其重要地位的石油、化工、炼钢、轧钢等工业生产过程，以及对控制精度要求较高的半导体封装、机器人柔性装配等先进制造过程，不仅涉及非线性、不确定性、大时滞、时变性等特点，而且具有较强的空间分布特性。其显著的特征是系统的状态、控制、输出及参数等不仅随时间变化，而且随空间变化。这些具有时间和空间耦合特征的工业过程基本上可归纳为复杂分布参数系统(distributed parameter system, DPS)[1,2]，也称为时空耦合系统[3,4]。

本章首先从时空耦合系统的数学描述出发，介绍一些典型的时空耦合系统模型，如典型反应扩散方程、化工过程中催化反应棒温度场模型、铝合金板带轧制过程工作辊温度场模型、工程中梁类结构横向分布振动模型和刚-柔耦合机械手动力学模型等。接着，从时空耦合系统模型的特点引出时空耦合系统的降阶问题以及主流方法的研究现状。最后介绍本书的结构安排。

1.2 时空耦合系统的数学描述

从本质上而言，时空耦合系统具有空间分布特性，因此系统的状态、变量和参数等既是时间的函数，又是空间的函数，其所在研究空间域内的动态行为通常由偏微分方程(partial differential equation, PDE)进行描述。例如，先进制造中常见的时空耦合过程可由如下的偏微分方程进行描述[3,4]：

$$\mathcal{F}\left(z,t,X,\frac{\partial X}{\partial z},\frac{\partial X}{\partial t},\frac{\partial^2 X}{\partial z^2},\frac{\partial^2 X}{\partial t^2},\cdots,U,\frac{\partial U}{\partial z},\cdots\right)=0 \tag{1.1}$$

式中，z 和 t 表示独立变量，$z=[z_1,z_2,\cdots,z_n]^{\mathrm{T}}$ 表示 n 维空间变量且有 $z\in[S_{\mathrm{l}},S_{\mathrm{r}}]$，$S_{\mathrm{l}}$、$S_{\mathrm{r}}$ 表示 n 维常数列向量，$t\in[0,\infty)$ 表示时间变量；$X=X(z,t)$ 表示系统(1.1)的时空状态变量；$U=U(z,t)$ 表示系统(1.1)的时空输入变量；$\mathcal{F}(\cdot)$ 表示与时空变量、状态变量及其偏导数和输入变量及其偏导数相关的非线性函数。

具体来说，现实中很多时空耦合过程，如工业化学反应过程[5]、热传导过程[6,7]、桥梁结构振动[8]和刚-柔双连杆臂机械手定位[9,10]等，其输入输出动力学特性可以由如下的非线性偏微分方程所描述：

$$\begin{cases}\dfrac{\partial^m X}{\partial t^m}=\mathcal{A}X+\mathcal{B}U+\mathcal{F}\left(X,\dfrac{\partial X}{\partial z},\cdots,U,\dfrac{\partial U}{\partial z},\cdots\right)\\ Y=\mathcal{C}X\end{cases}\tag{1.2}$$

式中，$m=1,2$；$Y=Y(z,t)$表示系统(1.2)的时空输出变量；$\mathcal{A}$、$\mathcal{B}$、$\mathcal{C}$表示线性空间微分算子。系统(1.2)的其他变量与式(1.1)相同。

通常偏微分方程(1.2)代表的系统还满足一定数量的边界条件和初始条件。例如，方程(1.2)可满足边界条件[5]

$$\begin{cases}f_1\left(X(z,t),\dfrac{\partial X(z,t)}{\partial z},\cdots\right)\Bigg|_{z=S_1}=0\\ f_2\left(X(z,t),\dfrac{\partial X(z,t)}{\partial z},\cdots\right)\Bigg|_{z=S_r}=0\end{cases}\tag{1.3}$$

和初始条件

$$X(z,0)=X_0(z)\tag{1.4}$$

由于这类过程的时空耦合特点，其本质上是无穷阶的，且存在非线性、不确定性和多场耦合，很难获得其解析解，所以对这类时空耦合系统进行快速仿真分析和控制器设计具有非常大的难度。

1.3　典型时空耦合系统介绍

1.3.1　典型反应扩散方程

1. Chaffee-Infante 方程

Chaffee-Infante 方程是一个典型的反应扩散方程[11]，其描述输入作用下物理量时空演化的非线性偏微分方程可以表示如下：

$$\frac{\partial X(z,t)}{\partial t}=\frac{\partial^2 X(z,t)}{\partial z^2}+\varepsilon(X(z,t)-X(z,t)^3)+U(z,t)\tag{1.5}$$

式中，ε表示常值系数。

2. 一维空间 Kurtmoto-Sivashinsky 方程

Kurtmoto-Sivashinsky 方程是一个典型的非线性偏微分方程，分别由 Kuramoto 等[12]和 Sivashinsky[13]在描述反应扩散现象中提出，具体方程如下：

$$\frac{\partial X(z,t)}{\partial t}+4\frac{\partial^4 X(z,t)}{\partial z^4}+\alpha\left(\frac{\partial^2 X(z,t)}{\partial z^2}+\frac{1}{2}\left(\frac{\partial X(z,t)}{\partial z}\right)^2\right)+U(z,t)=0 \tag{1.6}$$

式中，α 表示系统参数。

当应用上述两个方程进行计算分析时，需具有一定的边界条件和初始条件。

1.3.2 化工过程中催化反应棒温度场模型

化工过程中的催化反应棒[5]如图 1.1 所示，整个催化反应在绝热容器内的黑色均匀棒上发生。反应物从左端进入，在容器内发生反应后，反应物和生成物从右端流出，该反应是放热反应。催化反应棒上的温度不仅随时间变化，而且随空间变化，即催化反应棒在空间测量位置点的温度随时间变化，且在同一时刻的不同空间位置，温度也不一定一致。

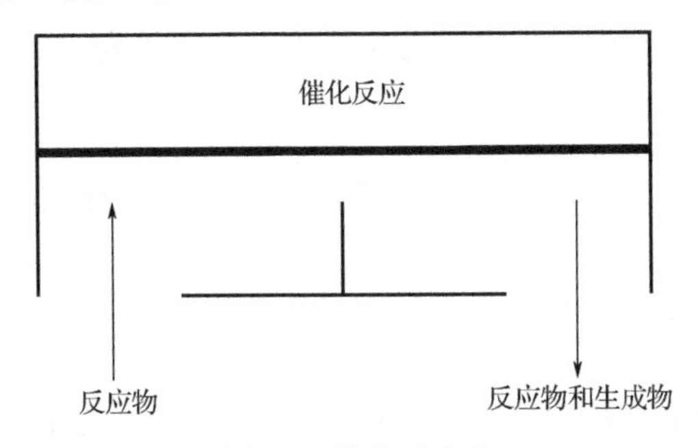

图 1.1 催化反应棒

基于一些小的假设，图 1.1 中催化反应棒温度演化可由如下的抛物型偏微分方程进行描述[14,15]：

$$\frac{\partial X(z,t)}{\partial t}=\frac{\partial^2 X(z,t)}{\partial z^2}+\beta_{\mathrm{T}}(\mathrm{e}^{-\gamma/(1+X(z,t))}-\mathrm{e}^{-\gamma})+\beta_{\mathrm{u}}(U(z,t)-X(z,t)) \tag{1.7}$$

式中，$X(z,t)$、$U(z,t)$、β_{T}、β_{u}、γ 分别表示反应器的温度、操作输入、反应热量系数、热传递系数、激活能量；参数值取为 $\beta_{\mathrm{T}}=50$、$\beta_{\mathrm{u}}=2$、$\gamma=4$。其满足如下的狄利克雷边界条件和初始条件：

$$\begin{cases}X(0,t)=0\\X(\pi,t)=0\end{cases},\quad X(z,0)=X_0(z) \tag{1.8}$$

1.3.3 铝合金板带轧制过程工作辊温度场模型

铝合金板带轧制过程中，高温轧件自身的温度、金属塑性变形产生的变形热以及轧件与工作辊相对滑动产生的摩擦热等一系列热流输入工作辊，使其温度升高；

另外，冷却液和空气通过热交换又不断使轧辊温度降低。工作辊和轧制件之间的位置关系如图 1.2 所示。对于铝合金板带轧制的工作辊，其内部存在一个非均匀的温度场，不仅轧辊表面和内部的温度不同，而且轧辊上同一位置点温度也随各种条件的变化而不断变化。

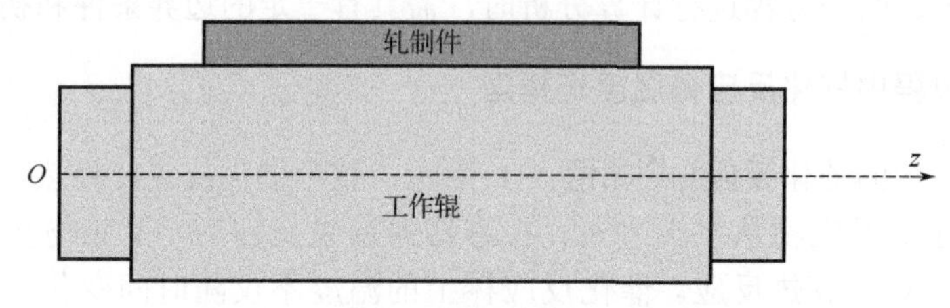

图 1.2　工作辊和轧制件之间的位置关系

轧辊内部热传导的基本方程是傅里叶导热微分方程[6,7]。假定轧辊的材料是同质、各向同性的，且在圆柱坐标系下忽略温度在轧辊轴向上的变化，则工作辊热传导方程为

$$\rho(T)c(T)\frac{\partial T}{\partial t}=\lambda(T)\left(\frac{\partial^2 T}{\partial r^2}+\frac{1}{r}\frac{\partial T}{\partial r}+\frac{\partial^2 T}{\partial z^2}\right)+\dot{q}+\mu(T)+g(T)+h(T) \tag{1.9}$$

式中，$T=T(z,r,t)$ 表示轧辊在圆柱坐标系下某点的温度，t 表示时间变量。各参数分别介绍如下：

(1) $\rho(T)=\rho_0+f_1(T)$ 表示轧辊材料密度，且为温度 $T(z,r,t)$ 的函数，其中 ρ_0 表示稳态轧制下轧辊的材料密度，$f_1(T)$ 表示以温度 $T(z,r,t)$ 为自变量的未知函数。

(2) $c(T)=c_0+f_2(T)$ 表示轧辊材料比热容，且为温度 $T(z,r,t)$ 的函数，其中 c_0 表示稳态轧制下轧辊的材料比热容，$f_2(T)$ 表示以温度 $T(z,r,t)$ 为自变量的未知函数。

(3) $\lambda(T)=\lambda_0+f_3(T)$ 表示轧辊热传导系数，且为温度 $T(z,r,t)$ 的函数，其中 λ_0 表示稳态轧制下轧辊的热传导系数，$f_3(T)$ 表示以温度 $T(z,r,t)$ 为自变量的未知函数。对于许多工程材料，其在一定温度范围内的热传导系数可以认为是温度的线性函数，即 $\lambda(T)=\lambda_0(1+\varepsilon T)$，其中 ε 是由实验确定的常数。

(4) $\dot{q}$ 表示轧件和轧辊摩擦产生的单位时间内单位体积的发热量。

(5) $\mu(T)$ 表示单位时间内轧件和轧辊之间的热传递量，其大小与轧辊表面温度和轧件表面温度的差值有关，因此为轧辊温度的函数，其具体表达式未知。

(6) $g(T)$ 表示当轧机喷嘴对工作辊进行喷淋操作时，单位时间内轧辊与喷淋乳液之间的热交换量，其大小随轧辊温度与喷淋乳液之间温度的差值变化，也是温度的一个未知函数。

(7) $h(T)$ 表示在轧制过程中，单位时间内轧辊温度场对空气的热辐射量，其大小随轧辊表面温度与空气温度的差值变化而变化，因此为温度的一个未知非线性函数。

1.3.4　工程中梁类结构横向分布振动模型

梁类结构是土木工程和机械工程中最常见的一类基本结构单元，研究其在外部激励作用下的横向分布振动问题具有重要的意义。假定图 1.3 中的梁类结构具有随长度方向变化的刚度系数和阻尼系数，则其沿长度方向的横向振动可以由如下的偏微分方程所描述[8]：

$$\frac{\partial^2 X(z,t)}{\partial t^2}+\mathrm{EI}(z)\frac{\partial^4 X(z,t)}{\partial z^4}+C(z)\frac{\partial X(z,t)}{\partial t}+F(X(z,t))=U(z,t) \tag{1.10}$$

式中，$z\in[0,l]$ 表示梁的长度方向空间位置变量，l 表示梁的长度；$\mathrm{EI}(z)$ 和 $C(z)$ 分别表示沿长度方向分布的刚度系数和阻尼系数；$X(z,t)$ 表示梁类结构长度方向 z 位置在 t 时刻的横向振动位移；$F(X(z,t))$ 表示几何非线性项，为振动位移 $X(z,t)$ 及其微分的非线性函数[8]；$U(z,t)$ 表示梁类结构长度方向 z 位置在 t 时刻受到的外部激励，如果仅在梁类结构的某一点 z_i 添加激励，则有 $U(z,t)=\delta(z-z_i)u(t)$，$u(t)$ 表示随时间变化的激励力；$\delta(z)$ 表示狄拉克函数。

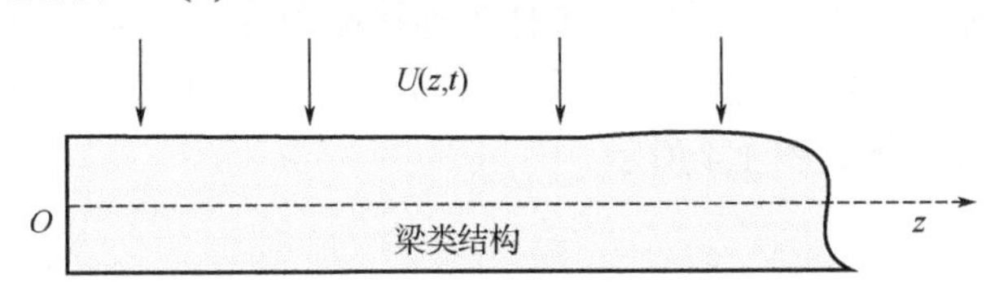

图 1.3　具有几何非线性的梁类结构

可以应用在梁类结构边界位置 $z_0\in\{0,l\}$ 的边界条件表示如下[16]。

(1) 自由边界：

$$\left.\frac{\partial^2 X(z,t)}{\partial z^2}\right|_{z=z_0}=\left.\frac{\partial^3 X(z,t)}{\partial z^3}\right|_{z=z_0}=0 \tag{1.11}$$

(2) 夹紧边界：

$$X(z,t)\big|_{z=z_0}=\left.\frac{\partial X(z,t)}{\partial z}\right|_{z=z_0}=0 \tag{1.12}$$

(3) 铰接边界：

$$X(z,t)\big|_{z=z_0}=\left.\frac{\partial^2 X(z,t)}{\partial z^2}\right|_{z=z_0}=0 \tag{1.13}$$

(4) 滑动边界：

$$\left.\frac{\partial X(z,t)}{\partial z}\right|_{z=z_0}=\left.\frac{\partial^3 X(z,t)}{\partial z^3}\right|_{z=z_0}=0 \tag{1.14}$$

1.3.5　刚-柔双连杆臂机械手动力学模型

假定刚-柔双连杆臂机械手中柔性连杆臂的总长度远大于其截面线径，运行过程中所产生的剪切变形和轴向变形相对于挠曲变形很小，因而在对机械手进行动力学建模时可忽略剪切变形和轴向变形的影响，将柔性连杆臂简化为欧拉-伯努利梁模型进行处理，同时主要考虑臂杆的柔性而忽略关节处的柔性和间隙。将机械手末端的夹持器和负载简化为集中质量，刚-柔双连杆臂机械手关节处连接均处理为固定铰接，并把机械手两关节处均简化为集中质量。将刚-柔双连杆臂机械手等效为含集中质量的刚-柔双连杆臂系统，对柔性连杆臂做如下假设和简化[9]：

(1) 材料是各向同性的，本构关系满足胡克定律；

(2) 柔性连杆臂的横向振动为小变形，且当柔性连杆臂产生小变形时，其中性轴不可伸缩，机械手运行过程中柔性连杆臂所产生的轴向变形和剪切变形相对于其挠曲变形非常小，将柔性连杆臂简化为欧拉-伯努利梁模型处理；

(3) 对刚-柔双连杆臂机械手进行动力学建模以及在离散截断时把柔性连杆臂当作悬臂梁边界处理，所以其边界约束条件为连接端固支、末端自由。

根据上述对刚-柔双连杆臂系统的假设和简化，可将某机械手实验台中刚-柔双连杆臂机械手模型简化如图 1.4 所示。

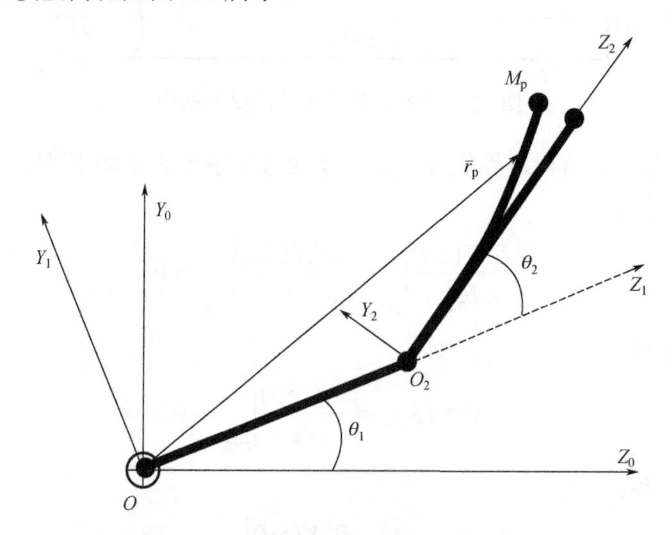

图 1.4　刚-柔双连杆臂机械手简化模型

图 1.4 中前臂为刚性连杆臂，末臂为柔性连杆臂，刚性连杆臂与固定转台之间，以及刚性连杆臂与柔性连杆臂之间均以电机铰链相连接，整个系统在惯性坐标系 Z_0OY_0 平面内运动。θ_1、θ_2 分别为坐标系 Z_0OY_0 和 Z_1OY_1 以及 Z_1OY_1 和 $Z_2O_2Y_2$ 之间的夹角。将刚-柔双连杆臂系统的总动能和势能公式代入拉格朗日方程，经过一系列公

式的推导计算和简化可得到刚-柔双连杆臂系统的动力学方程如下：

$$
\begin{aligned}
&\Big(J_1+J_t+M_tL_1^2+\rho_2L_1^2L_2+\frac{1}{3}\rho_2L_2^3+M_p(L_1^2+L_2^2+2L_1L_2\cos\theta_2+\omega_E^2\\
&-2L_1\omega_E\sin\theta_2)+\rho_2\int_0^{L_2}\omega^2(z,t)\mathrm{d}z+\rho_2L_1L_2^2\cos\theta_2-2\rho_2L_1\sin\theta_2\int_0^{L_2}\omega(z,t)\mathrm{d}z\Big)\ddot{\theta}_1\\
&+\Big(J_t+\frac{1}{3}\rho_2L_2^3+\rho_2\int_0^{L_2}\omega^2(z,t)\mathrm{d}z-\rho_2L_1\sin\theta_2\int_0^{L_2}\omega(z,t)\mathrm{d}z+M_p(L_2^2+L_1L_2\cos\theta_2\\
&+\omega_E^2-L_1\omega_E\sin\theta_2)+\frac{1}{2}\rho_2L_1L_2^2\cos\theta_2\Big)\ddot{\theta}_2-\Big(\frac{1}{2}\rho_2L_1L_2^2\sin\theta_2+\rho_2L_1\cos\theta_2\int_0^{L_2}\omega(z,t)\mathrm{d}z\\
&+M_p(L_1L_2\sin\theta_2+L_1\omega_E\cos\theta_2)\Big)\dot{\theta}_2^2-\Big(\rho_2L_1L_2^2\sin\theta_2+2\rho_2L_1\cos\theta_2\int_0^{L_2}\omega(z,t)\mathrm{d}z\\
&+M_p(2L_1L_2\sin\theta_2+2L_1\omega_E\cos\theta_2)\Big)\dot{\theta}_1\dot{\theta}_2-\Big(2\rho_2L_1\sin\theta_2\int_0^{L_2}\dot{\omega}(z,t)\mathrm{d}z\\
&-\int_0^{L_2}\omega(z,t)\dot{\omega}(z,t)\mathrm{d}z\cdot2\rho_2-M_p(L_2^2+2\omega_E\dot{\omega}_E-2L_1\dot{\omega}_E\sin\theta_2)\Big)(\dot{\theta}_1+\dot{\theta}_2)\\
&+\rho_2\int_0^{L_2}z\ddot{\omega}(z,t)\mathrm{d}z+\rho_2L_1\cos\theta_2\int_0^{L_2}\ddot{\omega}(z,t)\mathrm{d}z+M_p\ddot{\omega}_E(L_1\cos\theta_2+L_2)=\tau_1
\end{aligned}
\tag{1.15}
$$

$$
\begin{aligned}
&\Big(J_t+\frac{1}{3}\rho_2L_2^3+\rho_2\int_0^{L_2}\omega^2(z,t)\mathrm{d}z+\frac{1}{2}\rho_2L_1L_2^2\cos\theta_2+M_p(L_2^2+\omega_E^2+L_1L_2\cos\theta_2-L_1\omega_E\sin\theta_2)\\
&-\rho_2L_1\sin\theta_2\int_0^{L_2}\omega(z,t)\mathrm{d}z\Big)\ddot{\theta}_1+\Big(J_t+\frac{1}{3}\rho_2L_2^3+M_p(L_2^2+\omega_E^2)+\rho_2\int_0^{L_2}\omega^2(z,t)\mathrm{d}z\Big)\ddot{\theta}_2\\
&+\Big(M_p(L_2^2+\omega_E\dot{\omega}_E)+2\rho_2\int_0^{L_2}\omega(z,t)\dot{\omega}(z,t)\mathrm{d}z\Big)(\dot{\theta}_1+\dot{\theta}_2)+\rho_2\int_0^{L_2}z\ddot{\omega}(z,t)\mathrm{d}z+M_pL_2\ddot{\omega}_E\\
&+\Big(\frac{1}{2}\rho_2L_1L_2^2\sin\theta_2+\rho_2L_1\cos\theta_2\int_0^{L_2}\omega(z,t)\mathrm{d}z+M_p(L_1L_2\sin\theta_2+L_1\omega_E\cos\theta_2)\Big)\dot{\theta}_1^2=\tau_2
\end{aligned}
\tag{1.16}
$$

$$
\begin{aligned}
&\mathrm{EI}_2\omega^{(4)}(z,t)+\rho_2\ddot{\omega}(z,t)+\rho_2\Big(z_2(\ddot{\theta}_1+\ddot{\theta}_2)-\omega(z,t)(\dot{\theta}_1+\dot{\theta}_2)^2+L_1\dot{\theta}_1^2\sin\theta_2\\
&+L_1\ddot{\theta}_1\cos\theta_2\Big)+M_p(L_1\ddot{\theta}_1\cos\theta_2\omega_E-\omega_E(\dot{\theta}_1+\dot{\theta}_2)^2+L_2(\ddot{\theta}_1+\ddot{\theta}_2)+L_1\dot{\theta}_1^2\sin\theta_2)=0
\end{aligned}
\tag{1.17}
$$

式中，M_p 表示刚-柔双连杆臂系统的负载；τ_i 表示刚-柔双连杆臂系统的关节 $i(i=1,2)$ 的广义力矩；$L_i(i=1,2)$ 表示刚-柔双连杆臂的长度；J_1 表示刚性连杆臂 1 以及与之无相对运动的固定零件对于关节 1 中心 O 的总转动惯量；J_t 表示在关节 2 处与柔性连杆臂 2 连接并一起旋转的零部件相对于中心 O_2 的转动惯量；M_t 表示关节 2 处与柔性连杆臂 2 连接并一起旋转的零部件总质量；ρ_2 表示柔性连杆臂的线密度；EI_2 表示柔性连杆臂的抗挠刚度系数；ω_E 表示 $\omega(L_2,t)$；“˙”表示变量对时间 t 的导数。

式(1.15)～式(1.17)满足边界条件为

$$\begin{cases}\omega(0,t)=0, \quad \omega'(0,t)=0 \\ \omega''(L_2,t)=0, \quad \mathrm{EI}_2\omega'''(L_2,t)=M_\mathrm{p}\ddot{\omega}(L_2,t)\end{cases} \tag{1.18}$$

式中，“′”表示对空间的导数。

前面的推导中没有考虑系统内部阻尼因素的影响，在考虑系统内部 Voigt 型黏性阻尼的情况下[17,18]，刚-柔双连杆臂系统的振动方程(1.17)可以修正为

$$\begin{cases}\rho_2\ddot{\omega}(z,t)+2\delta\mathrm{EI}_2\dot{\omega}''''(z,t)+\rho_2\mathrm{EI}_2\omega''''(z,t)=V(z,t) \\ V(z,t)=-\rho_2(z_2(\ddot{\theta}_1+\ddot{\theta}_2)+\omega(z,t)(\dot{\theta}_1+\dot{\theta}_2)^2-L_1\dot{\theta}_1^2\sin\theta_2-L_1\ddot{\theta}_1\cos\theta_2) \\ \qquad -M_\mathrm{p}(L_1\ddot{\theta}_1\cos\theta_2\omega_\mathrm{E}-\omega_\mathrm{E}(\dot{\theta}_1+\dot{\theta}_2)^2+L_2(\ddot{\theta}_1+\ddot{\theta}_2)+L_1\dot{\theta}_1^2\sin\theta_2)\end{cases} \tag{1.19}$$

式中，$\omega_\mathrm{E}=\omega(L_2,t)$。

在考虑系统内部 Voigt 型黏性阻尼的情况下，边界条件(1.18)修正为

$$\begin{cases}\omega(0,t)=0, \quad \omega'(0,t)=0 \\ \omega''(L_2,t)=0, \quad \mathrm{EI}_2\omega'''(L_2,t)+2\delta\cdot\mathrm{EI}_2\dot{\omega}'''(L_2,t)=M_\mathrm{p}\ddot{\omega}(L_2,t)\end{cases} \tag{1.20}$$

1.4 时空耦合系统降阶问题

随着传感器技术、控制器和计算技术的飞速发展，科学上和工程上对于时空耦合系统的控制研究越来越活跃，对控制性能的要求也越来越高。针对时空耦合系统，传统的控制方法主要有两种：一种是忽略空间分布特性而将系统简化为集中参数模型；另一种是考虑所有空间分布特性[3,19]。第一种方法比较简单，但有限个测量传感器仅能提供有限的空间信息，要获得一个较好的、综合的控制特性非常困难。第二种方法比较复杂，需要更多的空间信息、精确的数学模型以及复杂的控制理论。一些学者研究时空耦合系统的成果纷纷面世，典型的例子可参见文献[1]、[2]和文献[20]～[22]。其中，时空耦合系统的低阶近似模型是许多时空耦合系统实际应用(包括系统分析、控制和优化)的基础。由于具有空间分布特性，时空耦合系统的状态空间是一个无穷维函数空间，其在任意时刻的状态是空间位置的函数。因此，时空耦合系统本质上是无穷阶的，对时空耦合系统进行快速仿真分析和控制器设计具有非常大的难度。通过有效的计算方法，建立保证建模精度、适用于系统快速仿真和控制器设计的低阶近似模型是工程上时空耦合系统控制需要解决的一个基础性问题。

工程上，一般对非线性时空耦合系统进行降阶处理，即利用有穷阶系统来近似原无穷阶系统。现有的时空耦合系统降阶方法主要分为传统空间离散方法和现代方法两大类，其中传统空间离散方法主要有有限差分法(finite difference method, FDM)[23,24]和有限元法(finite element method, FEM)[25-28]等，均只能得到阶数非常高

的近似模型，不适用于时空耦合系统的快速仿真和控制器设计。有限差分法是求偏微分方程数值解使用较为普遍的一种方法[23]。将时间和空间变量在需要求解的时空范围内进行离散，同时将偏微分方程对时间和空间的偏导数在每个离散点附近的邻域内利用泰勒级数展开的前向、后向或中心等差分进行近似。基于上述时空离散过程，偏微分方程被转化为一系列差分方程的集合，其阶数与空间离散点的个数成正比。虽然有限差分法能处理许多种类的带有各种边界条件和空间域的偏微分方程，但是得到的偏微分方程的数值解普遍精度较低。如果要得到精度较高的数值解，则需要利用高阶的差分方程来对原方程进行近似，这将带来巨大的计算负担和存储需求。有限元法将所研究对象的空间域分为很多子域，在每个子域上选定仅在此子域上有非零值的局部函数作为每个子域上的空间基函数，如低阶分段多项式[25]、锯齿函数[26]、小波函数[27,28]均可被选作局部空间基函数。空间基函数的数量由所划分子域的规模决定。采用局部空间基函数，有限元法能灵活地处理很多具有复杂空间域和复杂边界条件的时空耦合问题。由于有限元的灵活性，许多软件被开发出来用于时空耦合系统的数值模拟。然而同样采用局部空间基函数，用有限元法获得的近似模型阶数很高，导致需要很高的计算量和存储量，后续进行解的稳定性分析和综合控制器设计很困难。

时空耦合系统降阶的现代方法最主要的就是基于变量分离的权重残差方法(weighted residual method, WRM) [14,29,30]，是一种使用广泛和有效的时空耦合系统降阶方法。其基本思想源于傅里叶级数(Fourier series)展开：任何一个连续函数都能被傅里叶级数序列近似表示[31]。基于上述原理，时空耦合系统的时空变量能够在一组空间基函数上展开。因此，系统中的时空耦合变量被分离成了空间基函数与时间变量乘积的级数，这个过程称为变量分离。在采用变量分离方法对时空耦合系统进行低阶近似建模的过程中，关键在于选择一组合适的空间基函数和采用对应的有限阶截断方法来构建代表时空耦合系统动态过程的时间相关模型。通过时空变量的综合，可以得到原时空耦合系统的时空综合近似。

基于权重函数选择的不同，权重残差方法可以分为多种方法，其中使用最普遍是伽辽金方法、配点法和近似惯性流形方法。如果在权重残差方法中权重函数和空间基函数的取法相同，那么这种方法称为伽辽金方法[29,30]。在伽辽金方法中，方程残差与每一个预先选定的空间基函数正交，因此满足方程残差最小的最优解一定存在于由前 n 个空间基函数组成的线性空间内。与傅里叶级数类似，上述空间基函数在空间频率域按照从慢到快进行排列。由于快变量对整个系统动态行为的贡献非常小，所以直接忽略快系统可以得到近似原时空耦合系统的有限阶非线性系统，这种方法又称为线性伽辽金方法。其优点在于不用另外寻找多余的权重函数，因此相对简单，容易计算，经常被采用。配点法将狄拉克函数作为权重剩余函数[32]，意味着方程残差在每个选择的配置点处为 0。因此，配置点的选择对于用配点法建模的效果是非常关键的。非常有意思的是，某些数学理论结果显示这些配置点能自动地以一种最优的方式选择，如空间正交多项式的零点[33,34]。如果选择的空间基函数为正交函数，则配点法又称为正交配点法。

伽辽金方法和配点法都属于线性的降阶方法，对于线性时空耦合系统的降阶效果都很好。在非线性时空耦合系统中快系统和慢系统存在一定程度的耦合关系，完全忽略快变量将会失去某些与快系统耦合的慢变量信息。因此，为了提高建模的精度和避免需要高阶截断而得到高阶近似系统的情形，将快变量看作慢变量的函数而对慢系统进行补偿，这就是非线性降阶方法。其中，有一种非线性降阶方法是基于惯性流形(intertial manifold, IM)的方法[35]。在惯性流形中，快变量能够被慢变量精确表示，因此通过用快变量对慢系统进行补偿可以得到原时空耦合系统精度较高的有限阶近似系统。但是要注意的是，对于很多非线性时空耦合系统，惯性流形可能不存在，或者很难被找到。为了克服惯性流形的缺点，许多学者提出基于近似惯性流形(approximate intertial manifold, AIM)方法来构建慢变量和快变量之间的关系用于补偿精度[36-39]。对于不确定惯性流形存在与否的系统，近似惯性流形方法都能达到比线性伽辽金方法和配点法更优的效果。应用近似惯性流形方法能在不增加系统阶数的前提下提高有限阶近似系统的精度。然而，无论是采用惯性流形方法还是近似惯性流形方法，对于学习者和使用者的数学理论功底都要求较高，同时为了得到阶数更低的近似模型，采用此种方法需要付出额外的计算量。

另外，对于权重残差方法，空间基函数的选择也非常关键，对降阶精度和系统阶数产生巨大影响。权重残差方法的空间基函数分为局部空间基函数与全局空间基函数。其中，局部空间基函数主要用于有限元法，而全局空间基函数普遍用于权重残差法，可以选择如傅里叶函数[40,41]、特征函数[42-46]、正交多项式[6, 27, 34]等解析基函数和基于奇异值分解的离散基函数。目前，还没有基于数据的局部空间基函数的报告。由于傅里叶函数、正交多项式和线性算子的特征函数都属于一般的空间基函数，与时空耦合系统本身的特点或者时间、方向动态特性关联不大，所以采用上述一般空间基函数结合权重残差方法对时空耦合系统进行降阶得到的近似模型的阶数在一般情况下不是最低的。也有人在研究能得到更低阶系统的降阶方法，其中典型的如主交互模式(principal interaction pattern, PIP)方法[47-50]。主交互模式方法是在时空耦合系统时空分离方法降阶基础上的一种拓展，其基本思想是将初步选定的多个正交空间基函数进行线性组合成为数量较少的新空间基函数，并在时间演化过程中优化，构造一组考虑系统动态特征的最优正交空间基函数，从而获得阶数更低的近似模型。但是主交互模式方法仅用于不存在控制作用(如大气科学中的气压流场)的复杂系统降阶，还未发现采用主交互模式方法对存在控制作用的复杂时空耦合系统降阶相关的研究。另外，由于主交互模式方法的应用过程中存在大量非线性最优化问题，计算过程复杂，不仅编程很困难，而且需要很大的计算量，所以在工程上的实现非常困难。再者主交互模式方法的降阶过程需要知道系统非线性项的精确表达式，因此对于存在未知非线性或者未知参数的实际时空耦合制造过程，不能运用主交互模式方法。

在整个空间域采用全局和正交的空间基函数进行时空变量分离的权重残差方法称为谱方法[40,41]。谱方法可以采用的全局空间基函数有傅里叶函数、特征函数和正交多项式等解析基函数，基于时空测量数据正交分解得到的经验特征函数也可以作为其空间基函数。当将无穷阶时空耦合系统进行有限阶近似时，谱方法同样可以采用伽辽金方法、配点法和近似惯性流形方法进行模型降阶。由于所选择空间基函数的全局属性，利用谱方法对时空耦合系统降阶能得到一个比传统空间离散方法阶数低得多的模型。在上述组合的方法中，基于特征函数和经验特征函数进行时空变量分离，再结合伽辽金方法来获得时空耦合系统的低阶近似模型是最为常用的方法，在很多工程问题中得到了实际的应用。然而，采用谱方法对时空耦合系统进行有效的模型降阶要求系统具有形状规则的空间域和光滑的输出。特别地，绝大多数的抛物型方程存在一个巨大的分割线，可以将其线性算子的特征值分隔为快变量部分和慢变量部分。因此，通过忽略快变量和保留慢变量，利用谱方法对抛物型时空耦合系统进行模型降阶可以得到一个精度较高的低阶近似模型。为了获得一个满意的低阶近似模型，谱方法的空间基函数需要根据实际问题的边界条件和空间域形状进行谨慎选择和设计。

可以看出，针对一大类非线性时空耦合过程，通过有效的计算方法，建立既保证建模精度，阶数又最低，适用于系统快速仿真和控制器设计的低阶近似模型，不仅是工程上亟待解决的难题，也是一个科学上的挑战。

1.5 本书主要内容

本书以基于变量分离的时空耦合系统降阶方法及其应用为主要研究对象，在现有谱方法的基础上研究获得非线性时空耦合系统低阶近似模型的新方法，并探讨在几个工业时空耦合系统中的应用，各章具体内容安排如下：

第 1 章介绍本书的研究背景、时空耦合系统的概念、几种典型时空耦合系统模型、时空耦合系统降阶问题及研究现状等。

第 2 章介绍基于变量分离的时空耦合系统降阶方法，包括基于变量分离的系统降阶原理、空间基函数选取、时空变量分离、无穷系统有限阶截断、时空变量综合、方法存在的问题等。

第 3 章介绍基于特征函数变换的时空耦合系统降阶方法，包括特征函数变换方法、建模误差分析、基于平衡截断变换空间基函数的时空耦合系统降阶、基于非线性平衡截断变换空间基函数的时空耦合系统降阶、基于最优变换空间基函数的时空耦合系统降阶等。

第 4 章介绍基于经验特征函数变换的时空耦合系统降阶方法，包括经验特征函数变换方法、建模误差分析、基于平衡截断变换空间基函数的时空耦合系统降阶、基于非线性平衡截断变换空间基函数的时空耦合系统降阶等。

第 5 章介绍基于经验特征函数和非线性度量的时空耦合系统降阶方法，包括动态系统非线性度量的概念、基于经验特征函数和非线性度量的系统降阶原理、最优化算法、仿真算例等。

第 6 章介绍时空耦合系统降阶方法的应用，基于特征函数对刚-柔耦合机械手动力学模型进行降阶得到近似模型，并基于近似模型进行动力学分析；应用基于特征函数变换的时空耦合系统降阶方法，结合神经网络对未知非线性的辨识，实现铝合金热精轧过程工作辊热变形预测；应用基于经验特征函数和非线性度量的时空耦合系统降阶新方法实现梁类结构裂纹位置识别等。

1.6 本 章 小 结

本章首先介绍了时空耦合系统的数学描述方法和一些典型时空耦合系统模型，如典型的反应扩散方程、化工过程中催化反应棒温度场模型、铝合金板带轧制过程工作辊温度场模型、工程中梁类结构横向分布振动模型和刚-柔耦合机械手动力学模型等；其次分析了时空耦合系统模型的特点，引出空耦合系统的降阶问题以及主流方法的研究现状；最后介绍了本书内容的结构安排。

参 考 文 献

[1] Christofides P D, Armaou A. Control of multiscale and distributed process systems-preface[J]. Computers and Chemical Engineering, 2005, 29(4): 687-688.

[2] Christofides P D, Wang X Z. Special issue on “control of particulate processes”[J]. Chemical Engineering Science, 2008, 63(5): 1155.

[3] 张宪霞. 空间分布动态系统的 3-D 模糊控制设计与分析[D]. 上海：上海交通大学, 2008.

[4] 段小刚. 具有时空耦合特征的模糊逻辑控制系统及其应用[D]. 长沙：中南大学, 2010.

[5] Christofides P D. Nonlinear and Robust Control of PDE Systems: Methods and Applications to Transport-Reaction Processes[M]. Boston: Birkhauser, 2001.

[6] Sun Y S, Li B W. Chebyshev collocation spectral method for one-dimensional radiative heat transfer in graded index media[J]. International Journal of Thermal Sciences, 2009, 48(4): 691-698.

[7] 张朝锋. 基于局部一维隐式法铝板带热轧工作辊热辊型快速预测研究[D]. 长沙：中南大学, 2011.

[8] Jiang M, Zhang W A, Lu Q H. A nonlinearity measure-based damage location method for

beam-like structures[J]. Measurement, 2019, 146: 571-581.
[9] 潘云. 基于谱方法的刚柔机械手模型降维与控制研究[D]. 长沙: 中南大学, 2011.
[10] 陈琳. 基于降维模型的刚-柔机械臂模糊控制[D]. 长沙: 中南大学, 2013.
[11] Li B Z. Traveling Wave Solution of Nonlinear Mathematical Physics Equations[M]. Beijing: Science Press, 2008.
[12] Kuramoto Y, Tsuzuki T. Persistent propagation of concentration waves in dissipative media far from thermal equilibrium[J]. Progress of theoretical physics, 1976, 55: 356-369.
[13] Sivashinsky G I. Nonlinear analysis of hydrodynamic instability in laminar flames—I. Derivation of basic equations[J]. Acta Astronautica, 2017, 4(11-12): 1177-1206.
[14] Li H X, Qi C K. Modeling of distributed parameter systems for applications—A synthesized review from time-space separation[J]. Journal of Process Control, 2010, 20(8): 891-901.
[15] Qi C K, Zhang H T, Li H X. A multi-channel spatio-temporal Hammerstein modeling approach for nonlinear distributed parameter processes[J]. Journal of Process Control, 2009, 19(1): 85-99.
[16] Blevins R D. Formulas for Natural Frequency and Mode Shape[M]. New York: Van Nostrand Reinhold Company, 1979.
[17] Luo Z H. Direct strain feedback control of flexible robot arms: New theoretical and experimental results[J]. IEEE Transactions on Automatic Control, 1993, 38(11): 1610-1622.
[18] Clough R W, Penzien J. Dynamics of Structures[M]. New York: McGraw-Hill, 1993.
[19] Bamieh B, Paganini F, Dahleh M A. Distributed control of spatially invariant systems[J]. IEEE Transactions on Automatic Control, 2002, 47(7): 1091-1107.
[20] Dochain D, Dumont G, Gorinevsky D M, et al. IEEE Transactions on control systems technology special issue on control of industrial spatially distributed processes[J]. IEEE Transactions on Control Systems Technology, 2003, 11(5): 609-611.
[21] Christofides P D. Special volume on "control of distributed parameter systems"[J]. Computers and Chemical Engineering, 2002, 26(7-8): 939-940.
[22] Christofides P D. Special issue on "control of complex process systems"[J]. International Journal of Robust and Nonlinear Control, 2004, 14(2): 87-88.
[23] Mitchell A R, Griffiths D F. The Finite Difference Method in Partial Differential Equations[M]. Chichester: Wiley, 1980.
[24] Schiesser W E. The Numerical Method of Lines: Integration of Partial Differential Equations[M]. San Diego: Academic Press, 1991.
[25] Brenner S C, Scott L R. The Mathematical Theory of Finite Element Methods[M]. 3rd ed. New York: Springer, 1994.
[26] Höllig K. Finite Element Methods with B-Splines[M]. Philadelphia: Society Industrial and

Applied Mathematics, 2003.

[27] Ko J, Kurdila A J, Pilant M S. A class of finite element methods based on orthogonal compactly supported wavelets[J]. Computational Mechanics, 1995, 16(4): 235-244.

[28] Mahadevan N, Hoo K A. Wavelet-based model reduction of distributed parameter systems[J]. Chemical Engineering Science, 2000, 55(19): 4271-4290.

[29] Ray W H. Advanced Process Control[M]. New York: Butterworths, 1981.

[30] Fletcher C A J. Computational Galerkin Methods[M]. New York: Springer, 1984.

[31] Zill D G, Cullen M R. Differential Equations with Boundary-Value Problems[M]. 5th ed. Pacific Grove: Brooks/Cole, 2001.

[32] Cruz P, Mendes A, Magalhães F D. Using wavelets for solving PDEs: An adaptive collocation method[J]. Chemical Engineering Science, 2001, 56(10): 3305-3309.

[33] Christofides P D. Control of nonlinear distributed process systems: Recent developments and challenges[J]. Aiche Journal, 2001, 47(3): 514-518.

[34] Lefèvre L, Dochain D, Azevedo S F D, et al. Optimal selection of orthogonal polynomials applied to the integration of chemical reactor equations by collocation methods[J]. Computers & Chemical Engineering, 2000, 24(12): 2571-2588.

[35] Temam R. Infinite-Dimensional Dynamical Systems in Mechanics and Physics[M]. New York: Springer, 1988.

[36] Foias C, Jolly M S, Kevrekidis I G, et al. On the computation of inertial manifolds[J]. Physics Letters A, 2015, 131(7-8): 433-436.

[37] Shvartsman S Y, Kevrekidis I G. Nonlinear model reduction for control of distributed systems: A computer-assisted study[J]. AIChE Journal, 1998, 44(7): 1579-1595.

[38] Christofides P D, Daoutidis P. Finite-dimensional control of parabolic PDE systems using approximate inertial manifolds[J]. Journal of Mathematical Analysis and Applications, 1997, 216(2): 398-420.

[39] Steindl A, Troger H. Methods for dimension reduction and their application in nonlinear dynamics[J]. International Journal of Solids & Structures, 2001, 38(10-13): 2131-2147.

[40] Canuto C, Hussaini M Y, Quarteroni A, et al. Spectral Methods in Fluid Dynamics[M]. New York: Springer, 1988.

[41] Boyd J P. Chebyshev and Fourier Spectral Methods[M]. New York: Dover Publications, 2000.

[42] Dubljevic S, Christofides P D, Kevrekidis I G. Distributed nonlinear control of diffusion-reaction processes[J]. International Journal of Robust & Nonlinear Control, 2010, 14(2): 133-156.

[43] Armaou A, Christofides P D. Robust control of parabolic PDE systems with time-dependent spatial domains[J]. Automatica, 2001, 37(1): 61-69.

[44] Christofides P D, Baker J. Robust output feedback control of quasi-linear parabolic PDE

systems[J]. Systems & Control Letters, 1999, 36(5): 307-316.

[45] El-Farra N H, Armaou A, Christofides P D. Analysis and control of parabolic PDE systems with input constraints[J]. Automatica, 2003, 39(4): 715-725.

[46] El-Farra N H, Christofides P D. Coordinated feedback and switching for control of spatially-distributed processes[J]. Computers & Chemical Engineering, 2004, 28(1-2): 111-128.

[47] Hasselmann K. PIPs and POPs: The reduction of complex dynamical systems using principal interaction and oscillation patterns[J]. Journal of Geophysical Research Atmospheres, 1988, 93(D9): 11015-11021.

[48] Kwasniok F. The reduction of complex dynamical systems using principal interaction patterns[J]. Physica D Nonlinear Phenomena, 1996, 92(1-2): 28-60.

[49] Kwasniok F. Optimal Galerkin approximations of partial differential equations using principal interaction patterns[J]. Physical Review E: Statistical Physics Plasmas Fluids & Related Interdisciplinary Topics, 1997, 55(5): 53-65.

[50] Kwasniok F. Empirical low-order models of barotropic flow[J]. Journal of the Atmospheric Sciences, 2004, 61(2): 235-245.

第2章　基于变量分离的时空耦合系统降阶方法

2.1　引　　言

时空耦合系统的降阶、优化与控制是工程上和科学上均需要解决的一个共同难题。对于复杂时空耦合系统的分析和优化，一般采用空间离散方法，利用有穷阶常微分方程描述的动态系统来近似无穷阶时空耦合系统。然而，采用有限差分法和有限元法等空间离散方法对时空耦合系统进行降阶将得到阶数非常高的近似系统。鉴于空间离散方法存在的弱点，基于变量分离的时空耦合系统降阶方法在最近几十年得到了快速的发展[1,2]，其可避免传统空间离散方法带来的许多本质问题，最突出的优点是在满足精度要求的情况下可将一类非线性偏微分方程描述的无穷阶系统降至较低的阶数，便于快速计算及控制器的实现。尤其值得关注的是，国内外许多学者采用谱方法[3,4]针对复杂时空耦合系统在低阶模型构建以及基于低阶模型的控制与优化方面进行了大量的理论和应用研究，并取得了许多成果。其除了应用于热传导[5]和流体力学[6]等领域的数值计算外，还应用于由偏微分方程描述的时空耦合系统低阶建模，如针对流体及化学反应过程的建模[7,8]。本章将重点介绍基于变量分离的时空耦合系统降阶原理。

为了更加详细和清楚地展示基于变量分离的时空耦合系统降阶原理，采用具有如下状态空间描述的偏微分方程作为对象进行阐述：

$$\frac{\partial \bar{X}}{\partial t}=\bar{\mathcal{L}}(\bar{X})+\bar{U}(z,t)+\mathcal{F}\left(\bar{X},\frac{\partial \bar{X}}{\partial z},\cdots,\bar{U},\frac{\partial \bar{U}}{\partial z},\cdots\right) \tag{2.1}$$

式中，$\bar{U}(z,t)$ 表示时空耦合系统的按照某种光滑空间分布的输入项；$\bar{\mathcal{L}}(\bar{X})$ 表示与空间导数相关的线性微分算子；$\mathcal{F}\left(\bar{X},\frac{\partial \bar{X}}{\partial z},\cdots,\bar{U},\frac{\partial \bar{U}}{\partial z},\cdots\right)$ 表示包含 $\bar{X}(z,t)$ 和 $\bar{U}(z,t)$ 空间导数的非线性函数。

方程(2.1)需满足如下边界条件和初始条件。

边界条件：

$$\begin{cases}\bar{f}_1\left(\bar{X}(z,t),\dfrac{\partial \bar{X}(z,t)}{\partial z},\cdots\right)\Bigg|_{z=S_1}=0\\ \bar{f}_2\left(\bar{X}(z,t),\dfrac{\partial \bar{X}(z,t)}{\partial z},\cdots\right)\Bigg|_{z=S_r}=0\end{cases} \tag{2.2}$$

式中，$\bar{f}_1\left(\bar{X}(z,t),\dfrac{\partial\bar{X}(z,t)}{\partial z},\cdots\right)$、$\bar{f}_2\left(\bar{X}(z,t),\dfrac{\partial\bar{X}(z,t)}{\partial z},\cdots\right)$表示与$\bar{X}(z,t)$及其空间偏导数有关的函数关系式；$\bar{X}(z,t)$表示时空状态变量；$z\in[S_1,S_r]$表示空间坐标；$t\in[0,\infty)$表示时间坐标。

初始条件：

$$\bar{X}(z,0)=\bar{X}_0(z) \tag{2.3}$$

式中，$\bar{X}_0(z)$表示某个与空间变量z相关的光滑函数。

为了简化式(2.1)的理论结果表示，将方程(2.1)放在希尔伯特空间$H(\Omega)$中来考虑。首先对$H(\Omega)$中的任意两个函数$g(z)$、$h(z)$引进如下内积：

$$[g(z),h(z)]=\int_\Omega g(z)h(z)\mathrm{d}z \tag{2.4}$$

定义在希尔伯特空间$H(\Omega)$上的状态函数$X(z,t)$，算子$\mathcal{A}$：$\mathcal{A}(X(z,t))=\bar{\mathcal{L}}(\bar{X}(z,t))$和输入微分算子$\mathcal{B}(U(z,t))=\bar{U}(z,t)$，则方程(2.1)在内积(2.4)下可转化为如下标准形式：

$$\frac{\partial X}{\partial t}=\mathcal{A}X+\mathcal{B}U+\mathcal{F}\left(X,\frac{\partial X}{\partial z},\cdots,U,\frac{\partial U}{\partial z},\cdots\right) \tag{2.5}$$

式中，$X(z,t)$和$U(z,t)$分别表示时空状态变量和时空输入变量。

边界条件：

$$\begin{cases}\left.f_1\left(X(z,t),\dfrac{\partial X(z,t)}{\partial z},\cdots\right)\right|_{z=S_1}=0\\[2ex]\left.f_2\left(X(z,t),\dfrac{\partial X(z,t)}{\partial z},\cdots\right)\right|_{z=S_r}=0\end{cases} \tag{2.6}$$

式中，$f_1\left(X(z,t),\dfrac{\partial X(z,t)}{\partial z},\cdots\right)$、$f_2\left(X(z,t),\dfrac{\partial X(z,t)}{\partial z},\cdots\right)$表示对应$\bar{f}_1$、$\bar{f}_2$与$X(z,t)$及其空间偏导数有关的函数关系式。

初始条件：

$$X(z,0)=X_0(z) \tag{2.7}$$

式中，$X_0(z)$表示希尔伯特空间$H(\Omega)$中与$\bar{X}_0(z)$对应的光滑函数。

方程(2.5)为无限维希尔伯特空间$H(\Omega)$上空间域Ω到实数域的一个映射。

2.2　基于变量分离的系统降阶原理

系统变量分离降阶方法的总体思路：当时空耦合系统模型已知时，采用变量分离方法对时空耦合过程进行时空分离，再结合权重残差方法进行有限阶截断得到无穷阶时空耦合系统的有限阶近似；而对于复杂时空耦合系统模型难以得到的情形，根据输入输出数据，利用正交分解方法获得正交空间基函数，对系统进行时空分离，再借助系统辨识技术建立系统的低阶近似模型。基于变量分离的时空耦合系统降阶原理如图 2.1 所示，具体步骤如下：首先，选择与空间变量有关的正交空间基函数并对时空耦合系统进行时空分离，即将系统的输入、输出和状态变量在所选择的正交空间基函数上展开，而展开系数只是时间变量的函数。然后，利用非线性伽辽金方法[9,10]，将展开系数形成的无穷阶常微分方程描述的系统降阶。低阶时间系统输出和正交空间基函数的时空变量综合即无穷阶时空耦合系统的一个近似时空输出。

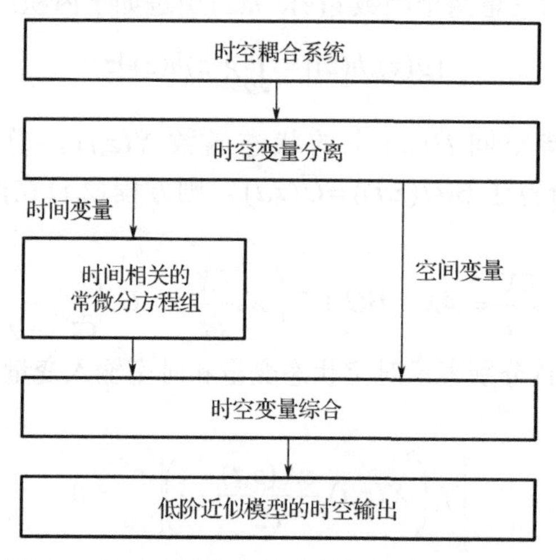

图 2.1　基于变量分离的时空耦合系统降阶原理

2.3　空间基函数选取

如 1.4 节中所述，在整个空间域采用全局和正交的空间基函数进行时空变量分离的权重残差方法称为谱方法。由于所选择空间基函数的全局属性，利用谱方法对时空耦合系统降阶能得到一个比传统空间离散方法阶数低得多的近似模型。空间基函数的选取对于采用变量分离方法的非线性时空耦合系统降阶是非常关键的，在很大程度上能影响降阶的精度和效率。谱方法中常用的全局空间基函数包括傅里叶系列函数、正交多项式[10]、系统特征函数[11]和经验特征函数[8]等。本节主要阐述典型空间基函数的获取问题。

2.3.1　微分算子特征函数

对于偏微分方程(2.5)的自伴随空间线性算子 $\mathcal{A}$，其特征值问题定义如下：

$$\mathcal{A}\varphi_j(z)=\lambda_j\varphi_j(z), \quad j=1,2,\cdots,\infty \tag{2.8}$$

式中，λ_j 表示特征值；$\varphi_j(z)$ 表示 λ_j 对应的正交特征函数。

$\mathcal{A}$ 的特征谱 $\sigma(\mathcal{A})$ 定义为所有 $\mathcal{A}$ 的特征值集合，即 $\sigma(\mathcal{A})=\{\lambda_1,\lambda_2,\cdots\}$。令 $t_n(n=1,2,\cdots,N)$ 时刻的偏微分方程(2.5)时空耦合变量的值为 $X_n(z)$，上述寻找正交特征函数的问题即求解如下最优化问题：

$$\min\left\{\lambda=\sum_{n=1}^{N}(\varphi(z)-X_n(z))^2\right\}, \quad \forall z\in\Omega \tag{2.9}$$

上述问题等价于

$$\max\left\{\lambda=\frac{\left\langle(\varphi(z),X_n(z))^2\right\rangle}{(\varphi(z),\varphi(z))}\right\}, \quad \forall z\in\Omega \tag{2.10}$$

经过转换，上述最优化问题等价于如下积分特征值问题：

$$\int_{\Omega}K(z,z')\varphi(z')\mathrm{d}z'=\lambda\varphi(z') \tag{2.11}$$

式中，$K(z,z')=\dfrac{1}{N}\sum\limits_{n=1}^{N}X_n(z)X_n(z')$，且有 $\lambda_1\geqslant\lambda_2\geqslant\cdots\geqslant\lambda_\infty>0$。

因此结合特征值问题方程(2.11)和边界条件(2.6)，得到偏微分方程(2.5)的特征函数集合为

$$\{\varphi_j(z)\}_{j=1}^{\infty}=\{\varphi_1(z),\varphi_2(z),\cdots\} \tag{2.12}$$

而且每个特征函数之间对于内积是正交的。

特别地，特征函数能作为绝大部分抛物型偏微分方程的空间基函数，其对应的特征值存在明显的间隔，因此能进行快变量和慢变量的分离。图 2.2 为快变量和慢变量的特征值复数域几何表示。因此，利用基于特征函数的时空分离方法对抛物型偏微分方程进行建模能得到满足精度要求条件下阶数比较低的近似模型。许多时空耦合系统特别是拟线性抛物型系统的控制问题都是采用特征函数作为空间基函数，利用伽辽金方法得到有限阶常微分方程组。典型的例子有一类拟线性抛物型反应扩散过程的控制问题[12]、一些复杂时空耦合系统的控制包括参数不确定问题[13,14]和输入限制问题[15,16]等。为了提高建模的精度，出现了一些新的建模处理方法，如控制拟线性抛物型系统[17]、时间相关的空间域过程[18]和参数不确定过程[19]的特征函数-伽辽金-近似惯性流形方法。

当然，基于特征函数的系统降阶也有其限制性。当空间线性算子是自反算子[20]时，谱方法采用特征函数作为空间基函数建模能得到低阶近似模型。但是当空间线性算子是非自反算子时，由于特征函数展开解的缓慢收敛性，建模得到的近似系统阶数很高，有时甚至是不稳定的[20,21]。

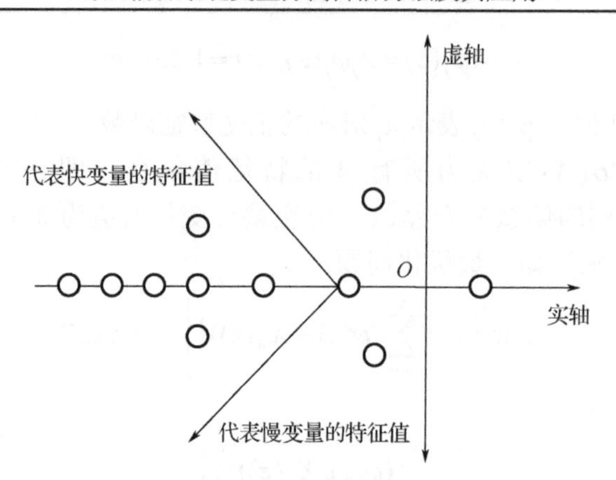

图 2.2　快变量和慢变量的特征值复数域几何表示

2.3.2　经验特征函数

KL(Karhunen-Loève)分解又称为主成分分析(principal components analysis, PCA)、正交分解(proper orthogonal decomposition, POD)，是一种从时空耦合过程输出代表性数据中寻找最优空间基函数(经验特征函数)的方法[22]。假定时空耦合系统的测量输出为 $\{Y(z_i,t_j)\big|z_i\in\Omega, i=1,2,\cdots,M, j=1,2,\cdots,L\}$ (称为 Snapshots)，则经验特征函数求解的问题，即如何从输出 $Y(z,t)$ 计算得到最具代表性的空间基函数 $\varphi(z)$ 。简单起见，假定输出 $\{Y(z_i,t_j)\}$ 的空间和时间采样间隔相同，且定义系统内积、模和时间平均分别为 $(f(z),g(z))_\Omega=\int_\Omega f(z)g(z)\mathrm{d}z$ 、 $\|f(z)\|=(f(z),f(z))_\Omega^{1/2}$ 和 $\langle f(z)\rangle=\frac{1}{L}\sum_{t=1}^{L}f(z,t)$ 。与傅里叶展开类似，时空变量 $Y(z,t)$ 能够写成无限个正交空间基函数 $\{\varphi_i(z)\}_{i=1}^{\infty}$ 与对应时间系数 $\{y_i(t)\}_{i=1}^{\infty}$ 的乘积和，如下所示：

$$Y(z,t)=\sum_{i=1}^{\infty}y_i(t)\varphi_i(z) \tag{2.13}$$

式中，时间系数能够用如下的方程进行计算：

$$y_i(t)=(\varphi_i(z),Y(z,t))_\Omega,\quad i=1,2,\cdots,\infty \tag{2.14}$$

令 $Y_M(z,t)$ 表示 $Y(z,t)$ 的 M 阶近似：

$$Y_M(z,t)=\sum_{i=1}^{M}y_i(t)\varphi_i(z) \tag{2.15}$$

因此，基于 KL 分解的时空变量分离最主要的步骤是从时空输出 $\{Y(z_i,t_j)\}_{i=1,\,j=1}^{M,\,L}$ 中计算得到最优的空间基函数 $\{\varphi_i(z)\}_{i=1}^{M}$ ，即求解最优化问题：

$$\begin{aligned}&\min_{\varphi_i(z)}\left\langle\|Y(z,t)-Y_M(z,t)\|^2\right\rangle\\&\text{s.t.}\quad(\varphi_i,\varphi_i)=1,\quad i=1,2,\cdots,M\end{aligned}\tag{2.16}$$

最优化问题(2.16)中的正交限制条件保证了最终得到的经验特征函数 $\varphi_i(z)$ 是唯一的。对应有约束最优化问题(2.16)的拉格朗日函数为

$$J=\left\langle\|Y(z,t)-Y_M(z,t)\|^2\right\rangle+\sum_{i=1}^{M}\lambda_i((\varphi_i,\varphi_i)-1)\tag{2.17}$$

上述最优化问题的解形成了如下特征值问题：

$$\int_{\Omega}D(z,\xi)\varphi_i(z)\mathrm{d}\xi=\lambda_i\varphi_i(z),\quad(\varphi_i,\varphi_i)=1,\quad i=1,2,\cdots,M\tag{2.18}$$

式中，$D(z,\xi)=\langle Y(z,t)Y(\xi,t)\rangle$ 表示空间两点的自相关函数；$\varphi_i(z)$ 表示特征函数；λ_i 表示对应的特征值。

如果协方差矩阵 D 为对称正定矩阵，则其特征值 λ_i 为实数，且对应的特征函数 $\varphi_i(z)(i=1,2,\cdots,M)$ 形成了一个正交函数集。由于从时空耦合系统测量得到的数据在空间一般为离散的，所以对问题(2.18)积分进行离散就转换成 $M\times M$ 矩阵特征值问题，M 个空间采样点的数据最多能求得 M 个经验特征函数。

假定非零特征值的最多个数为 $n=\min(M,L)$。将特征值和对应的特征函数按照从大到小进行排列，如 $\lambda_1>\lambda_2>\cdots>\lambda_n$ 和 $\varphi_1(z),\varphi_2(z),\cdots,\varphi_n(z)$。每个特征函数所占的能量百分比由对应的特征值占总能量的百分比决定：

$$\delta_k=\frac{\lambda_k}{\sum_{i=1}^{n}\lambda_i},\quad k=1,2,\cdots,n\tag{2.19}$$

假定将特征值按照所对应的能量大小降序排列，则经验特征函数的选择是根据特征值的大小来确定的，第一个特征函数代表了系统最主要的特征，第二个次之，以此类推。前几个较少的特征模态就已经能代表所研究系统最主要的动态特征，因此基于经验特征函数的降阶一般都能得到低阶的近似系统。假定基于 $\varphi_1(z),\varphi_2(z),\cdots,\varphi_n(z)$ 的展开式(2.20)可以用于代表时空耦合系统最主要的动态行为：

$$Y_n(z,t)=\sum_{i=1}^{n}y_i(t)\varphi_i(z)\tag{2.20}$$

显然，时空耦合系统由无穷阶降到了 n 阶，且实现了时空变量分离。图 2.3 展示了三个基函数情形下 KL 分解的时空变量分离的几何图示。

KL-伽辽金方法是时空耦合系统降阶方法中最常用的几种方法之一。它被应用到很多复杂分布式系统的系统分析、低阶建模、数值仿真中，如液体流动[23,24]、热过程[25-27]和反应传导扩散过程[28]等。同样，还有很多实际应用于控制的例子，如化学气相沉积中的薄膜生长控制[29]、扩散反应过程的控制[30]、薄壳系统的控制[31]和反应扩散传导过程的优化[32]等。

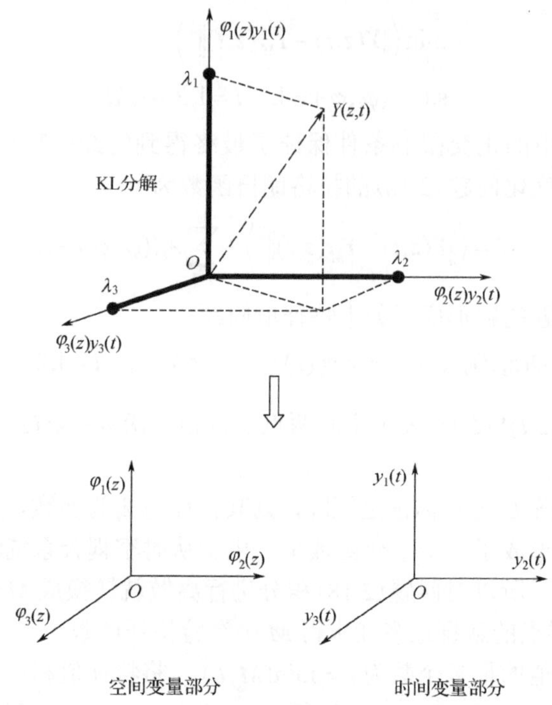

图 2.3　经验特征函数求解的几何图示

相对于特征函数，基于 KL 分解的经验特征函数具有更加广泛的实用性，能应用到包括不规则域、非线性空间线性算子和非线性边界条件的一系列复杂时空耦合系统中。由于经验特征函数为时空数据本身的最优线性近似[33]，所以 KL 分解能得到比有限元法和特征函数方法阶数更低、精度更高的系统。然而，KL 分解[34]主要依赖例子本身，对于时空耦合系统缺乏比较系统的解，而且由于假设所测量到的数据对于系统在时间动态方面具有完全的代表性，所以在应用 KL 分解时，对于输入信号、时间间隔、采样点的位置和个数、系统的参数值和初始条件[35]等的选择都需要非常谨慎。另外，经验特征函数的个数要小于或者等于在测量中使用的传感器数量，因此传感器的数量决定了由 KL 分解得到的低阶近似模型的阶数。

2.3.3　其他空间基函数

除了上述提到的傅里叶系列基函数、特征函数和经验特征函数以外，在采用全局空间基函数进行变量分离时，正交多项式也是时空耦合系统降阶中常用的空间基函数。例如，为了仿真和控制目的来得到低阶时空耦合系统近似模型和适应性控制的多项式-配点法。其中，切比雪夫多项式和勒让德多项式适合于有限域上的非周期问题；勒让德多项式能较好地处理半无限空间域的问题；埃尔米特多项式一般用来处理无限空间域的问题。上述正交多项式能非常灵活地应用到许多时空耦合系统低阶近似模型的构建。

2.4　时空变量分离

根据变量分离的理论，方程(2.5)～(2.7)组成的时空耦合系统的时空状态变量 $X(z,t)$、时空输入 $U(z,t)$ 和时空测量输出 $Y(z,t)$ 均能表示成如下时空解耦形式，即能在选择的无限阶正交空间基函数上展开成时间变量与空间变量的乘积和：

$$X(z,t)=\sum_{i=1}^{\infty}x_i(t)\varphi_i(z) \tag{2.21}$$

$$U(z,t)=\sum_{i=1}^{\infty}u_i(t)\varphi_i(z) \tag{2.22}$$

$$Y(z,t)=\sum_{i=1}^{\infty}y_i(t)\varphi_i(z) \tag{2.23}$$

基于上述思想，时空耦合系统中的时空耦合变量被分离成空间基函数与时间变量乘积的级数，这个过程称为时空变量分离。图 2.4 采用 3 个空间基函数对上述过程进行了一个简单的描述。

对于偏微分方程(2.5)，将式(2.21)～式(2.23)代入，有

$$\begin{aligned}\sum_{i=1}^{\infty}\dot{x}_i(t)\varphi_i(z)=&\mathcal{A}\left(\sum_{i=1}^{\infty}x_i(t)\varphi_i(z)\right)+\mathcal{B}\left(\sum_{i=1}^{\infty}u_i(t)\varphi_i(z)\right)\\&+\mathcal{F}\left(\sum_{i=1}^{\infty}x_i(t)\varphi_i(z),\frac{\partial\left(\sum_{i=1}^{\infty}x_i(t)\varphi_i(z)\right)}{\partial z},\cdots,\sum_{i=1}^{\infty}u_i(t)\varphi_i(z),\frac{\partial\left(\sum_{i=1}^{\infty}u_i(t)\varphi_i(z)\right)}{\partial z},\cdots\right)\end{aligned} \tag{2.24}$$

对方程(2.24)两边在每个正交空间基函数上投影，即采用权重残差方法[35]中使用最广泛的方法——非线性伽辽金方法，可以得到

$$\begin{aligned}\int_{\Omega}\left(\sum_{i=1}^{\infty}\dot{x}_i(t)\varphi_i(z)\right)\varphi_j(z)\mathrm{d}z=&\int_{\Omega}\left(\mathcal{A}\left(\sum_{i=1}^{\infty}x_i(t)\varphi_i(z)\right)+\mathcal{B}\left(\sum_{i=1}^{\infty}u_i(t)\varphi_i(z)\right)\right)\varphi_j(z)\mathrm{d}z\\&+\int_{\Omega}\mathcal{F}\left(\sum_{i=1}^{\infty}x_i(t)\varphi_i(z),\frac{\partial\left(\sum_{i=1}^{\infty}x_i(t)\varphi_i(z)\right)}{\partial z},\cdots,\right.\\&\left.\sum_{i=1}^{\infty}u_i(t)\varphi_i(z),\frac{\partial\left(\sum_{i=1}^{\infty}u_i(t)\varphi_i(z)\right)}{\partial z},\cdots\right)\varphi_j(z)\mathrm{d}z\end{aligned} \tag{2.25}$$

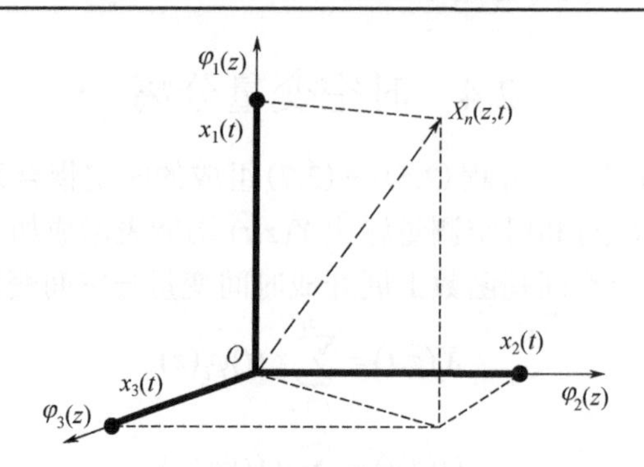

图 2.4　基于 3 个空间基函数的时空分离几何表示

假设系统由按照一定空间分布的 p 个执行器控制，设其输入信号为 $u(t)=[u_1(t), u_2(t),\cdots,u_p(t)]^{\mathrm{T}}$。假设时空输出 $Y(z,t)$ 由 M 个传感器测量，设其测量点为 $\{z_1,z_2,\cdots,z_M\}$。由于系统的特征函数是相互正交的，方程(2.25)可转化为

$$\begin{cases}\dot{x}_i(t)=-\lambda_i x_i(t)+b_i u(t)+f_i(x(t),u(t))\\ Y(z_l,t)=\sum x_i(t)\varphi_i(z_l)\end{cases} \tag{2.26}$$

式中，λ_i 表示算子 $\mathcal{A}$ 的第 i 个特征值且 $\lambda_1>\lambda_2>\cdots\lambda_N>\cdots$；$b_i=[b_{i1},b_{i2},\cdots,b_{ip}]$；$z_l$ 为第 l 个测量点；$i=1,2,\cdots,\infty$；$l=1,2,\cdots,M$。

2.5　有限阶截断和时空变量综合

通过空间基函数展开和非线性伽辽金方法，可得到由无穷阶常微分方程组(2.26)所表示的无穷阶系统。根据系统的特征值，可以将上述无穷阶系统(2.26)进行有限阶截断。对于某些时空耦合系统，如抛物型偏微分方程表示的系统，其特征值存在明显的“间隙”，即无穷阶系统可以分为快系统和慢系统，则在截断时能得到阶数较低的有穷阶系统来近似原无穷阶系统。而对于某些时空耦合系统，其特征值变化相对缓慢，则在截断时只能得到阶数较高的有限阶系统来近似原系统。

若按照无穷阶系统(2.26)的前 N 个特征值 $\lambda_1>\lambda_2>\cdots>\lambda_N$ 进行截断，则可以得到如下有限阶常微分方程组来近似原无穷阶系统：

$$\begin{cases}\dot{x}_i(t)=-\lambda_i x_i(t)+b_i u(t)+f_i(x(t),u(t))\\ Y(z_l,t)=\sum_{i=1}^{N} x_i(t)\varphi_i(z_l)\end{cases} \tag{2.27}$$

式中，$i=1,2,\cdots,N$；$l=1,2,\cdots,M$。

上述系统(2.27)能写成如下向量空间的形式：

$$\begin{cases}\dot{x}(t)=Ax(t)+Bu(t)+f(x(t),u(t))\\ y(t)=Cx(t)\end{cases} \tag{2.28}$$

式中，$x(t)=[x_1(t),x_2(t),\cdots,x_N(t)]^{\mathrm{T}}$；$y(t)=[Y(z_1,t),Y(z_2,t),\cdots,Y(z_M,t)]^{\mathrm{T}}$

$$A=\operatorname{diag}(-\lambda_1,-\lambda_2,\cdots,-\lambda_N)$$

$$B=[b_1,b_2,\cdots,b_N]^{\mathrm{T}}=\begin{bmatrix} b_{11} & b_{21} & \cdots & b_{N1}\\ b_{12} & b_{22} & \cdots & b_{N2}\\ \vdots & \vdots & & \vdots\\ b_{1p} & b_{2p} & \cdots & b_{Np}\end{bmatrix}^{\mathrm{T}}$$

$$C=[c_1,c_2,\cdots,c_N]=\begin{bmatrix} c_{11} & c_{12} & \cdots & c_{1N}\\ c_{21} & c_{22} & \cdots & c_{2N}\\ \vdots & \vdots & & \vdots\\ c_{M1} & c_{M2} & \cdots & c_{MN}\end{bmatrix}$$

$$f(x(t),u(t))=[f_1(x(t),u(t)),f_2(x(t),u(t)),\cdots,f_N(x(t),u(t))]^{\mathrm{T}}$$

其中，$f_i(x(t),u(t))$、c_{ij} 和 b_{ij} 的计算公式分别如下：

$$f_i(x(t),u(t))=\int_\Omega \mathcal{F}\left(X(z,t),\frac{\partial X(z,t)}{\partial z},\cdots,U(z,t),\frac{\partial U(z,t)}{\partial z},\cdots\right)\varphi_i(z)\mathrm{d}z \tag{2.29}$$

$$c_{ij}=\int_\Omega \delta(z-z_j)\varphi_i(z)\mathrm{d}z \tag{2.30}$$

$$b_{ij}=\int_\Omega \mathcal{B}(\varphi_j(z))\varphi_i(z)\mathrm{d}z \tag{2.31}$$

由图 2.1 可知，有限阶常微分方程系统(2.28)的输出为原无穷阶系统(2.5)的输出的一个近似。因此，综合有限阶常微分方程系统(2.28)输出的时间变量和原正交空间基函数，能得到原时空耦合系统的时空状态变量 $X(z,t)$ 的一个近似值

$$X(z,t)=\sum_{i=1}^{N}x_i(t)\varphi_i(z) \tag{2.32}$$

和时空测量输出 $Y(z_l,t)$ 的一个近似值

$$Y(z_l,t)=\sum_{i=1}^{N}x_i(t)\varphi_i(z_l) \tag{2.33}$$

通过时空耦合系统的降阶，即推导出有限阶常微分方程系统(2.28)。

2.6　方法问题探讨

选择合适的空间基函数对于时空耦合系统近似模型的阶数具有非常关键的影

响。同时，根据本章中时空变量分离的原理，基函数的选择直接决定了时空耦合系统时间近似模型的阶数，在很大程度上能影响近似模型的精度和计算效率。为了得到适宜于控制器设计的低阶近似模型，时空耦合系统降阶的谱方法一般采用全局空间基函数，包括傅里叶系列函数、正交多项式、系统的特征函数和经验特征函数等。对于工程中采用非线性偏微分方程描述的时空耦合系统，采用特征函数和经验特征函数的时空耦合系统降阶及控制具有相对更多的成功应用算例。

但是傅里叶系列函数、正交多项式和特征函数等属于普通的空间基函数，对其的选择和求解并没有考虑系统本身的动态特性和其他特点。在给定的精度限制下，基于上述列举的普通空间基函数得到时空耦合系统近似模型的阶数都不是最低的。换句话说，基于普通空间基函数对时空耦合系统降阶得到低阶近似模型的精度较低。因此，为了提高近似模型的精度，有时候就需要增加基函数的数量来进行降阶，这样会使得得到的有限阶动态模型阶数增高，提高了控制器设计的难度和复杂度。由于特征值或者奇异值能量较为集中，正常情况下采用经验特征函数作为谱方法的基函数一般能够得到阶数较低的近似系统。经验特征函数在 1992 年被 Kirby[36]发展成 Sobolev 特征函数。由于 KL 分解本质上是线性的降阶方法，对于某些非线性的情况，KL 分解也显得不是很适合[37]。因为 KL 分解是采用线性结构来近似非线性的系统，并不能保证在其近似模型中含有原时空耦合系统重要的动态信息[38]。有研究表明[39]，基于经验特征函数得到的低阶近似模型很难模拟不同动态状态不规则转换过程中的主要动态行为。文献[22]和文献[39]分析表明：代表微小能量值的经验特征函数在复现某一些特定类型的动态行为时是非常关键的，对低阶近似模型的精度具有重要的影响，不可以因其对应的奇异值或者特征值占有的能量比例较小就忽略掉。综合上述分析，基于特征函数和经验特征函数的谱方法出现上述问题的原因在于对无穷阶系统进行有限阶截断的过程中忽略了代表小能量的快变量和具有小能量的经验特征函数的影响，从而造成得到的低阶近似模型的精度有损失。

针对基于特征函数建模存在的问题，有学者在研究利用原来忽略掉的基函数来提高基于谱方法的时空耦合系统低阶近似模型精度的方法，其中典型的如主交互模式方法[40-43]。主交互模式方法是在时空耦合系统时空分离方法降阶上的一种拓展，其基本思想是将初步选定的多个正交空间基函数进行线性组合成为数量较少的新正交空间基函数，并在时间演化过程中进行优化，构造一组考虑系统动态特征的最优正交空间基函数，从而获得阶数更低的近似模型。但是主交互模式方法仅用于不存在控制作用(如大气科学中的气压流场)的复杂系统降阶，还没有发现采用主交互模式方法对存在控制作用的复杂时空耦合系统进行降阶的相关研究。另外，由于主交互模式方法的应用过程存在大量的非线性最优化问题，计算过程复杂，不但编程很困难，而且需要很大的计算量，所以在工程上实现非常困难。另外，主交互模式方法的降阶过程需要知道系统非线性项的精确表达式，对于存在未知非线性或者未知参数的实际时空耦合制造过程，主交互模式方法不适用。

针对基于经验特征函数建模存在的问题，许多研究者开始提出新的建模方法，利用具有小能量的经验特征函数来提高低阶近似模型的精度，典型的有非线性闭环建模[44,45]、非线性伽辽金方法[46]等。一些经验特征函数具有较小的能量，但是在复杂流体的整体动态行为中扮演了至关重要的角色。非线性闭环建模用较小的计算代价提高了原基于经验特征函数进行时空耦合系统低阶近似模型的精度。尽管对于伯格斯方程(Burgers equation)和纳维-斯托克斯方程(Navier-Stokes equation)的建模中取得了若干成果并提供了巨大的可能性，但是其对于三维湍流的模拟还属于一个具有挑战性的工作。非线性伽辽金方法通过近似惯性流形来添加原来建模时忽略掉的代表微小能量变量的影响，同样被用来近似流体系统中的时空耦合问题。经验特征函数构成的空间被划分成两个子空间，采用近似惯性流形建立慢变量和快变量之间的关系用于补偿原来忽略快变量造成的建模精度损失。但是，这个方法的理论非常复杂，同时需要的计算量非常巨大。

虽然国内外众多研究者在基于变量分离的时空耦合系统降阶方法上做了很多颇具价值的工作，但是在谱方法的空间基函数选取方面，还需要做一些工作选择新的空间基函数来得到更低阶的时空近似系统。在后面章节中将介绍一些通过原空间基函数的线性组合得到新空间基函数组的方法，使得在相同的精度要求下，基于新空间基函数组建立的近似模型或者常微分方程组的阶数比基于原空间基函数建立的要低。

2.7　本 章 小 结

本章主要针对某一类采用非线性偏微分方程描述的时空耦合系统降阶问题，介绍了基于变量分离的时空耦合系统降阶方法思路。首先，给出了非线性偏微分方程模型及其推导，并结合原理图从整体上介绍了基于变量分离的时空耦合系统降阶思路；其次，介绍了空间基函数选取的重要性，详细介绍了特征函数和经验特征函数的基本理论和计算方法，以及时空变量分离、有限阶截断和时空变量综合的过程；最后，就基于特征函数和经验特征函数对时空耦合系统降阶存在的问题进行了讨论，分析了造成精度损失的原因。

参 考 文 献

[1] Li H X, Qi C K. Modeling of distributed parameter systems for applications—A synthesized review from time-space separation[J]. Journal of Process Control, 2010, 20(8): 891-901.

[2] 蒋勉. 时空耦合系统降维新方法及其在铝合金板带轧制过程建模中的应用[D]. 长沙: 中南大学, 2012.

[3] Canuto C, Hussaini M Y, Quarteroni A, et al. Spectral Methods in Fluid Dynamics[M]. New York:

Springer, 1988.

[4] Boyd J P, Marilyn T, Eliot P T S. Chebyshev and Fourier Spectral Methods[M]. New York: Dover Publications, 2000.

[5] Sun Y S, Li B W. Chebyshev collocation spectral method for one-dimensional radiative heat transfer in graded index media[J]. International Journal of Thermal Sciences, 2009, 48(4): 691-698.

[6] Liberge E, Hamdouni A. Reduced order modelling method via proper orthogonal decomposition (POD) for flow around an oscillating cylinder[J]. Journal of Fluids and Structures, 2010, 26(2): 292-311.

[7] Zheng D, Hoo K A. Low-order model identification for implementable control solutions of distributed parameter system[J]. Computers and Chemical Engineering, 2002, 26(7-8): 1049-1076.

[8] Zhou X G, Liu L H, Dai Y C, et al. Modeling of a fixed-bed reactor using the K-L expansion and neural networks[J]. Chemical Engineering Science, 1996, 51(10): 2179-2188.

[9] Christofides P D. Nonlinear and Robust Control of PDE Systems: Methods and Applications to Transport-Reaction Processes[M]. Boston: Birkhauser, 2001.

[10] Sadek I S, Bokhari M A. Optimal control of a parabolic distributed parameter system via orthogonal polynomials[J]. Optimal Control Applications and Methods, 1998, 19(3): 205-213.

[11] Deng H, Li H X, Chen G R. Spectral-approximation-based intelligent modeling for distributed thermal processes[J]. IEEE Transactions on Control Systems Technology, 2005, 13(5): 686-700.

[12] Dubljevic S, Christofides P D, Kevrekidis I G. Distributed nonlinear control of diffusion-reaction processes[J]. International Journal of Robust and Nonlinear Control, 2010, 14(2): 133-156.

[13] Armaou A, Christofides P D. Robust control of parabolic PDE systems with time-dependent spatial domains[J]. Automatica, 2001, 37(1): 61-69.

[14] Christofides P D, Baker J. Robust output feedback control of quasi-linear parabolic PDE systems[J]. Systems & Control Letters, 1999, 36(5): 307-316.

[15] El-Farra N H, Armaou A, Christofides P D. Analysis and control of parabolic PDE systems with input constraints[J]. Automatica, 2003, 39(4): 715-725.

[16] El-Farra N H, Christofides P D. Coordinated feedback and switching for control of spatially-distributed processes[J]. Computers & Chemical Engineering, 2004, 28(1-2): 111-128.

[17] Christofides P D, Daoutidis P. Finite-dimensional control of parabolic PDE systems using approximate inertial manifolds[J]. Journal of Mathematical Analysis and Applications, 1997, 216(2): 398-420.

[18] Armaou A, Christofides P D. Nonlinear feedback control of parabolic partial differential equation systems with time-dependent spatial domains[J]. Journal of Mathematical Analysis & Applications,

1999, 73(1): 124-157.

[19] Christofides P D. Robust control of parabolic PDE systems[J]. Chemical Engineering Science, 1998, 53(16): 2949-2965.

[20] Gay D H, Ray W H. Identification and control of distributed parameter systems by means of the singular value decomposition[J]. Chemical Engineering Science, 1995, 50(10): 1519-1539.

[21] Hoo K A, Zheng D. Low-order control-relevant models for a class of distributed parameter systems[J]. Chemical Engineering Science, 2001, 56(23): 6683-6710.

[22] Jiang M, Liu S Q, Wu J G. Modified empirical eigenfunctions and its applications for model reduction of nonlinear spatio-temporal systems[J]. Mathematical Problems in Engineering, 2018, (19): 1-12.

[23] Deane A E, Kevrekidis I G, Karniadakis G E, et al. Low-dimensional models for complex geometry flows: Application to grooved channels and circular cylinders[J]. Phys Fluids A, 1991, 3(10): 2337-2354.

[24] Park H M, Cho D H. The use of the Karhunen-Loève decomposition for the modeling of distributed parameter systems[J]. Chemical Engineering Science, 1996, 51(1): 81-98.

[25] Newman A J. Model reduction via the Karhunen-Loève expansion part II: Some elementary examples[R]. College Park: University of Maryland, 1998.

[26] Banerjee S, Cole J V. Nonlinear model reduction strategies for rapid thermal processing systems[J]. IEEE Transactions on Semiconductor Manufacturing, 1998, 11(2): 266-275.

[27] Adomaitis R A. A reduced-basis discretization method for chemical vapor deposition reactor simulation[J]. Mathematical and Computer Modelling, 2003, 38(1-2): 159-175.

[28] Armaou A, Christofides P D. Computation of empirical eigenfunctions and order reduction for nonlinear parabolic PDE systems with time-dependent spatial domains[J]. Nonlinear Analysis, 2001, 47(4): 2869-2874.

[29] Kepler G M, Banks H T, Tran H T, et al. Reduced order modeling and control of thin film growth in an HPCVD reactor[J]. Siam Journal on Applied Mathematics, 2002, 62(4): 1251-1280.

[30] Armaou A, Christofides P D. Robust control of parabolic PDE systems with time-dependent spatial domains[J]. Automatica, 2001, 37(1): 61-69.

[31] Banks H T, del Rosario R C H, Smith R C. Reduced-order model feedback control design: Numerical implementation in a thin shell model[J]. IEEE Transactions on Automatic Control, 2002, 45(7): 1312-1324.

[32] Bendersky E, Christofides P D. Optimization of transport-reaction processes using nonlinear model reduction[J]. Chemical Engineering Science, 2000, 55(19): 4349-4366.

[33] Arne D. On the optimality of the discrete Karhunen-Loève expansion[J]. SIAM Journal on Control & Optimization, 1998, 36(6):1937-1939.

[34] Graham M D, Kevrekidis I G. Alternative approaches to the Karhunen-Loève decomposition for model reduction and data analysis[J]. Computers & Chemical Engineering, 1996, 20 (5) : 495-506.

[35] Powers D L. Boundary Value Problems[M]. Amsterdam: Elsevier, 1999.

[36] Kirby M. Minimal dynamical systems from PDEs using Sobolev eigenfunctions[J]. Physica D: Nonlinear Phenomena, 1992, 57 (3-4) : 466-475.

[37] Malthouse E C. Limitations of nonlinear PCA as performed with generic neural networks[J]. IEEE Transactions on Neural Networks, 1998, 9 (1) : 165-173.

[38] Wilson D J H, Irwin G W, Lightbody G. RBF principal manifolds for process monitoring[J]. IEEE Transactions on Neural Networks, 2002, 10 (6) : 1424-1434.

[39] Brunton S L, Noack B R. Closed-loop turbulence control: Progress and challenges[J]. Applied Mechanics Reviews, 2015, 67 (5) : 050801-1-050801-48.

[40] Hasselmann K. PIPs and POPs: The reduction of complex dynamical systems using principal interaction and oscillation patterns[J]. Journal of Geophysical Research Atmospheres, 1988, 93 (D9) : 11015-11021.

[41] Kwasniok F. The reduction of complex dynamical systems using principal interaction patterns[J]. Physica D Nonlinear Phenomena, 1996, 92 (1-2) : 28-60.

[42] Kwasniok F. Optimal Galerkin approximations of partial differential equations using principal interaction patterns[J]. Physical Review E: Statistical Physics Plasmas Fluids & Related Interdisciplinary Topics, 1997, 55 (5) : 5365-5375.

[43] Kwasniok F. Empirical low-order models of barotropic flow[J]. Journal of the Atmospheric Sciences, 2004, 61 (2) : 235-245.

[44] Imtiaz H, Imran A. Closure modeling in reduced-order model of Burgers' equation for control applications[J]. Proceedings of the Institution of Mechanical Engineers, Part G: Journal of Aerospace Engineering, 2017, 231 (4) : 642-656.

[45] Imran A, Nayfeh A H. Model based control of laminar wake using fluidic actuation[J]. Journal of Computational & Nonlinear Dynamics, 2010, 5 (4) : 2040-2049.

[46] Kang W, Zhang J Z, Ren S, et al. Nonlinear Galerkin method for low-dimensional modeling of fluid dynamic system using POD modes[J]. Communications in Nonlinear Science & Numerical Simulation, 2015, 22 (1-3) : 943-952.

第3章　基于特征函数变换的时空耦合系统降阶方法

3.1　引　　言

由第2章的分析可知，空间基函数的选择对于采用变量分离方法实现时空耦合系统降阶的效果具有重要影响，空间基函数个数的选择直接决定了时空耦合系统时间近似模型的阶数，在很大程度上能影响近似模型的精度和计算效率。作为普通全局空间基函数的代表，基于特征函数对时空耦合系统降阶得到低阶近似模型的精度较低。因此，为了提高低阶近似模型的精度就需要增加基函数的数量，使低阶近似模型的阶数提高，即在一定的精度要求下得到的低阶近似模型的阶数不是最低的，但也提高了控制器的复杂程度和设计难度。出现上述问题的原因在于对无穷阶系统进行有限阶截断的过程中忽略了代表小能量的变量影响。针对上述问题，一些新的方法如主交互模式方法[1-4]被提出来，利用原来忽略掉的基函数来提高基于谱方法的时空耦合系统低阶近似模型的精度。但是这类方法在要求时空耦合系统的非线性偏微分方程模型精确已知的同时，其应用过程中还存在大量的非线性优化问题，计算量大且过程复杂，工程应用难以实现。

受主交互模式方法的启发，本章采用类似的思想构造变量分离过程中采用的空间基函数。选用较多个数的空间基函数进行变换得到一组个数更少的新空间基函数，再基于新空间基函数采用变量分离和伽辽金方法得到时空耦合系统的近似模型。同时，对基于新空间基函数的建模误差进行分析得到相等阶数下建模误差更小的条件。由于空间基函数变换矩阵在本方法中的重要性，本章还介绍三种求解空间基函数变换矩阵的方法，并给出仿真算例进行验证。最后，对基于这三种方法进行建模的效果进行总结。

3.2　特征函数变换方法

如式(2.32)所示，假定对时空耦合系统(2.5)～(2.7)采用谱方法进行建模时选取的特征函数集合为$\{\varphi_1(z),\varphi_2(z),\cdots,\varphi_N(z)\}$。与主交互模式方法的原理类似，假定采用上述集合中的特征函数进行线性变换得到个数更少的新空间基函数集合$\{\phi_1(z),\phi_2(z),\cdots,\phi_k(z)\}$，其中$k<N$。为了方便采用向量表示，定义一个$N\times k$空间基函数变换矩阵$R$。因此，可得

$$\{\phi_1(z),\phi_2(z),\cdots,\phi_k(z)\}=\{\varphi_1(z),\varphi_2(z),\cdots,\varphi_N(z)\}R_{N\times k} \tag{3.1}$$

从式(3.1)也可以看出，每个新空间基函数都是原空间基函数$\{\varphi_1(z),\varphi_2(z),\cdots,\varphi_N(z)\}$的线性组合，其中矩阵$R$中的元素$R_{ij}(1\leqslant i\leqslant N,1\leqslant j\leqslant k)$为对应空间基函数的组合系数。因此，式(3.1)也可以表示为

$$\phi_i(z)=\sum_{j=1}^{N}R_{ji}\varphi_j(z),\quad i=1,2,\cdots,k \tag{3.2}$$

如果空间基函数变换矩阵R是列正交矩阵，则k个新空间基函数也是正交的。其证明过程如下：

证明 令$R=\begin{bmatrix}R_{11} & R_{12} & \cdots & R_{1k}\\ R_{21} & R_{22} & \cdots & R_{2k}\\ \vdots & \vdots & & \vdots\\ R_{N1} & R_{N2} & \cdots & R_{Nk}\end{bmatrix}$，如果矩阵$R$是列正交的，则有

$$\sum_{m=1}^{N}R_{mi}R_{mj}=\begin{cases}1, & i=j\\ 0, & i\neq j\end{cases} \tag{3.3}$$

令$\{\varphi_1(z),\varphi_2(z),\cdots,\varphi_N(z)\}$表示谱方法中的特征函数集合，则有

$$[\varphi_i(z),\varphi_j(z)]=\begin{cases}1, & i=j\\ 0, & i\neq j\end{cases} \tag{3.4}$$

令新空间基函数为$\phi_i(z)=\sum_{j=1}^{N}R_{ji}\varphi_j(z),\ i=1,2,\cdots,k$，则有

$$\begin{aligned}&[\phi_i(z),\ \phi_j(z)]\\ &=\left[\sum_{m=1}^{N}R_{mi}\varphi_m(z),\ \sum_{m=1}^{N}R_{mj}\varphi_m(z)\right]\\ &=R_{1i}R_{1j}[\varphi_1(z),\ \varphi_1(z)]+R_{2i}R_{2j}[\varphi_2(z),\ \varphi_2(z)]+\cdots+R_{Ni}R_{Nj}[\varphi_N(z),\ \varphi_N(z)]\\ &=\sum_{m=1}^{N}R_{mi}R_{mj}=\begin{cases}1, & i=j\\ 0, & i\neq j\end{cases}\end{aligned}$$

由上述证明过程可知，如果要得到正交的新空间基函数，只需要得到一个列正交的空间基函数变换矩阵即可。

3.3 建模误差分析

假定基于特征函数$\{\varphi_1(z),\varphi_2(z),\cdots,\varphi_N(z)\}$对时空耦合系统(2.5)～(2.7)进行近似建模，则时空状态变量$X(z,t)$可以用如下的展开式进行逼近：

$$X(z,t)\approx\sum_{i=1}^{N}x_i(t)\varphi_i(z),\quad N\to\infty \tag{3.5}$$

式中，$\varphi_i(z)$ 表示特征函数；$x_i(t)$ 表示特征函数对应的时间变量。

同样地，假定基于新空间基函数集合 $\{\phi_1(z),\phi_2(z),\cdots,\phi_k(z)\}$ 对时空耦合系统 (2.5)～(2.7) 进行近似建模，则时空状态变量 $X(z,t)$ 可用如下的展开式进行近似：

$$X(z,t)\approx\sum_{i=1}^{k}\overline{x}_i(t)\phi_i(z) \tag{3.6}$$

式中，$\phi_i(z)$ 表示新空间基函数；$\overline{x}_i(t)$ 表示新空间基函数对应的新时间变量。

因此，以式 (3.5) 的表达式为标准，采用 k 个特征函数进行近似建模的时间相关误差可以表示如下：

$$G_1(t)=\sqrt{\int_{\Omega}\left(\sum_{i=1}^{N}x_i(t)\varphi_i(z)-\sum_{i=1}^{k}x_i(t)\varphi_i(z)\right)^2\mathrm{d}z} \tag{3.7}$$

同样，以式 (3.5) 的表达式为标准，采用 k 个新空间基函数进行近似建模的时间相关误差可以表示如下：

$$G_2(t)=\sqrt{\int_{\Omega}\left(\sum_{i=1}^{N}x_i(t)\varphi_i(z)-\sum_{i=1}^{k}\overline{x}_i(t)\phi_i(z)\right)^2\mathrm{d}z} \tag{3.8}$$

如果对于所有的时间 t，都有 $G_2(t)<G_1(t)$，则可以断定在选择同样的空间基函数个数的前提下，采用 k 个新空间基函数对于时空耦合系统 (2.5)～(2.7) 状态变量的近似效果比采用 k 个特征函数得到的近似效果要好。因此，可以得到关于建模误差的定理如下：

定理 3.1[5,6]　假定 R 为式 (3.1) 中的空间基函数变换矩阵，R_i 表示 R 的第 i 列。令 $Q_{ii}=R_i^{\mathrm{T}}R_i$，$Q=\begin{bmatrix}Q_{11} & & \\ & \ddots & \\ & & Q_{kk}\end{bmatrix}$，$E_1=\begin{bmatrix}I_k & 0\\ 0 & 0_{N-k}\end{bmatrix}-RQ^{-1}R^{\mathrm{T}}$，$E_2=\begin{bmatrix}I_k & 0\\ 0 & 2I_{N-k}\end{bmatrix}-RQ^{-1}R^{\mathrm{T}}$，如果 $\Pi=Q(R^{\mathrm{T}}R)^{-1}R^{\mathrm{T}}E_1E_2R(R^{\mathrm{T}}R)^{-1}Q$ 为半负定的，则对于所有的时间 t 都有 $G_2(t)<G_1(t)$ 成立。

证明　为了证明 $0\leqslant G_2(t)<G_1(t)$ 成立，需要证明如下的不等式成立：

$$G_2^2(t)<G_1^2(t) \tag{3.9}$$

而式 (3.8) 中的 $G_2(t)$ 可以改写为

$$G_2(t)=\sqrt{\int_\Omega\left(\sum_{i=1}^{N}x_i(t)\varphi_i(z)-\sum_{i=1}^{k}\overline{x}_i(t)\phi_i(z)\right)^2\mathrm{d}z}$$
$$=\sqrt{\int_\Omega\left(\sum_{i=k+1}^{N}x_i(t)\varphi_i(z)+\left(\sum_{i=1}^{k}x_i(t)\varphi_i(z)-\sum_{i=1}^{k}\overline{x}_i(t)\phi_i(z)\right)\right)^2\mathrm{d}z} \tag{3.10}$$

结合式(3.7)和式(3.10)，不等式(3.9)变成

$$\int_\Omega\left(\left(\sum_{i=k+1}^{N}x_i(t)\varphi_i(z)+\left(\sum_{i=1}^{k}x_i(t)\varphi_i(z)-\sum_{i=1}^{k}\overline{x}_i(t)\phi_i(z)\right)\right)^2-\left(\sum_{i=k+1}^{N}x_i(t)\varphi_i(z)\right)^2\right)\mathrm{d}z<0 \tag{3.11}$$

式(3.11)可以写成

$$\int_\Omega\left(\sum_{i=1}^{k}x_i(t)\varphi_i(z)-\sum_{i=1}^{k}\overline{x}_i(t)\phi_i(z)\right)\left(\sum_{i=k+1}^{N}x_i(t)\varphi_i(z)+\sum_{i=1}^{N}x_i(t)\varphi_i(z)-\sum_{i=1}^{k}\overline{x}_i(t)\phi_i(z)\right)\mathrm{d}z<0 \tag{3.12}$$

注意到

$$\overline{x}_i(t)=\frac{[X(z,t),\phi_i(z)]}{[\phi_i(z),\phi_i(z)]}=\frac{1}{Q_{ii}}x(t)^{\mathrm{T}}R_i \tag{3.13}$$

式中，

$$x(t)=[x_1(t),x_2(t),\cdots,x_N(t)]^{\mathrm{T}}$$

$$Q_{ii}=\int_\Omega\phi_i(z)\phi_i(z)\mathrm{d}z=\sum_{j=1}^{N}R_{ji}R_{ji}\int_\Omega\varphi_i(z)\varphi_i(z)\mathrm{d}z=R_i^{\mathrm{T}}R_i$$

则有

$$\overline{x}(t)^{\mathrm{T}}=x(t)^{\mathrm{T}}RQ^{-1} \tag{3.14}$$

和

$$x(t)^{\mathrm{T}}=\overline{x}(t)^{\mathrm{T}}Q(R^{\mathrm{T}}R)^{-1}R^{\mathrm{T}} \tag{3.15}$$

式中，$\overline{x}(t)=[\overline{x}_1(t),\overline{x}_2(t),\cdots,\overline{x}_k(t)]^{\mathrm{T}}$；$Q=\begin{bmatrix}Q_{11}&&\\&\ddots&\\&&Q_{kk}\end{bmatrix}$。

因此，结合式(3.1)和式(3.14)有

$$\sum_{i=1}^{k}x_i(t)\varphi_i(z)-\sum_{i=1}^{k}\overline{x}_i(t)\phi_i(z)$$
$$=[\varphi_1(z),\varphi_2(z),\cdots,\varphi_N(z)]\left(\begin{bmatrix}I_k&0\\0&0\end{bmatrix}-RQ^{-1}R^{\mathrm{T}}\right)\begin{bmatrix}x_1(t)\\x_2(t)\\\vdots\\x_N(t)\end{bmatrix} \tag{3.16}$$

$$\sum_{i=k+1}^{N} x_i(t)\varphi_i(z)+\sum_{i=1}^{N} x_i(t)\varphi_i(z)-\sum_{i=1}^{k}\overline{x}_i(t)\phi_i(z)$$
$$=\left[\varphi_1(z),\varphi_2(z),\cdots,\varphi_N(z)\right]\left(\begin{bmatrix} I_k & 0 \\ 0 & 2I_{N-k}\end{bmatrix}-RQ^{-1}R^{\mathrm{T}}\right)\begin{bmatrix} x_1(t) \\ x_2(t) \\ \vdots \\ x_N(t)\end{bmatrix} \tag{3.17}$$

式(3.16)和式(3.17)相乘可以得到

$$[x_1(t),x_2(t),\cdots,x_N(t)]E_1\begin{bmatrix} \varphi_1(z) \\ \varphi_2(z) \\ \vdots \\ \varphi_N(z)\end{bmatrix}\left[\varphi_1(z),\varphi_2(z),\cdots,\varphi_N(z)\right]E_2\begin{bmatrix} x_1(t) \\ x_2(t) \\ \vdots \\ x_N(t)\end{bmatrix} \tag{3.18}$$

式中，$E_1=\begin{bmatrix} I_k & 0 \\ 0 & 0\end{bmatrix}-RQ^{-1}R^{\mathrm{T}}$；$E_2=\begin{bmatrix} I_k & 0 \\ 0 & 2I_{N-k}\end{bmatrix}-RQ^{-1}R^{\mathrm{T}}$。

将式(3.18)代入式(3.12)可以得到

$$[x_1(t),x_2(t),\cdots,x_N(t)]E_1E_3E_2\begin{bmatrix} x_1(t) \\ x_2(t) \\ \vdots \\ x_N(t)\end{bmatrix}<0 \tag{3.19}$$

式中，

$$E_3=\begin{bmatrix} \int_\Omega \varphi_1(z)\varphi_1(z)\mathrm{d}z & \int_\Omega \varphi_1(z)\varphi_2(z)\mathrm{d}z & \cdots & \int_\Omega \varphi_1(z)\varphi_N(z)\mathrm{d}z \\ \int_\Omega \varphi_2(z)\varphi_1(z)\mathrm{d}z & \int_\Omega \varphi_2(z)\varphi_2(z)\mathrm{d}z & \cdots & \int_\Omega \varphi_2(z)\varphi_N(z)\mathrm{d}z \\ \vdots & \vdots & & \vdots \\ \int_\Omega \varphi_N(z)\varphi_1(z)\mathrm{d}z & \int_\Omega \varphi_N(z)\varphi_2(z)\mathrm{d}z & \cdots & \int_\Omega \varphi_N(z)\varphi_N(z)\mathrm{d}z \end{bmatrix} \tag{3.20}$$

由于$\{\varphi_1(z),\varphi_2(z),\cdots,\varphi_N(z)\}$相互两两正交，所以有

$$\int_\Omega \varphi_i(z)\varphi_j(z)\mathrm{d}z=\begin{cases}1, & i=j \\ 0, & i\neq j\end{cases} \tag{3.21}$$

可以得到

$$E_3=\begin{bmatrix} 1 & 0 & \cdots & 0 \\ 0 & 1 & \cdots & 0 \\ \vdots & \vdots & & \vdots \\ 0 & 0 & \cdots & 1\end{bmatrix}=I_N \tag{3.22}$$

结合式(3.22)和式(3.15)，由式(3.19)可最终变为

$$[\overline{x}_1(t),\overline{x}_2(t),\cdots,\overline{x}_k(t)]Q(R^{\mathrm{T}}R)^{-1}R^{\mathrm{T}}E_1E_2R(R^{\mathrm{T}}R)^{-1}Q\begin{bmatrix}\overline{x}_1(t)\\ \overline{x}_2(t)\\ \vdots\\ \overline{x}_k(t)\end{bmatrix}<0 \tag{3.23}$$

因此，如果 $\Pi=Q(R^{\mathrm{T}}R)^{-1}R^{\mathrm{T}}E_1E_2R(R^{\mathrm{T}}R)^{-1}Q$ 为半负定的，则对于所有的时间 t 都有 $G_2(t)<G_1(t)$ 成立。证毕。

推论 3.1[5] 假定式(3.1)中空间基函数变换矩阵 R 为列正交矩阵。令 $E_1=\begin{bmatrix}I_k & 0\\ 0 & 0_{N-k}\end{bmatrix}-RR^{\mathrm{T}}$，$E_2=\begin{bmatrix}I_k & 0\\ 0 & 2I_{N-k}\end{bmatrix}-RR^{\mathrm{T}}$，如果 $\Pi=R^{\mathrm{T}}E_1E_2R$ 为半负定的，则对于所有的时间 t 都有 $G_2(t)<G_1(t)$ 成立。

证明 在定理 3.1 中令 R 为列正交矩阵，则 $\Pi=R^{\mathrm{T}}E_1E_2R$。证毕。

3.4 基于平衡截断变换空间基函数的时空耦合系统降阶

3.4.1 计算变换矩阵的平衡截断方法

平衡截断(balanced truncation)方法[5]是线性系统降阶的一种常用方法，广泛应用于线性分布参数系统[7]、生物过程[8]和柔性结构[9]等时空耦合系统的降阶。

令 (A,B,C) 表示非线性常微分方程系统(2.28)对应的稳定线性时不变系统的状态空间实现。由于 A 为对角矩阵，且其对角线上元素为原时空耦合系统线性算子的特征值，所以非线性常微分方程系统(2.28)为开环稳定的，且其具有唯一满秩对称正定的可控性矩阵 $W_{\mathrm{C,lin}}$ 和可观性矩阵 $W_{\mathrm{O,lin}}$：

$$\begin{aligned}W_{\mathrm{C,lin}}&=\int_0^{\infty}\mathrm{e}^{At}BB^{\mathrm{T}}\mathrm{e}^{A^{\mathrm{T}}t}\mathrm{d}t\\ W_{\mathrm{O,lin}}&=\int_0^{\infty}\mathrm{e}^{A^{\mathrm{T}}t}C^{\mathrm{T}}C\mathrm{e}^{At}\mathrm{d}t\end{aligned} \tag{3.24}$$

如果一个线性时不变系统是完全可控和可观的，则一定存在一个平衡变换(balanced transformation)矩阵 $\hat{R}$ 能将原线性时不变系统变换为平衡[10-12]的线性时不变系统：

$$\begin{bmatrix}A & B\\ C & \end{bmatrix}\xrightarrow{\text{平衡变换}}\begin{bmatrix}\overline{A} & \overline{B}\\ \overline{C} & \end{bmatrix}=\begin{bmatrix}\hat{R}A\hat{R}^{-1} & \hat{R}B\\ C\hat{R}^{-1} & \end{bmatrix} \tag{3.25}$$

平衡变换(3.25)得到的新系统称为线性时不变系统的平衡实现(balanced

realization)，新系统的可控性矩阵和可观性矩阵如下：

$$\begin{aligned}\bar{W}_{\mathrm{C,lin}} &= \hat{R}^{-1} W_{\mathrm{C,lin}} (\hat{R}^{-1})^{\mathrm{T}} \\ \bar{W}_{\mathrm{O,lin}} &= \hat{R}^{\mathrm{T}} W_{\mathrm{O,lin}} \hat{R}\end{aligned} \tag{3.26}$$

且有

$$\bar{W}_{\mathrm{C,lin}} = \bar{W}_{\mathrm{O,lin}} = \Sigma = \begin{bmatrix} \sigma_1 & 0 & \cdots & 0 \\ 0 & \sigma_2 & \cdots & 0 \\ \vdots & \vdots & & \vdots \\ 0 & 0 & \cdots & \sigma_N \end{bmatrix} \tag{3.27}$$

式中，σ_i 称为汉克尔(Hankel)奇异值，且有 $\sigma_1 \geqslant \sigma_2 \geqslant \cdots \geqslant \sigma_N \geqslant 0$ 。

许多研究者[12-14]给出了平衡变换矩阵 $\hat{R}$ 的计算方法，由于可控性矩阵 $W_{\mathrm{C,lin}}$ 和可观性矩阵 $W_{\mathrm{O,lin}}$ 是对称的，所以很容易得到其平方根矩阵。例如，令 $W_{\mathrm{C,lin}} = E^{\mathrm{T}} DE$ 表示 $W_{\mathrm{C,lin}}$ 的特征值分解，其中 D 表示特征值矩阵，E 表示特征向量矩阵。那么，$\sqrt{D}$ 表示特征值矩阵 D 的平方根，即 $\sqrt{D}$ 的对角线元素为 D 对角线元素的算术平方根。因此，可以得到 $W_{\mathrm{C,lin}} = (\sqrt{D}E)^{\mathrm{T}} \sqrt{D}E$ 。令 $X = (\sqrt{D}E)^{\mathrm{T}}$ ，可得到 $W_{\mathrm{C,lin}} = XX^{\mathrm{T}}$ 为 $W_{\mathrm{C,lin}}$ 的平方根分解。

令 $W_{\mathrm{C,lin}} = XX^{\mathrm{T}}$ 、$W_{\mathrm{O,lin}} = YY^{\mathrm{T}}$ 为平方根分解，且 $XY^{\mathrm{T}} = U\Sigma V^{\mathrm{T}}$ 为 $W_{\mathrm{C,lin}}$ 、$W_{\mathrm{O,lin}}$ 平方根乘积的奇异值分解，可以得到平衡变换矩阵 $\hat{R}$ 为

$$\hat{R} = XU\Sigma^{-\frac{1}{2}} = \left(\Sigma^{-\frac{1}{2}} V^{\mathrm{T}} Y^{\mathrm{T}}\right)^{-1} \tag{3.28}$$

如果一个线性时不变系统为平衡形式，则汉克尔奇异值是系统状态变量重要性的一个衡量标准。最大的汉克尔奇异值代表的系统状态变量受到控制系统状态变量的影响最大，而此状态变量的变化对系统输出的影响也最大。因此，对应平衡系统最大汉克尔奇异值的状态变量对整个系统输入输出行为的影响是最大的。为了得到最大限度地保留原系统输入输出特性的 k 阶近似系统，Moore[15]提出了对线性时不变系统的平衡实现，类似于特征值截断方法，按照第 k 个汉克尔奇异值进行划分，即将系统(3.25)划分为如下的形式：

$$\begin{bmatrix} \bar{A} & \bar{B} \\ \bar{C} & \end{bmatrix} = \begin{bmatrix} \bar{A}_{11} & \bar{A}_{12} & \bar{B}_1 \\ \bar{A}_{21} & \bar{A}_{22} & \bar{B}_2 \\ \bar{C}_1 & \bar{C}_2 & \end{bmatrix} \tag{3.29}$$

通过特征值截断后可得到线性时不变系统的平衡 k 阶近似系统：

$$\begin{bmatrix} \tilde{A} & \tilde{B} \\ \tilde{C} & \end{bmatrix} \tag{3.30}$$

式中，$\tilde{A}=\overline{A}_{11}$；$\tilde{B}=\overline{B}_1$；$\tilde{C}=\overline{C}_1$。

因此，得到式(3.1)中空间基函数变换矩阵 R 为 $\hat{R}$ 的前 k 列，在 MATLAB 中的表示方法为 $R=\hat{R}(:,1:k)$。

上述过程统称为平衡截断方法，其中近似系统(3.30)的阶数取决于系统本身的性质。令 $\tilde{H}(s)=\tilde{C}(sI-\tilde{A})^{-1}\tilde{B}$ 和 $H(s)=C(sI-A)^{-1}B$ 分别表示截断后线性系统(3.30)和原系统 (A,B,C) 的传递函数，Skogestad 等[16]和 Zhou 等[17]给出了上述 k 阶截断的误差限为

$$\sup_{\omega\in\mathbf{R}}\left\|H(\mathrm{j}\omega)-\tilde{H}(\mathrm{j}\omega)\right\|\leqslant 2\sum_{i=k+1}^{N}\sigma_i \tag{3.31}$$

即最大截断误差为所截断的汉克尔奇异值 σ_i 之和的 2 倍。

3.4.2 基于变换空间基函数的系统降阶

假定已经在 3.4.1 节中计算得到空间基函数变换矩阵 R，则利用式(3.1)可以得到新空间基函数集合如下：

$$\varDelta(z)=\varLambda(z)\cdot R \tag{3.32}$$

式中，$k<N$ 表示新空间基函数个数；$\varDelta(z)=[\phi_1(z),\phi_2(z),\cdots,\phi_k(z)]$ 和 $\varLambda(z)=[\varphi_1(z),\varphi_2(z),\cdots,\varphi_N(z)]$ 分别表示新空间基函数向量和谱方法建模中采用的特征函数向量。

新空间基函数个数少于原谱方法所采用特征函数的个数意味着基于新空间基函数展开得到的时空耦合系统(2.5)的近似模型阶数比常微分方程系统(2.28)的阶数要低。

因此，时空耦合系统(2.5)的状态变量可以用如下的时间变量与空间基函数的组合形式进行表示：

$$X_k(z,t)=\varDelta(z)\cdot\overline{x}(t) \tag{3.33}$$

式中，$\overline{x}(t)=[\overline{x}_1(t),\overline{x}_2(t),\cdots,\overline{x}_k(t)]^{\mathrm{T}}$ 表示对应的时间变量组成的向量。

将式(3.33)代入时空耦合系统(2.5)，并计算残差如下：

$$W_k(z,t)=\frac{\partial X_k}{\partial t}-\left(\mathcal{A}X_k+\mathcal{B}U+\mathcal{F}\left(X_k,\frac{\partial X_k}{\partial z},\cdots,U,\frac{\partial U}{\partial z},\cdots\right)\right) \tag{3.34}$$

根据权重残差方法，残差(3.34)在空间域 $\varOmega$ 内为最小，则有

$$\int_{\varOmega}W_k(z,t)\varphi_i(z)\mathrm{d}z=0 \tag{3.35}$$

假定时空耦合系统(2.5)有 p 个时间输入 $[u_1(t),u_2(t),\cdots,u_p(t)]$，且每个时间输入

对应的空间分布为 $[h_1(z),h_2(z),\cdots,h_p(z)]$，则将式(3.32)～式(3.34)代入式(3.35)有

$$\begin{aligned}\frac{\partial(\Lambda(z)R\,\overline{x}(t))}{\partial t}&=\mathcal{A}(\Lambda(z)R\,\overline{x}(t))+\mathcal{B}\left(\sum_{i=1}^{p}u_i(t)h_i(z)\right)\\&\quad+\mathcal{F}\left(\Lambda(z)R\,\overline{x}(t),\frac{\partial(\Lambda(z)R\,\overline{x}(t))}{\partial z},\cdots,\sum_{i=1}^{p}u_i(t)h_i(z),\frac{\partial\left(\sum_{i=1}^{p}u_i(t)h_i(z)\right)}{\partial z},\cdots\right)\end{aligned}\tag{3.36}$$

利用伽辽金方法，可以得到如下方程：

$$\begin{aligned}\int_{\Omega}\frac{\partial(\Lambda(z)R\,\overline{x}(t))}{\partial t}\varphi_i(z)\mathrm{d}z&=\int_{\Omega}\left(\mathcal{A}\big(\Lambda(z)R\,\overline{x}(t)\big)+\mathcal{B}\left(\sum_{i=1}^{p}u_i(t)h_i(z)\right)\right)\varphi_i(z)\mathrm{d}z\\&\quad+\int_{\Omega}\mathcal{F}\left(\Lambda(z)R\,\overline{x}(t),\frac{\partial\big(\Lambda(z)R\,\overline{x}(t)\big)}{\partial z},\cdots,\right.\\&\quad\left.\sum_{i=1}^{p}u_i(t)h_i(z),\frac{\partial\left(\sum_{i=1}^{p}u_i(t)h_i(z)\right)}{\partial z},\cdots\right)\varphi_i(z)\mathrm{d}z,\quad i=1,2,\cdots,N\end{aligned}\tag{3.37}$$

对式(3.37)进行积分并利用矩阵乘法，可以得到一个阶数更低的常微分方程系统如下：

$$\begin{cases}\dot{\overline{x}}(t)=R^{-1}AR\,\overline{x}(t)+R^{-1}B\,u(t)+R^{-1}g(R\,\overline{x}(t),u(t))\\y(t)=CR\,\overline{x}(t)\end{cases}\tag{3.38}$$

式中，R^{-1} 表示空间基函数变换矩阵 R 的广义逆；矩阵 A、B、C 的含义与方程(2.28)中的相同；$g(R\,\overline{x}(t),u(t))$ 表示与 $\overline{x}(t)$ 和 $u(t)$ 相关的非线性函数。

3.4.3　降阶思路

基于平衡截断变换空间基函数的拟线性时空耦合系统降阶主要分为以下几个步骤：首先选择正交空间基函数利用谱方法建模得到高阶非线性常微分方程组，提取上述非线性常微分方程组对应的线性时不变系统，利用平衡截断方法求得空间基函数变换矩阵，再采用空间基函数变换矩阵得到新空间基函数组。然后将时空耦合系

统的状态变量在新空间基函数组上展开，利用伽辽金方法可以得到时空耦合系统阶数更低的低阶近似模型。最后，通过低阶近似模型的时间输出和新空间基函数进行时空综合，得到原时空耦合系统状态变量的近似时空输出，具体见图 3.1。

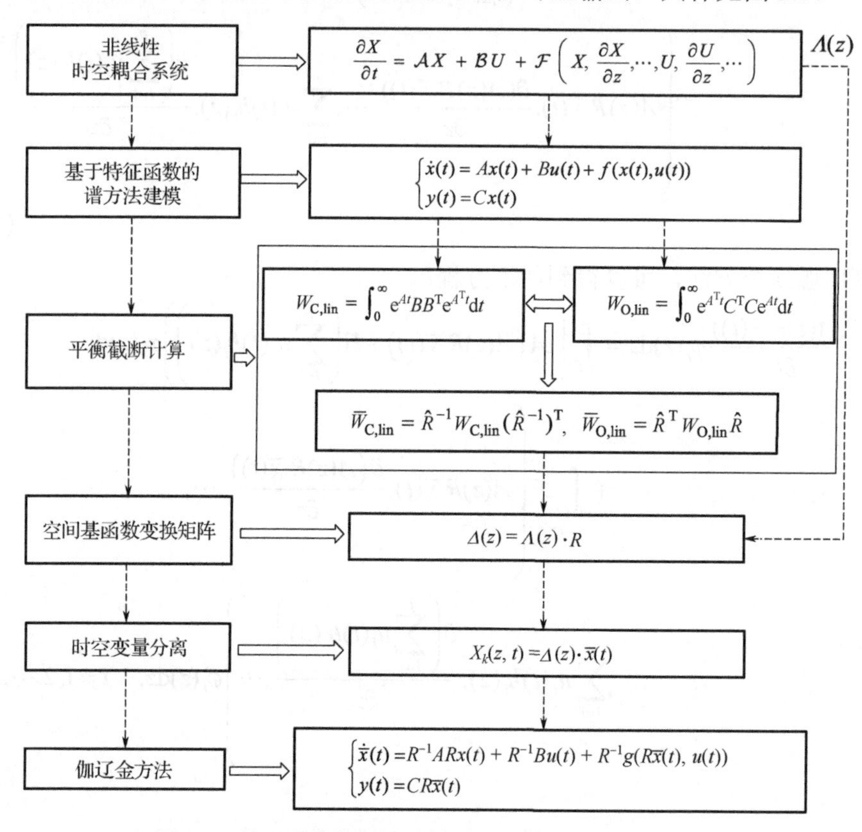

图 3.1　基于平衡截断基函数的时空耦合系统降阶原理

3.4.4　仿真算例

为了验证新空间基函数对于时空耦合系统降阶的有效性以及理论证明的正确性，对 1.3.2 节中的催化反应棒温度场进行仿真研究。在仿真研究中，将获得的新空间基函数与同阶数原空间基函数的建模效果进行对比。令 $y(z,t)$ 和 $\overline{y}(z,t)$ 分别表示在 $t_1, t_2, \cdots, t_{N_{\mathrm{tim}}}$ 时刻测量点 $z_1, z_2, \cdots, z_M$ 的实际输出和预测输出。设定动态均方差作为近似模型与真实模型的误差评价指标，其表达式如下：

$$\mathrm{RMSE} = \sqrt{\frac{\sum_{i=1}^{M}\sum_{j=1}^{N_{\mathrm{tim}}}(y(z_i,t_j) - \overline{y}(z_i,t_j))^2}{MN_{\mathrm{tim}}}} \tag{3.39}$$

假设在催化反应棒上存在四个执行输入，即$u(t)=\left[u_1(t),u_2(t),u_3(t),u_4(t)\right]^{\mathrm{T}}$，其空间分布为$h(z)=[h_1(z),h_2(z),h_3(z),h_4(z)]^{\mathrm{T}}$，$h_i(z)=H(z-(i-1)\pi/4)-H(z-i\pi/4)(i=1,2,3,4)$，$H(\cdot)$为标准的赫维赛德(Heaviside)函数。输入信号设定为

$$u_i(t)=1.1+5\sin(t/10+i/10),\quad i=1,2,3,4 \tag{3.40}$$

假设有 19 个传感器均匀分布在反应棒上，每个传感器测量 300 个数据，采样时间间隔为 0.01s，仿真时间为 3s，初始条件设置为$\sin z$。

对于偏微分方程系统(1.7)，首先采用特征函数$\{\sqrt{2/\pi}\sin(kz),k=1,2,\cdots,\infty\}$作为空间基函数，基于谱方法降阶得到有限阶近似系统。然后基于谱方法建模中所用的正交空间基函数，利用平衡截断方法计算得到变换矩阵，经过基函数变换得到新空间基函数。最后利用新空间基函数进行基函数展开，结合伽辽金方法截断得到阶数更低的近似模型。前四个特征函数和前四个新空间基函数分别表示在图 3.2 和图 3.3 中。

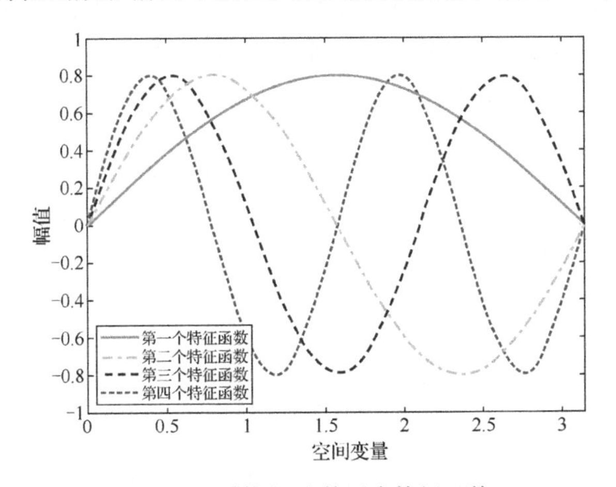

图 3.2　系统(1.7)前四个特征函数

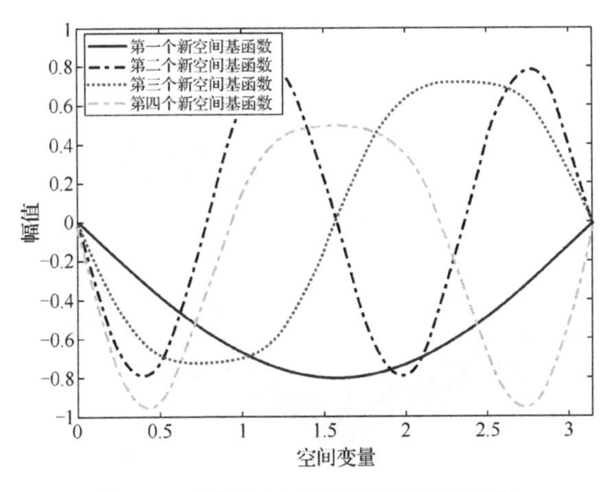

图 3.3　系统(1.7)前四个新空间基函数

表 3.1 比较了基于同阶特征函数和新空间基函数建立近似模型的动态均方差(RMSE)。由表 3.1 可知，当模型的阶数增加时，基于新空间基函数的近似模型动态均方差比基于特征函数的谱方法动态均方差下降更快，而且均比采用同阶特征函数的建模动态均方差小。

表 3.1　基于同阶特征函数和新空间基函数的建模动态均方差

RMSE	1 阶	2 阶	3 阶	4 阶	5 阶	6 阶	8 阶	10 阶
特征函数	0.845	0.829	0.208	0.206	0.136	0.135	0.126	0.125
新空间基函数	0.816	0.792	0.137	0.134	0.100	0.080	0.063	0.035

将表 3.1 中的建模动态均方差用图示法比较，如图 3.4 所示。可知，基于 5 阶新空间基函数建立的近似模型动态均方差要比基于 10 阶特征函数采用谱方法建立的近似模型动态均方差小。这意味着，基于 5 阶新空间基函数建立的近似模型能替代基于 10 阶特征函数用谱方法建立的近似模型来近似原时空耦合系统。图 3.5 和图 3.6 展示了基于 5 阶平衡截断新空间基函数和基于 5 阶特征函数的近似模型时空预测输出结果。

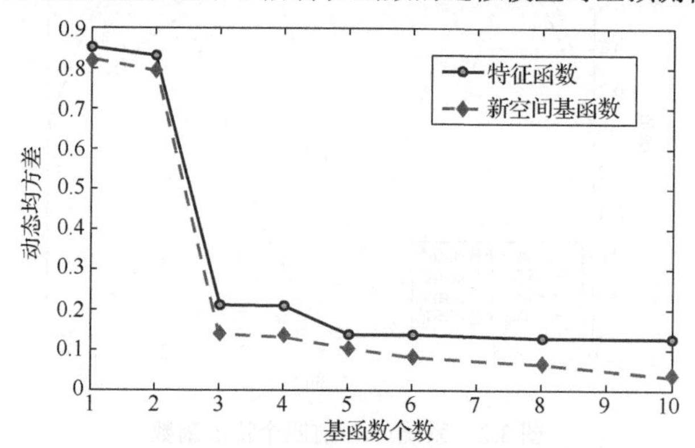

图 3.4　基于两种基函数建模的动态均方差比较

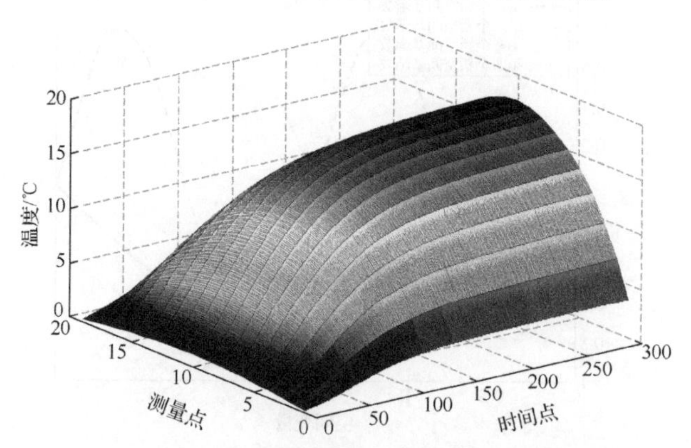

图 3.5　基于 5 阶新空间基函数建模的近似温度分布

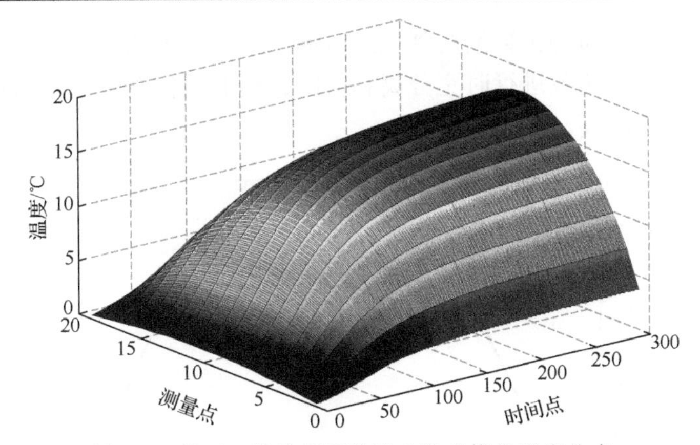

图 3.6　基于 5 阶特征函数谱方法建模的温度分布

图 3.7 中，在 1s、1.5s、2s、2.5s 四个时刻对基于两种基函数建模的催化反应棒温度分布绝对误差进行了比较，发现除某些特殊的位置以外，基于新空间基函数降阶的空间分布绝对误差均比基于特征函数降阶的空间分布绝对误差小。而从整个催化反应棒的温度变化过程来看，基于新空间基函数的降阶效果要比基于特征函数的谱方法好。

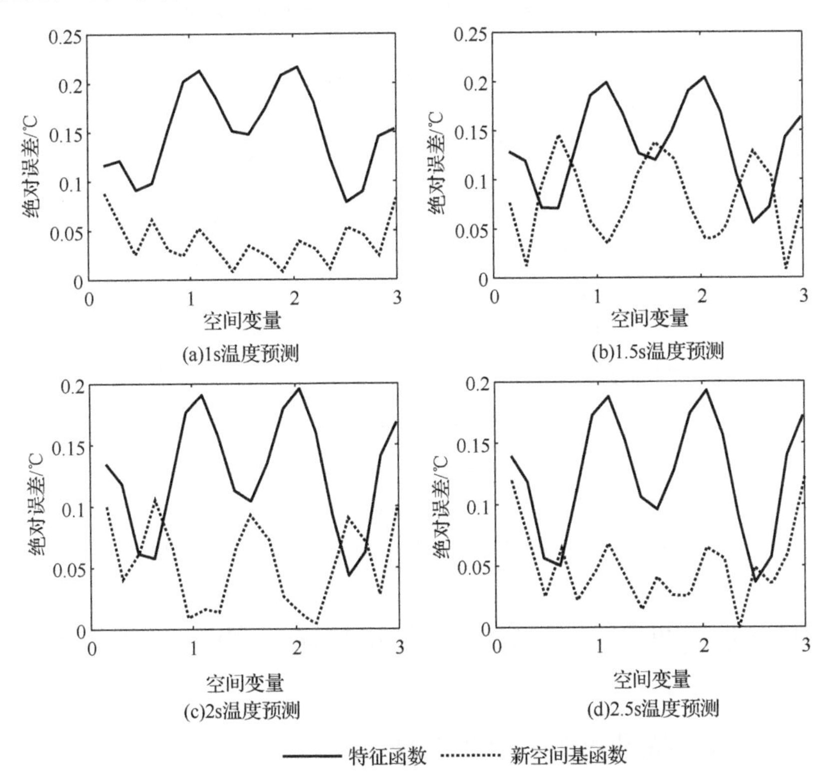

图 3.7　基于两种基函数建模的温度预测绝对误差比较

图 3.8 和图 3.9 为测试数据达到稳态时催化反应棒上的温度分布预测结果，发现基于同阶新空间基函数进行时空分离和低阶建模的近似精度比采用特征函数的谱方法直接建模的精度高。

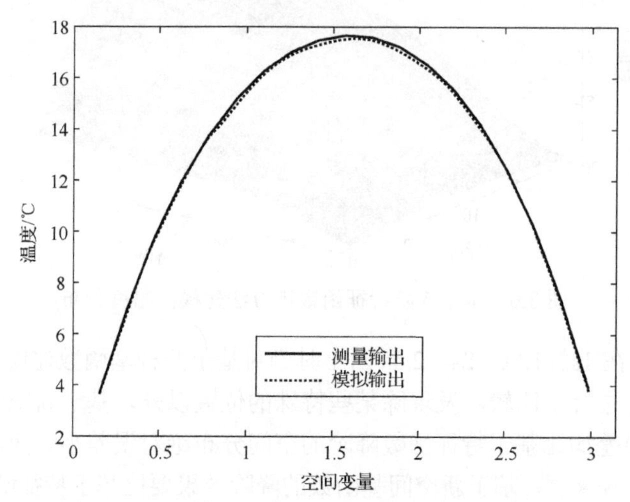

图 3.8　基于特征函数谱方法建模的温度分布模拟

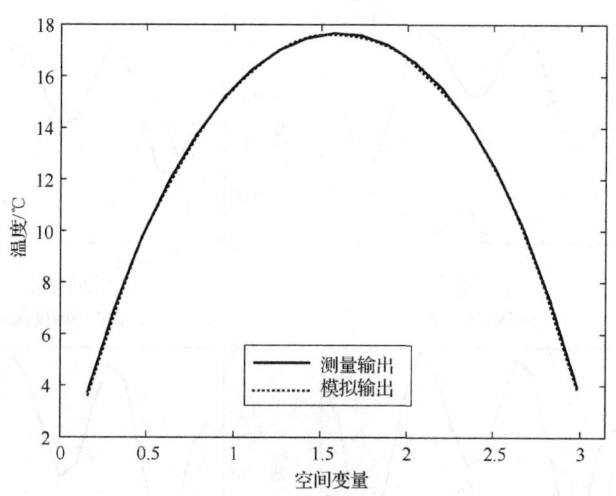

图 3.9　基于新空间基函数近似建模的温度分布模拟

3.5　基于非线性平衡截断变换空间基函数的时空耦合系统降阶

3.5.1　计算变换矩阵的非线性平衡截断方法

从 3.4 节对平衡截断方法的介绍中可以看出，由于仅需要矩阵计算，所以它对于线性系统是一种有效且易执行的降阶方法[15-17]。但是线性系统的平衡截断方法对于一般的非线性动态系统却不适用。近年来，有研究者提出了非线性平衡截断方法[18,19]，其既具有线性平衡截断方法能够快速计算的特点，又具有非线性系统降阶所需要的实用性。非线性平衡截断方法用于在预设定区域内对非线性系统进行分析和降阶[18-21]。重要的是，非线性平衡截断方法中所用到的经验矩阵既可以由仿真数据计算得到，也可以由实验数据直接计算获得。随后，同时采用与平衡截断相同的过程可以将经验矩阵变换到平衡的形式。

本节中，经验矩阵由方程(2.28)的过程数据计算得到。令 $T^p=\{T_1,T_2,\cdots,T_{r_1}\}$ 为 r_1 个正交 $p\times p$ 矩阵的集合，其中 r_1 为激励或者扰动方向矩阵的数量；$M^{s_1}=\{c_1,c_2,\cdots,c_{s_1}\}$ 为 s_1 个正常数的集合，其中 s_1 为每个方向不同激励或者扰动幅度大小的数量；$E^p=\{e_1,e_2,\cdots,e_p\}$ 为实数域 $\mathbf{R}^p$ 内的 p 个标准单位向量，其中 p 为系统(2.28)的时间相关输入个数。给定一个时间函数 $x(t)$，定义其时间上的平均如下：

$$\overline{x}(t)=\lim_{T_{\max}\to\infty}\frac{1}{T_{\max}}\int_0^{T_{\max}}x(t)\mathrm{d}t \tag{3.41}$$

方程(2.28)的经验可控性矩阵可定义为

$$W_{\mathrm{C,nonlin}}=\sum_{l=1}^{r_1}\sum_{m=1}^{s_1}\sum_{i=1}^{p}\frac{1}{r_1 s_1 c_m^2}\int_0^{\infty}\varPhi^{ilm}(t)\,\mathrm{d}t \tag{3.42}$$

式中，$\varPhi^{ilm}(t)\in\mathbf{R}^{N\times N}$，给出如下：

$$\varPhi^{ilm}(t)=(x^{ilm}(t)-\overline{x}^{ilm})(x^{ilm}(t)-\overline{x}^{ilm})^{\mathrm{T}} \tag{3.43}$$

其中，$x^{ilm}(t)$ 表示方程(2.28)对应脉冲输入 $u(t)=c_m T_l e_i \delta(t)$ 的系统状态变量；$\overline{x}^{ilm}$ 表示状态变量 $x^{ilm}(t)$ 的平均状态。

令 $T^N=\{T_1,T_2,\cdots,T_{r_2}\}$ 为 r_2 个 $N\times N$ 正交矩阵的集合，其中 r_2 为激励或者扰动方向矩阵的数量；$M^{s_2}=\{c_1,c_2,\cdots,c_{s_2}\}$ 为 s_2 个正常数的集合，其中 s_2 为每个方向不同激励或者扰动幅度大小的数量；$E^N=\{e_1,e_2,\cdots,e_N\}$ 为实数域 $\mathbf{R}^N$ 内的 N 个标准单位向量集合。

方程(2.28)的经验可观性矩阵可定义为

$$W_{\mathrm{O,nonlin}}=\sum_{k=1}^{r_2}\sum_{n=1}^{s_2}\frac{1}{r_2 s_2 c_n^2}\int_0^{\infty}T_k\varPsi^{kn}(t)T_k^{\mathrm{T}}\mathrm{d}t \tag{3.44}$$

式中，$\varPsi^{kn}(t)\in\mathbf{R}^{N\times N}$，给出如下：

$$\varPsi_{ij}^{kn}(t)=(y^{ikn}(t)-\overline{y}^{ikn})^{\mathrm{T}}(y^{jkn}(t)-\overline{y}^{jkn}) \tag{3.45}$$

其中，$y^{ikn}(t)$ 表示非线性方程(2.28)对应初始条件 $x_0=c_n T_k e_i$ 和输入 $u(t)=0$ 的输出变量；$\overline{y}^{ikn}$ 表示变量 $y^{ikn}(t)$ 的平均状态。

经验可控性矩阵是线性系统可控性矩阵在非线性动态系统中的推广。Lall 等[18]证明稳定线性系统的经验可控性矩阵等于常规的线性系统可控性矩阵。经验可控性矩阵对应非零特征值的特征向量构成了一个包含利用选择的脉冲输入可达状态子集的子空间。经验可观性矩阵是线性系统可观性矩阵在非线性动态系统中的推广。Lall 等[18]同样证明了稳定线性系统的经验可观性矩阵等于常规的线性系统可观性矩阵。经验可控性矩阵可以视为在不同的输入变量组合下状态变量在时间域的经验矩阵叠加，类似地，经验可观性矩阵可以视为对应不同初始条件系统输出的协方差矩阵叠加。与在状态空间寻找精确的可控性和可观性子流形不同，求解经验可控性矩阵和经验可观性矩阵实质上是寻找一个近似上述子流形的子空间。经验矩阵提供了一种与动态系统输入和输出有关，在状态空间中确定特殊子空间重要性的量化方法。

由于经验矩阵本质上是基于系统状态和输出的离散测量数据进行计算的，所以可以很方便地对它们在离散形式下进行变换来满足数值近似的需要[18,19]。因此，可以采用标准线性系统可控性矩阵和线性系统可观性矩阵的平衡理论与方法对经验可控性矩阵和经验可观性矩阵进行平衡变换。采用的经验矩阵 $W_{\mathrm{C,nonlin}}$ 和 $W_{\mathrm{O,nonlin}}$ 平衡方法[20,22]的计算步骤如下：

令 $W_{\mathrm{O,nonlin}} = ZZ^{\mathrm{T}}$ 表示经验可观性矩阵 $W_{\mathrm{O,nonlin}}$ 的 Cholesky 因式分解[23]，其中 Z 表示具有非负对角线元素的下三角矩阵，则 $Z^{\mathrm{T}}W_{\mathrm{C,nonlin}}Z$ 的特征值分解表示为

$$Z^{\mathrm{T}}W_{\mathrm{C,nonlin}}Z = U\Sigma^2U^{\mathrm{T}} \tag{3.46}$$

式中，Σ 表示特征值矩阵；U 表示由特征向量组成的列正交矩阵。

令 $R_{\mathrm{b}} = \Sigma^{1/2}U^{\mathrm{T}}Z^{-1}$，则有

$$R_{\mathrm{b}}W_{\mathrm{O,nonlin}}R_{\mathrm{b}}^{\mathrm{T}} = (R_{\mathrm{b}}^{-1})^{\mathrm{T}}W_{\mathrm{C,nonlin}}W_{\mathrm{b}}^{-1} = \Sigma \tag{3.47}$$

将选择矩阵 R_{b} 的前 k 列作为式(3.1)中的 $N\times k$ 空间基函数变换矩阵，利用 MATLAB 软件中的表示方式得到式(3.1)中的空间基函数变换矩阵 R 如下：

$$R = R_{\mathrm{b}}(:,1:k) \tag{3.48}$$

3.5.2　基于变换空间基函数的系统降阶

假定已经在式(3.48)中计算得到空间基函数变换矩阵 R，则同样利用式(3.1)可以得到新空间基函数集合如下：

$$\Delta(z) = \Lambda(z)\cdot R \tag{3.49}$$

式中，$\Delta(z)=[\phi_1(z),\phi_2(z),\cdots,\phi_k(z)]$ 和 $\Lambda(z)=[\varphi_1(z),\varphi_2(z),\cdots,\varphi_N(z)]$ 分别表示变换后空间基函数向量和变换前特征函数向量。

新空间基函数个数少于原谱方法所采用特征函数的个数意味着基于新空间基函数展开得到的时空耦合系统(2.5)近似模型的阶数比常微分方程系统(2.28)的阶数要低。因此，时空耦合系统(2.5)的状态变量可以用如下的时间变量与空间基函数的组合形式表示：

$$X_r(z,t) = \Delta(z) \cdot \overline{x}(t) \tag{3.50}$$

式中，$\overline{x}(t) = [\overline{x}_1(t), \overline{x}_2(t), \cdots, \overline{x}_k(t)]^{\mathrm{T}}$ 表示时间变量组成的向量。

将式(3.50)代入时空耦合系统(2.5)，并计算残差如下：

$$W_r(z,t) = \left(\frac{\partial X_r}{\partial t}\right) - \left(\mathcal{A}X_r + \mathcal{B}U + \mathcal{F}\left(X_r, \frac{\partial X_r}{\partial z}, \cdots, U, \frac{\partial U}{\partial z}, \cdots\right)\right) \tag{3.51}$$

根据权重残差方法，残差(3.51)在空间域 Ω 内为最小，则有

$$\int_{\Omega} W_r(z,t)\varphi_i(z)\mathrm{d}z = 0 \tag{3.52}$$

假定时空耦合系统(2.5)有 p 个时间输入 $[u_1(t), u_2(t), \cdots, u_p(t)]$，且每个时间输入对应的空间分布为 $[h_1(z), h_2(z), \cdots, h_p(z)]$，则将式(3.50)、式(3.51)代入式(3.52)有

$$\begin{aligned}\frac{\partial(\Lambda(z)R\overline{x}(t))}{\partial t} &= \mathcal{A}(\Lambda(z)R\overline{x}(t)) + \mathcal{B}\left(\sum_{i=1}^{p} u_i(t)h_i(z)\right) \\ &\quad + \mathcal{F}\left(\Lambda(z)R\overline{x}(t), \frac{\partial(\Lambda(z)R\overline{x}(t))}{\partial z}, \cdots, \sum_{i=1}^{p} u_i(t)h_i(z), \frac{\partial\left(\sum_{i=1}^{p} u_i(t)h_i(z)\right)}{\partial z}, \cdots\right)\end{aligned} \tag{3.53}$$

利用伽辽金方法，可以得到如下方程：

$$\begin{aligned}\int_{\Omega} \frac{\partial(\Lambda(z)R\overline{x}(t))}{\partial t}\varphi_i(z)\mathrm{d}z &= \int_{\Omega}\left(\mathcal{A}\left(\Lambda(z)R\overline{x}(t)\right) + \mathcal{B}\left(\sum_{i=1}^{p} u_i(t)h_i(z)\right)\right)\varphi_i(z)\mathrm{d}z \\ &\quad + \int_{\Omega}\mathcal{F}\left(\Lambda(z)R\overline{x}(t), \frac{\partial\left(\Lambda(z)R\overline{x}(t)\right)}{\partial z}, \cdots, \sum_{i=1}^{p} u_i(t)h_i(z), \right. \\ &\quad \left. \frac{\partial\left(\sum_{i=1}^{p} u_i(t)h_i(z)\right)}{\partial z}, \cdots\right)\varphi_j(z)\mathrm{d}z, \quad j = 1, 2, \cdots, N\end{aligned} \tag{3.54}$$

对式(3.54)进行积分并利用矩阵乘法，可以得到一个阶数更低的常微分方程系统：

$$
\begin{cases}\dot{\overline{x}}(t)=R^{-1}AR\,\overline{x}(t)+R^{-1}B\,u(t)+R^{-1}g(R\,\overline{x}(t),u(t))\\ y(t)=CR\,\overline{x}(t)\end{cases}
\tag{3.55}
$$

式中，R^{-1} 表示空间基函数变换矩阵 R 的广义逆；矩阵 A、B、C 与常微分方程系统(2.28)中的相同；$g(R\overline{x}(t),u(t))$ 表示与 $\overline{x}(t)$ 和 $u(t)$ 相关的非线性函数。

常微分方程系统(3.55)代表了原时空耦合系统(2.5)的输入输出时间动态，且与常微分方程系统(2.28)具有相似的输入输出行为。

注 3.1 本节提出的基于变换空间基函数的时空耦合系统模型降阶方法与文献[24]中提出的基缩减方法(reduced-basis method, RBM)具有类似的思想。基缩减方法的主要目的是提供一种降阶的仿真构架，在这种仿真构架下确定了一个新设定仿真向量的函数作为动态系统未知精确解的近似。在严格控制精确解与降阶模型计算误差的前提下，采用伽辽金映射将精确解投影到一个更低阶的空间产生基础的降阶仿真结构。而本节假定时空耦合系统状态变量的解用已知的空间基函数集合 $\{\varphi_i\}_{i=1}^{N}$ 表示，且这个空间基函数集合构成了一个空间基函数的高维状态空间 Γ 。实质上，本节方法是利用已知的系统状态和输出变量的仿真或者实验数据来寻找高维状态空间 Γ 中的一个子空间 Θ。而这个子空间由变换后的新空间基函数集合 $\{\phi_i\}_{i=1}^{k}$ $(k<N)$ 所构成，其中任何一个新空间基函数都是原已知空间基函数集合 $\{\varphi_i\}_{i=1}^{N}$ 的线性组合。在选用相同的空间基函数个数时，基于新空间基函数进行建模可以在付出较少计算量的条件下得到时空耦合系统(2.5)精确解的一个更好的近似。但是，构建新空间基函数集合 $\{\phi_i\}_{i=1}^{k}$ 最重要的步骤是根据时空耦合系统(2.5)的时间动态计算变换步骤(3.1)中的组合系数矩阵，即空间基函数变换矩阵。对于非线性常微分方程系统，一般采用非线性平衡变换计算得到其平衡格式。在此平衡过程中变换矩阵的前 k 列用来构成空间基函数变换矩阵，或者说是基函数线性组合的系数矩阵。由于经验可控性矩阵和经验可观性矩阵是根据非线性时间动态系统的输入-输出行为计算得到的，所以它们实际上提供了一种在状态中寻找特殊重要子空间的量化方法。本质上说，在构建新空间基函数 $\{\phi_i\}_{i=1}^{k}$ 的过程中利用了时空耦合系统的时间动态过程信息。由于稳定线性系统的可控性矩阵和可观性矩阵分别是经验可控性矩阵和经验可观性矩阵的一个特殊情形，所以基于经验矩阵的非线性平衡截断方法可以保持非线性系统线性化模型的稳定性。

3.5.3 降阶思路

基于非线性平衡截断变换空间基函数的时空耦合系统降阶主要分为以下几个步骤：通过选择高维正交空间基函数，利用谱方法建模得到相对高阶的非线性常微分方程组。基于谱方法获得的非线性常微分方程组计算经验可控性矩阵和经验可观性矩阵，再利用线性系统平衡变换的思想得到上述非线性常微分方程组的平衡形式。选取平衡变换矩阵的前 k 列作为一个 $N\times k$ 变换矩阵，再利用基函数变换得到新空间基函数集合。将时空耦合系统的状态变量在新空间基函数组上展开，并利用伽辽金方法得到时空耦合系统阶数更低的近似模型。最后通过低阶时间近似模型的输出和新空间基函数综合，得到原时空耦合系统状态变量的近似时空输出，具体请参见图 3.10。

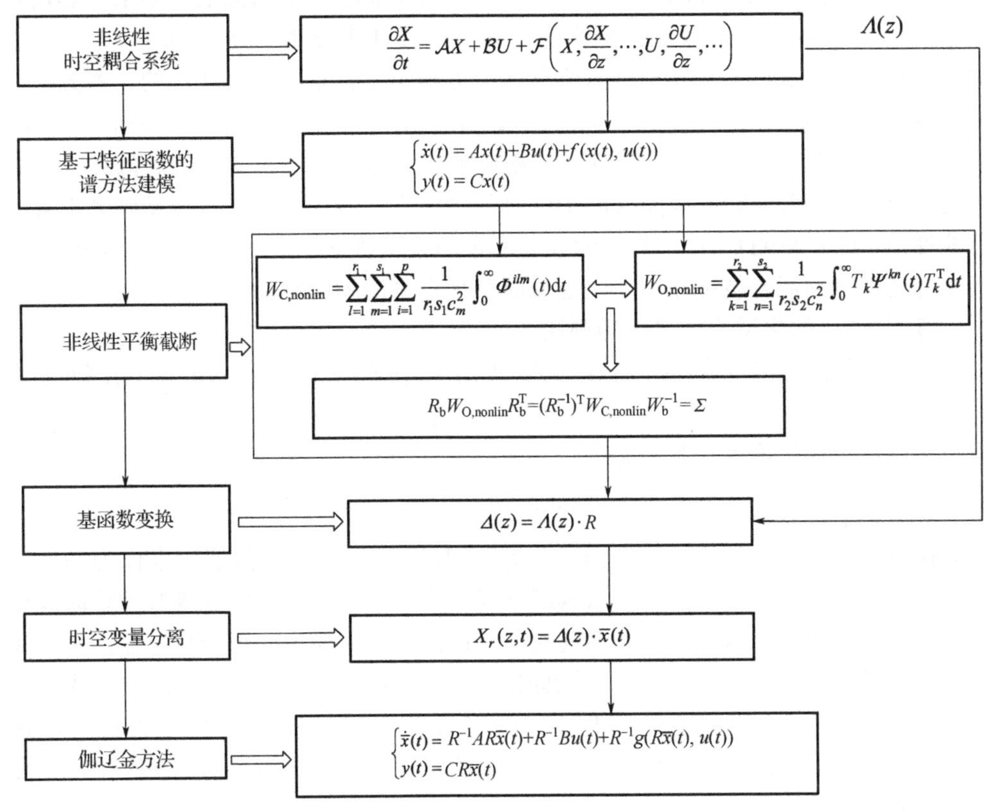

图 3.10　基于非线性平衡截断基函数的时空耦合系统降阶原理

3.5.4　仿真算例

为了验证所提出的基于非线性平衡截断新空间基函数对于时空耦合系统降阶的有效性以及理论证明的正确性，将获得的新空间基函数与同阶数特征函数及基于平衡截断新空间基函数的建模效果进行对比。令 $y(z,t)$ 和 $\overline{y}(z,t)$ 分别表示 $t_1,t_2,\cdots,t_{N_{\mathrm{tim}}}$ 时刻在测量点 $z_1,z_2,\cdots,z_{\mathrm{M}}$ 的实际输出和预测输出。设定动态均方差作为近似模型与真实模型的误差评价指标，表达式如下：

$$\text{RMSE}=\sqrt{\frac{\sum_{i=1}^{M}\sum_{j=1}^{N_{\text{tim}}}(y(z_i,t_j)-\overline{y}(z_i,t_j))^2}{MN_{\text{tim}}}} \tag{3.56}$$

计算非线性平衡截断的 MATLAB 函数由 Hahn 等[25]在其个人网页上提供，计算经验矩阵和平衡变换的过程在此网页上均有详细介绍，同时还有一些线性系统和非线性系统的计算算例。在这些算例中，输入的扰动幅值 c_m、状态的初始条件等输入参数都需要根据不同的数值算例来进行设定。基于变步长 4.5 阶龙格-库塔法的 MATLAB 函数 ode45 用于对非线性常微分方程组进行求解，其轨迹的计算方法与 3.4.4 节中的保持一致。基于新空间基函数的内积，在新空间基函数的基础上进行时空变量分离得到式(3.55)中非线性项的精确解析表达式是非常困难的。因此，本算例利用反向传播(back propagation，BP)神经网络来近似这些难以获得精确解析解的非线性项，其中 MATLAB 工具箱的 nntool 被用来训练 BP 神经网络。根据文献[26]，一个与之类似的混合智能模型用来近似时空耦合系统的时空动态。

算例 3.1 催化反应棒温度场预测。

假设在催化反应棒上存在四个执行输入，即 $u(t)=\left[u_1(t),u_2(t),u_3(t),u_4(t)\right]^{\mathrm{T}}$，其空间分布为 $h(z)=[h_1(z),h_2(z),h_3(z),h_4(z)]^{\mathrm{T}}$，$h_i(z)=H(z-(i-1)\pi/4)-H(2-i\pi/4)(i=1,2,3,4)$，$H(\cdot)$ 为标准的赫维赛德函数。输入信号设定为

$$u_i(t)=1.1+4\sin(t/10+i/10),\quad i=1,2,3,4 \tag{3.57}$$

在输入信号(3.57)条件下的偏微分方程(1.7)和(1.8)的数值解用来作为精度误差的比较标准。41 个空间位置用于偏微分方程的空间离散，ode45 函数用作时间变量的积分器。假设有 19 个传感器均匀分布在催化反应棒上，每个传感器测量 100 个数据，采样时间间隔为 0.01s，仿真时间为 1s，初始条件设置为 $\sin z$。首先，基于特征函数集合 $\{\sqrt{2/\pi}\sin(iz),i=1,2,\cdots,\infty\}$ 采用谱方法对偏微分方程(1.7)和(1.8)进行模型降阶，根据偏微分方程空间微分算子的特征谱，采用如下的比例因子决定高阶常微分方程的阶数：

$$\tau=\left(\left|\text{Re}(\lambda_1)\right|\right)/\left(\left|\text{Re}(\lambda_N)\right|\right) \tag{3.58}$$

式中，λ_1、λ_N 分别表示空间微分算子的第 1 个和第 N 个特征值。如果比例因子(3.58)小于等于 0.1，即 λ_N 是 λ_1 的 10 倍以上，则可以确定一个具体的 N[25]。

为了比较基于平衡截断和非线性平衡截断得到的变换空间基函数的模型降阶效果，将平衡截断和非线性平衡截断分别用于计算空间基函数变换矩阵。在计算经验矩阵时，输入的扰动幅值设为 0.1，时间状态的初始条件设定为谱方法获得的常微分方程系统的稳定状态值。经过特征函数的线性组合，可以得到两个不同的变换空间基函数集合，同时可以得到两个不同的时空耦合系统近似模型。计算两个近似模

型的动态均方差作为评价两种方法性能优劣的比较指标，其中作为标准数据的催化反应棒温度数据如图 3.11 所示。

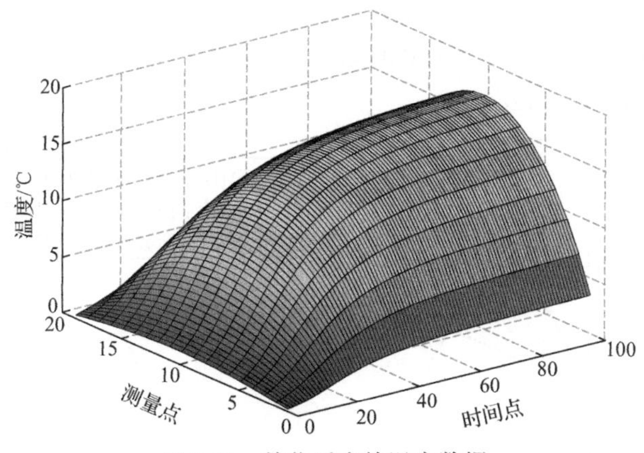

图 3.11　催化反应棒温度数据

图 3.12 给出了基于特征函数、平衡截断新空间基函数和非线性平衡截断新空间基函数的催化反应棒温度场近似建模的动态均方差比较结果。从图中可以看出，基于非线性平衡截断新空间基函数建模的动态均方差远比基于特征函数和平衡截断新空间基函数建模的动态均方差要小。假定式(3.58)中的比例因子为 0.1，比较特征值的大小发现第 4 个特征值接近第 1 个特征值的 10 倍，因此一个 4 阶的谱方法近似模型可以用来逼近系统的动态行为。另外，基于 4 阶平衡截断新空间基函数建模的动态均方差与基于 5 阶特征函数建模的动态均方差非常接近，基于 3 阶非线性平衡截断新空间基函数建模的动态均方差要小于基于 8 阶特征函数建模的动态均方差。

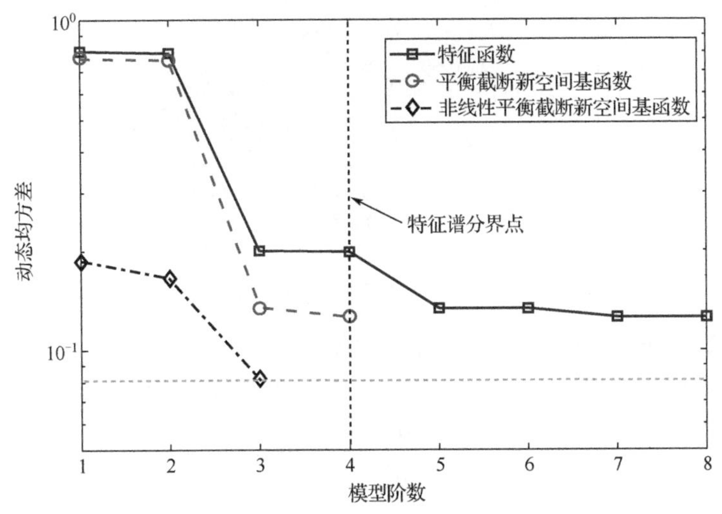

图 3.12　不同阶数情况下三种基函数建模的动态均方差比较

图 3.13 和图 3.15 分别给出了前 3 阶平衡截断新空间基函数和非线性平衡截断新空间基函数，图 3.14 和图 3.16 分别给出了基于 3 阶平衡截断新空间基函数和非线性平衡截断新空间基函数的建模分布误差。其中，图 3.16 中基于 3 阶非线性平衡截断新空间基函数建模的动态均方差为 0.0893，小于图 3.14 中基于 3 阶平衡截断新空间基函数建模的动态均方差 0.1266。

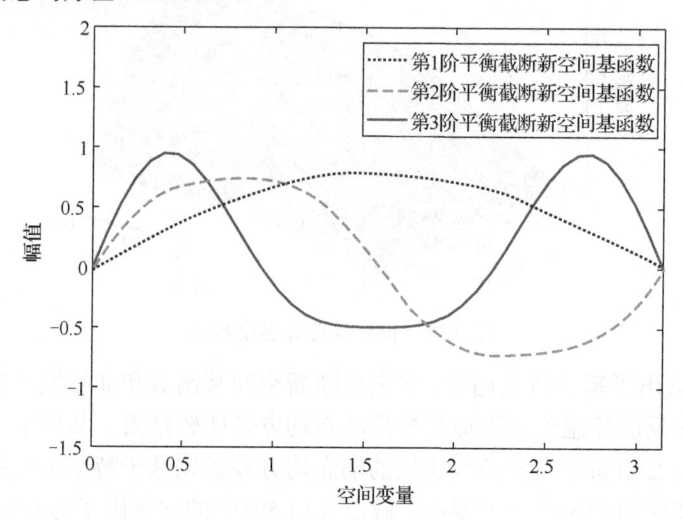

图 3.13 前 3 阶平衡截断新空间基函数

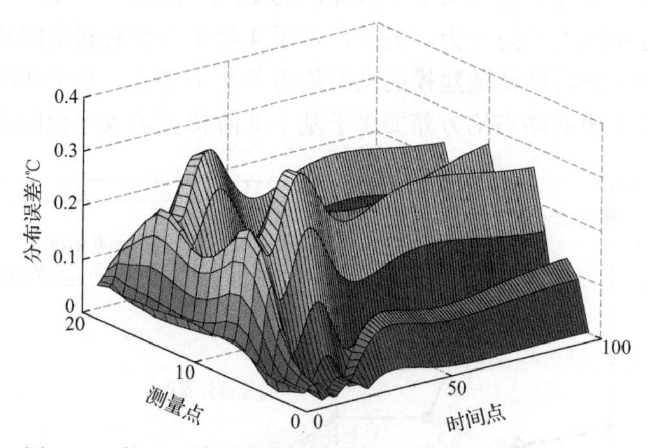

图 3.14 基于 3 阶平衡截断新空间基函数的建模分布误差

算例 3.2 Chaffee-Infante 方程输出预测。

偏微分方程(1.5)空间域 $\Omega=[0, L]$，且满足如下的狄利克雷边界和初始条件：

$$\begin{cases} X(0,t)=0 \\ X(L,t)=0 \end{cases}, \quad X(z,0)=X_0(z) \tag{3.59}$$

偏微分方程(1.5)中的参数 ε 设定为 1，假设存在四个执行输入即 $u(t)=[u_1(t),u_2(t),$

$u_3(t),u_4(t)]^{\mathrm{T}}$，其空间分布为$h(z)=[h_1(z),h_2(z),h_3(z),h_4(z)]^{\mathrm{T}}$，$h_i(z)=H\left(z-\dfrac{(i-1)L}{4}\right)-H\left(z-\dfrac{iL}{4}\right)$，$H(\cdot)$为标准的赫维赛德函数。输入信号设定为满足一致分布的随机数序列，第四个时间输入如图 3.17 所示。

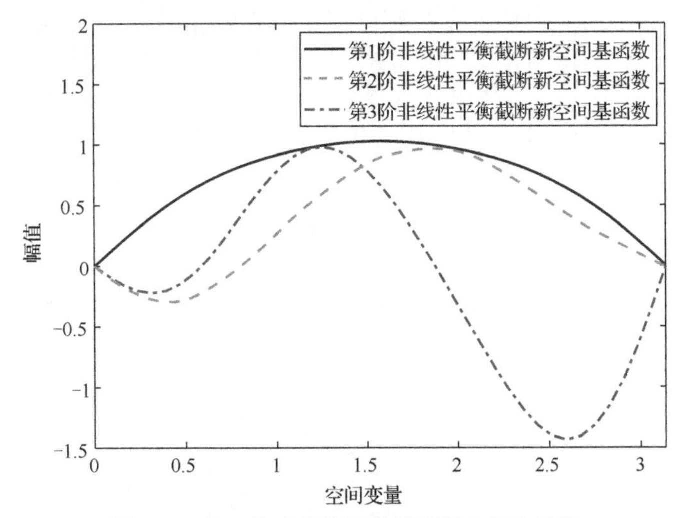

图 3.15　前 3 阶非线性平衡截断新空间基函数

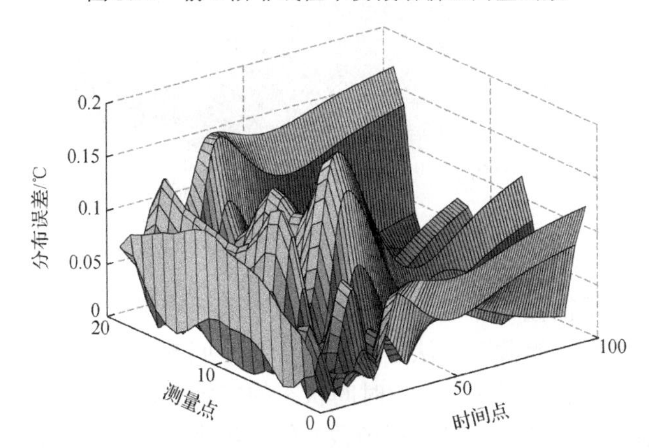

图 3.16　基于 3 阶非线性平衡截断新空间基函数的建模分布误差

在空间域[0,5]和时间长度[0,2]上采用有限差分法进行计算得到 Chaffee-Infante 方程的时空输出数据，其中设置了 31 个空间离散点，且时间离散间隔设定为 0.01s。空间域的边界值和初始值一旦确定，Chaffee-Infante 方程在空间离散点的时空状态变量值就能够根据前向差分格式计算得到。根据图 3.17 的第四个时间输入计算得到的 Chaffee-Infante 方程的时空输出数据如图 3.18 所示。

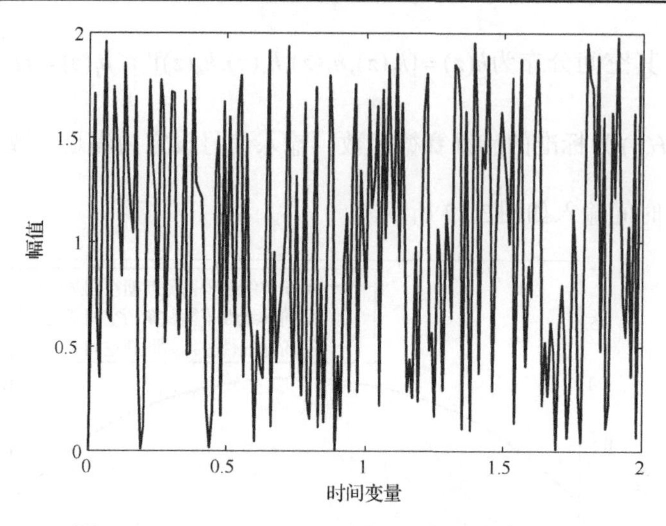

图 3.17　Chaffee-Infante 方程(1.5)第四个时间输入

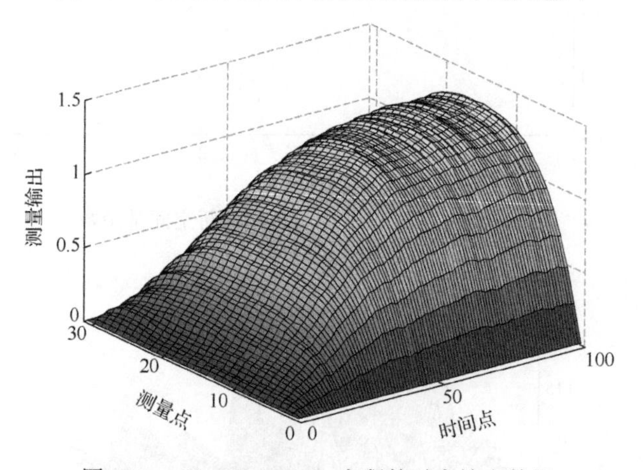

图 3.18　Chaffee-Infante 方程的时空输出数据

为了比较基于平衡截断和非线性平衡截断得到的变换空间基函数的建模效果，将平衡截断和非线性平衡截断方法分别用于计算空间基函数变换矩阵。在计算经验矩阵时，输入的扰动幅值设为 0.1，时间状态的初始条件设定为谱方法获得的常微分方程系统的稳定状态值。经过特征函数的线性组合，可以得到两个不同的变换空间基函数集合，以及两个不同的时空耦合系统近似模型。计算两个近似模型的动态均方差作为评价两种方法性能优劣的比较指标。

图 3.19 给出了基于特征函数、平衡截断新空间基函数和非线性平衡截断新空间基函数的 Chaffee-Infante 方程近似建模的动态均方差比较结果。从图中可以看出，从第 2 阶开始基于非线性平衡截断新空间基函数建模的动态均方差远小于基于特征函数和平衡截断新空间基函数建模的动态均方差。假定特征谱分界点因子为 0.1，

比较特征值的大小发现第 3 个特征值接近第 1 个特征值的 10 倍。另外，基于 3 阶平衡截断新空间基函数建模的动态均方差远小于基于 4 阶特征函数建模的动态均方差，基于 2 阶非线性平衡截断新空间基函数建模的动态均方差与基于 5 阶特征函数建模的动态均方差基本相同。

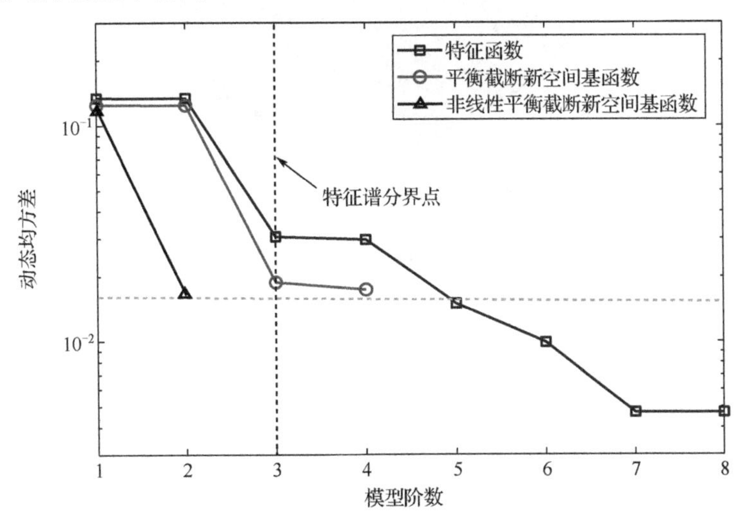

图 3.19　不同阶数情况下三种基函数的 Chaffee-Infante 方程建模的动态均方差比较

图 3.20 和图 3.22 分别给出了 Chaffee-Infante 方程前 2 阶平衡截断新空间基函数和非线性平衡截断新空间基函数，图 3.21 和图 3.23 分别给出了基于 2 阶平衡截断新空间基函数和非线性平衡截断新空间基函数的近似模型分布误差，可以看出基于 2 阶非线性平衡截断新空间基函数的建模分布误差要小得多。

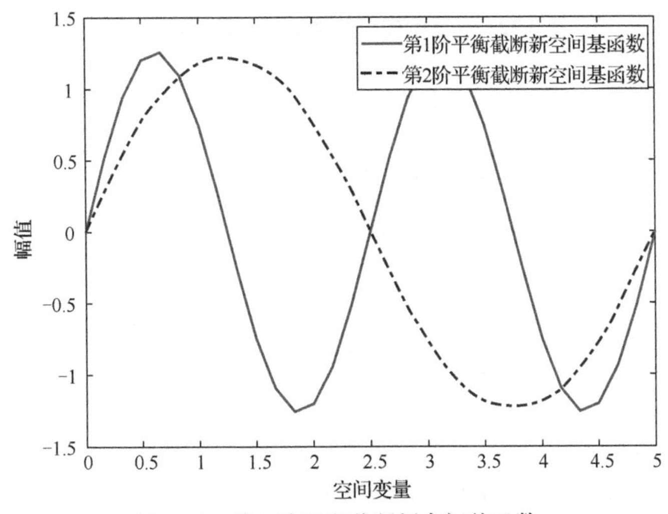

图 3.20　前 2 阶平衡截断新空间基函数

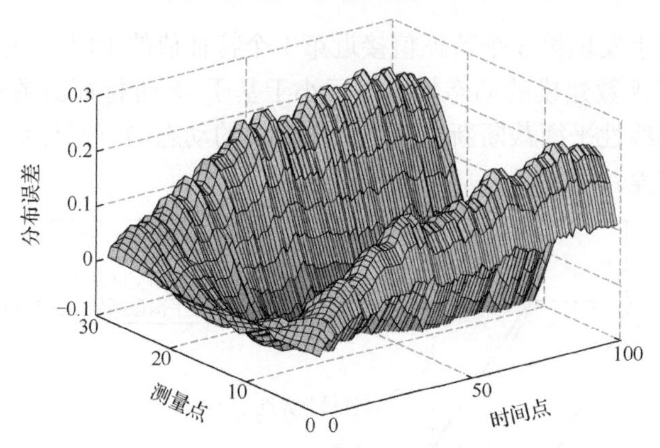

图 3.21　基于 2 阶平衡截断新空间基函数的建模分布误差

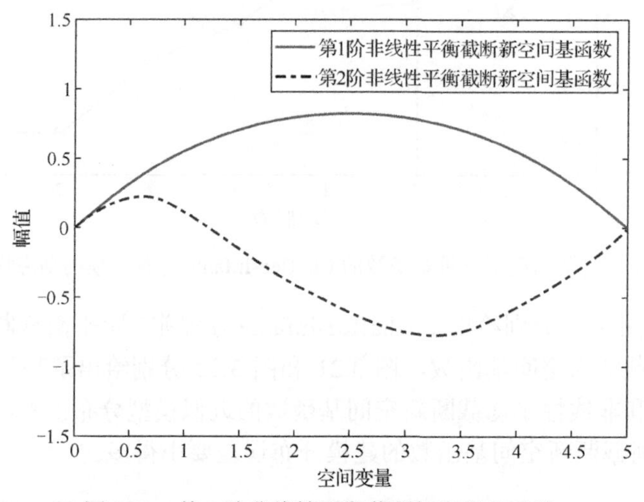

图 3.22　前 2 阶非线性平衡截断新空间基函数

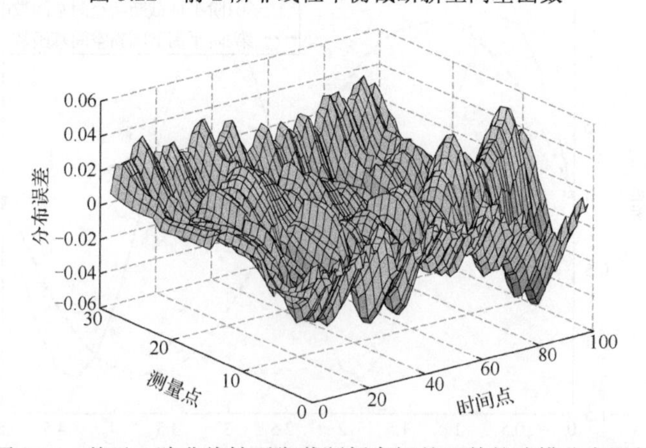

图 3.23　基于 2 阶非线性平衡截断新空间基函数的建模分布误差

3.6 基于最优变换空间基函数的时空耦合系统降阶

3.6.1 计算变换矩阵的最优化方法

假设时空耦合系统的基于特征函数和方程(3.28)具有足够精度的近似解为

$$\sum_{i=1}^{N} x_i(t)\varphi_i(z), \quad N \to \infty \tag{3.60}$$

式中，$x_i(t)$、N、$\varphi_i(z)$ 的含义同式(3.5)。

另外，假定基于新空间基函数(3.1)进行时空分离，能得到比基于特征函数建模得到的常微分方程(2.28)阶数更低的常微分方程：

$$\dot{\overline{x}}(t) = \hat{A}\overline{x}(t) + \hat{B}u(t) + \hat{f}(\overline{x}(t), u(t)) \tag{3.61}$$

式中，

$$\overline{x}(t) = [\overline{x}_1(t), \overline{x}_2(t), \cdots, \overline{x}_k(t)]^{\mathrm{T}}$$

$$\hat{A} = R^{\mathrm{T}}AR, \quad \hat{B} = R^{\mathrm{T}}B$$

$$\hat{f}(\overline{x}(t), u(t)) = [\hat{f}_1(\overline{x}(t), u(t)), \hat{f}_2(\overline{x}(t), u(t)), \cdots, \hat{f}_k(\overline{x}(t), u(t))]^{\mathrm{T}}$$

类似地，假设时空耦合系统基于式(3.1)中 k 个新空间基函数的近似解为

$$\sum_{i=1}^{k} \overline{x}_i(t)\phi_i(z) \tag{3.62}$$

式中，$\overline{x}_i(t)$、k、$\phi_i(z)$ 的含义同式(3.6)。

假定式(3.62)对于时空耦合系统状态变量的逼近精度能达到采用 N 个特征函数进行建模的式(3.60)的精度，则令式(3.60)与式(3.62)相等，可以得到如下时间变量之间的关系：

$$x(t) = R\,\overline{x}(t) \quad 或 \quad \overline{x}(t) = R^{-1}x(t) \tag{3.63}$$

式中，R^{-1} 表示式(3.1)空间基函数变换矩阵 R 的广义逆矩阵。

定义基于 k 个新空间基函数得到的近似模型与基于谱方法得到的近似模型的时空积分平方误差函数如下：

$$\text{Error} = \int_0^{t_{\max}} \int_{\Omega} \left(\sum_{i=1}^{N} x_i(t)\varphi_i(z) - \sum_{i=1}^{k} \overline{x}_i(t)\phi_i(z) \right)^2 \mathrm{d}z\mathrm{d}t \tag{3.64}$$

式中，Ω 表示空间域；$[0,t_{\max}]$ 表示时间范围。

结合式(3.60)、式(3.62)、式(3.63)可得

$$\text{Error}=\int_0^{t_{\max}}\int_\Omega\left([\varphi_1(z),\varphi_2(z),\cdots,\varphi_N(z)]\begin{bmatrix}x_1(t)\\x_2(t)\\\vdots\\x_N(t)\end{bmatrix}-[\phi_1(z),\phi_2(z),\cdots,\phi_k(z)]\begin{bmatrix}\overline{x}_1(t)\\\overline{x}_2(t)\\\vdots\\\overline{x}_k(t)\end{bmatrix}\right)^2\mathrm{d}z\mathrm{d}t$$

$$=\int_0^{t_{\max}}\int_\Omega\left([x_1(t),x_2(t),\cdots,x_N(t)]\begin{bmatrix}\varphi_1(z)\\\varphi_2(z)\\\vdots\\\varphi_N(z)\end{bmatrix}-[x_1(t),x_2(t),\cdots,x_N(t)]RR^{-1}\begin{bmatrix}\varphi_1(z)\\\varphi_2(z)\\\vdots\\\varphi_N(z)\end{bmatrix}\right)^2\mathrm{d}z\mathrm{d}t$$

$$=\int_0^{t_{\max}}\int_\Omega\left([x_1(t),x_2(t),\cdots,x_N(t)](I_N-RR^{-1})\begin{bmatrix}\varphi_1(z)\\\varphi_2(z)\\\vdots\\\varphi_N(z)\end{bmatrix}\right)^2\mathrm{d}z\mathrm{d}t$$

$$=\int_0^{t_{\max}}\int_\Omega\left([x_1(t),x_2(t),\cdots,x_N(t)](I_N-RR^{-1})\begin{bmatrix}\varphi_1(z)\\\varphi_2(z)\\\vdots\\\varphi_N(z)\end{bmatrix}\right)$$

$$\cdot\left([x_1(t),x_2(t),\cdots,x_N(t)](I_N-RR^{-1})\begin{bmatrix}\varphi_1(z)\\\varphi_2(z)\\\vdots\\\varphi_N(z)\end{bmatrix}\right)^{\mathrm{T}}\mathrm{d}z\mathrm{d}t$$

$$=\int_0^{t_{\max}}\int_\Omega\left([x_1(t),x_2(t),\cdots,x_N(t)](I_N-RR^{-1})\begin{bmatrix}\varphi_1\varphi_1&\varphi_1\varphi_2&\cdots&\varphi_1\varphi_N\\\varphi_2\varphi_1&\varphi_2\varphi_2&\cdots&\varphi_2\varphi_N\\\vdots&\vdots&&\vdots\\\varphi_N\varphi_1&\varphi_N\varphi_2&\cdots&\varphi_N\varphi_N\end{bmatrix}\right.$$

$$\left.\cdot(I_N-RR^{-1})\begin{bmatrix}x_1(t)\\x_2(t)\\\vdots\\x_N(t)\end{bmatrix}\right)\mathrm{d}z\mathrm{d}t$$

$$
= \int_0^{t_{\max}} \left([x_1(t), x_2(t), \cdots, x_N(t)](I_N - RR^{-1}) \begin{bmatrix} \int_\Omega \varphi_1\varphi_1 \mathrm{d}z & \int_\Omega \varphi_1\varphi_2 \mathrm{d}z & \cdots & \int_\Omega \varphi_1\varphi_N \mathrm{d}z \\ \int_\Omega \varphi_2\varphi_1 \mathrm{d}z & \int_\Omega \varphi_2\varphi_2 \mathrm{d}z & \cdots & \int_\Omega \varphi_2\varphi_N \mathrm{d}z \\ \vdots & \vdots & & \vdots \\ \int_\Omega \varphi_N\varphi_1 \mathrm{d}z & \int_\Omega \varphi_N\varphi_2 \mathrm{d}z & \cdots & \int_\Omega \varphi_N\varphi_N \mathrm{d}z \end{bmatrix} \right.
$$

$$
\left. \cdot (I_N - RR^{-1}) \begin{bmatrix} x_1(t) \\ x_2(t) \\ \vdots \\ x_N(t) \end{bmatrix} \right) \mathrm{d}t
$$

$$
= \int_0^{t_{\max}} x(t)^{\mathrm{T}} (I_N - RR^{-1})(I_N - RR^{-1}) x(t) \mathrm{d}t
$$

因此误差函数又可以写成

$$
Q(R) = \int_0^{t_{\max}} x(t)^{\mathrm{T}} (I_N - RR^{-1})(I_N - RR^{-1}) x(t) \mathrm{d}t \tag{3.65}
$$

式中，$x(t) = [x_1(t), x_2(t), \cdots, x_N(t)]^{\mathrm{T}}$；$R = [R_1, R_2, \cdots, R_k]$ 表示空间基函数变换矩阵。上述定义的误差函数远比主交互模式方法[1-4]定义的误差函数简单。

通过最小化误差函数(3.65)来得到空间基函数变换矩阵 R 的最优解。为了利用计算机算法求解 Q 的最小值，式(3.65)中的时间积分将根据定积分的定义采用数值近似。为了保证得到的基于 k 个新空间基函数建模的误差比基于同阶数谱方法基函数建模的误差要小，可以得到限制条件如下：

(1) R 为正交矩阵；

(2) $R^{\mathrm{T}} \left(\begin{bmatrix} I_k & 0 \\ 0 & 0 \end{bmatrix} - RR^{\mathrm{T}} \right) \left(\begin{bmatrix} I_k & 0 \\ 0 & 2I_{N-k} \end{bmatrix} - RR^{\mathrm{T}} \right) R$ 是半负定的。

将空间基函数变换矩阵的有约束优化问题总结如下：

$$
Q(R) = \sum_{t_i} t_{\mathrm{s}} (x(t_i)^{\mathrm{T}} (I_N - RR^{-1})(I_N - RR^{-1}) x(t_i)) \tag{3.66}
$$

约束为

$$
R_i^{\mathrm{T}} R_j = \begin{cases} \sigma_i, & i = j \\ 0, & i \neq j \end{cases}, \quad i, j = 1, 2, \cdots, k \tag{3.67}
$$

$$
\mathrm{eig}\left(R^{-1} \left(\begin{bmatrix} I_k & 0 \\ 0 & 0 \end{bmatrix} - RR^{-1} \right) \left(\begin{bmatrix} I_k & 0 \\ 0 & 2I_{N-k} \end{bmatrix} - RR^{-1} \right) R \right) \leqslant 0 \tag{3.68}
$$

式中，σ_i 表示常数；t_{s} 表示平均采样时间；t_i 表示 $[0, t_{\max}]$ 中等距离的离散采样点，

最大积分时间 $t_{\max}$ 为自由参数，其大小要根据系统本身的特性来确定，一般的原则是要包括系统从瞬态转化到稳态的整个过程。优化问题(3.66)～(3.68)的求解只需要得到常微分方程组(2.28)的解，求解需要的计算量较少。

3.6.2 面向时空误差的最优化算法

最小化误差函数 Q 是一个非线性优化问题，传统上利用迭代计算方法能得到其最优解。然而迭代技术在最小化非凸非线性误差函数的过程中总是不能避免局部极小点，且对于高阶的非线性优化问题需要付出很高的计算代价。因此，本节采用随机优化算法来解决提出的最优化问题(3.66)～(3.68)。

现有的随机优化算法有进化算法、蚁群算法、模拟退火算法、遗传算法、粒子群优化算法等。其中，粒子群优化算法是诞生于20世纪90年代中期的一种高效的随机优化算法[27-29]。其主要思想来自人工和进化计算，主要用于解决优化问题。粒子群优化算法相对于其他随机优化算法的优势在于能避免落入局部最优解而得到全局最优解，最核心的特质是算法本身是高度鲁棒性的，且能给出相对于其他随机优化算法不同的多条路径。就主体思想来说，粒子群优化算法与遗传算法类似，但是比遗传算法要简单。由于只需要较少的存储空间和简易编程，粒子群优化算法被广泛用于工程实际问题的计算。

在采用粒子群优化算法优化误差函数 Q 的过程中，假设解空间的维数为 $d=N\times k$，空间中有一个由 n 个粒子组成的种群。种群中第 i 个粒子的位置和速度可以分别表示为 $z_i=(z_{i1},z_{i2},\cdots,z_{id})$、$V_i=(v_{i1},v_{i2},\cdots,v_{id})$。第 i 个粒子在 t 时刻的个体极值，即粒子本身迄今搜索到的最优解可以表示为 $W_i(t)=(w_{i1},w_{i2},\cdots,w_{id})$。全局最优解，即整个种群迄今所发现的最优解可以表示为 $\mathrm{Wg}(t)=(\mathrm{wg}_{i1},\mathrm{wg}_{i2},\cdots,\mathrm{wg}_{id})$。其中，$t$ 表示当前的进化代数，个体按照式(3.69)和式(3.70)来调整自己的速度和位置：

$$v_i(t+1)=\mu v_i(t)+c_1r_1(w_i(t)-z_i(t))+c_2r_2(\mathrm{wg}_i(t)-z_i(t)) \tag{3.69}$$

$$z_i(t+1)=z_i(t)+v_i(t+1) \tag{3.70}$$

式中，$i=1,2,\cdots,d$；c_1、c_2 为加速常数，c_1 表示粒子自身经验的认知能力用来调节粒子飞向自身最好位置方向的前进步长，c_2 表示粒子社会经验的认知能力用来调节粒子飞向全局最好位置方向的前进步长；r_1、r_2 表示均匀分布在区间[0,1]的随机数，主要是为了让粒子以等概率的加速度飞向粒子本身最好的位置和粒子全局最好的位置；μ 表示惯性权重，起到平衡全局搜索能力和局部搜索能力的作用。

结合上述最优位置搜索过程，采用粒子群优化算法来求解最优化问题(3.66)～(3.68)，实际的计算表明粒子群优化算法的确是有效的最优化方法。求解最优化问题(3.66)～(3.68)的算法过程如图3.24所示，具体的计算步骤如下：

步骤1　给定初始条件，计算 t_{s}，利用龙格-库塔法计算式(2.28)得到 $x(t)$；

步骤2　给定k，利用粒子群优化算法计算式(3.66)得到一个初始非正交变换矩阵$\hat{R}$，标准的粒子群优化算法见文献[30]；

步骤3　计算步骤2中初始非正交变换矩阵$\hat{R}$的奇异值分解$\hat{R}=USV^{\mathrm{T}}$；

步骤4　令$R=US$（由于$RR^{-1}=US(US)^{-1}=USV^{-1}VS^{-1}U^{-1}=\hat{R}\hat{R}^{-1}$，所以$R=US$保持误差函数(3.66)为最小且不变，由于$U$为正交矩阵，$S$为对角矩阵，即$S$矩阵为$N\times k$阶的，所以对角线上的非零元素为空间基函数变换矩阵$R$按照降序排列的奇异值，满足约束条件(3.67)）。

步骤5　验证R是否满足约束条件(3.68)。

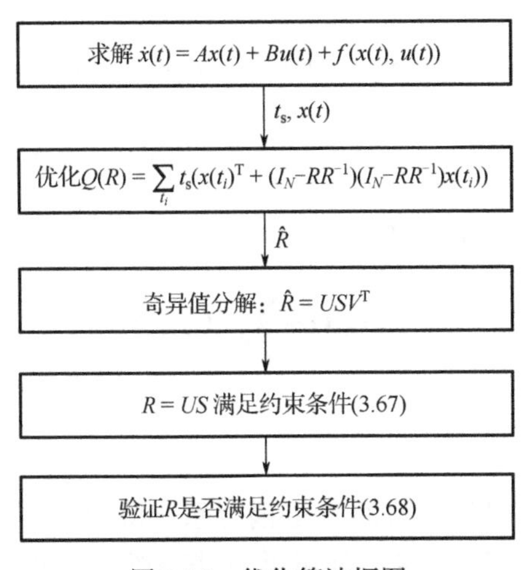

图3.24　优化算法框图

3.6.3　基于变换空间基函数的系统降阶

采用3.6.2节中的最优化方法计算得到最优空间基函数变换矩阵，基于空间基函数变换关系可以获得对应的最优空间基函数。利用获得的最优空间基函数进行基函数展开，采用非线性伽辽金方法进行截断，得到时空耦合系统的低阶近似模型。假定采用3.6.3节中提出的算法来求解最优化问题(3.66)～(3.68)，可得到最优空间基函数变换矩阵R_{opt}。根据基函数变换关系可得到

$$\{\bar{\phi}_1(z),\bar{\phi}_2(z),\cdots,\bar{\phi}_k(z)\}=\{\varphi_1(z),\varphi_2(z),\cdots,\varphi_N(z)\}R_{\mathrm{opt}} \tag{3.71}$$

式中，$k<N$；$\{\bar{\phi}_1(z),\bar{\phi}_2(z),\cdots,\bar{\phi}_k(z)\}$和$\{\varphi_1(z),\varphi_2(z),\cdots,\varphi_N(z)\}$分别表示$k$个最优空间基函数的集合和$N$个特征函数的集合。

基于最优空间基函数集合$\{\bar{\phi}_1(z),\bar{\phi}_2(z),\cdots,\bar{\phi}_k(z)\}$，将时空耦合系统(2.5)的时空状态变量进行空间基函数展开，可得

$$X(z,t)=\sum_{i=1}^{k}\hat{x}_i(t)\overline{\phi}_i(z) \tag{3.72}$$

采用非线性伽辽金方法，可以得到低阶常微分方程组为

$$\dot{\hat{x}}(t)=\hat{A}\hat{x}(t)+\hat{B}u(t)+\hat{f}(\hat{x}(t),u(t)) \tag{3.73}$$

式中，

$$\hat{x}(t)=[\hat{x}_1(t),\hat{x}_2(t),\cdots,\hat{x}_k(t)]^{\mathrm{T}}$$

$$\hat{A}=R_{\mathrm{opt}}^{\mathrm{T}}AR_{\mathrm{opt}},\quad \hat{B}=R_{\mathrm{opt}}^{\mathrm{T}}B$$

$$\hat{f}(\hat{x}(t),u(t))=[\hat{f}_1(\hat{x}(t),u(t)),\hat{f}_2(\hat{x}(t),u(t)),\cdots,\hat{f}_k(\hat{x}(t),u(t))]^{\mathrm{T}}$$

且有 $\hat{f}_i(\hat{x}(t),u(t))=\int_{\Omega}\mathcal{F}\left(X,\dfrac{\partial X}{\partial z},\cdots,U,\dfrac{\partial U}{\partial z},\cdots\right)\overline{\phi}_i(z)\mathrm{d}z$；矩阵 A、B 与常微分方程系统(2.28)中的一致。最后通过时间和空间变量综合，得到系统时空变量的近似：

$$X(z,t)\approx\sum_{i=1}^{k}\hat{x}_i(t)\overline{\phi}_i(z) \tag{3.74}$$

3.6.4　降阶思路

基于最优化变换空间基函数的时空耦合系统降阶主要步骤如图 3.25 所示。首先通过选择高阶正交空间基函数，利用谱方法建模得到相对高阶的非线性常微分方程组。然后利用时空误差的最优化方法获得 $N\times k$ 最优空间基函数变换矩阵，采用基函数变换得到最优空间基函数集合。接着将时空耦合系统的状态变量在最优空间基函数组上展开，利用伽辽金方法得到时空耦合系统的最优低阶近似模型。最后，通过最优时间近似模型的输出和新空间基函数综合得到原时空耦合系统状态变量的时空近似。

3.6.5　仿真算例

采用 1.3.2 节中的催化反应棒温度场模型进行研究，其中边界条件、输入条件和初始条件都与 3.4.4 节和 3.5.4 节相同。令 $e(z,t)$ 表示基于空间基函数进行低阶近似建模的时空误差，将动态均方差定义为比较标准：

$$\mathrm{RMSE}=\left(\frac{\int\sum e(z,t)^2\mathrm{d}z}{\int\mathrm{d}z\sum\Delta t}\right)^{1/2} \tag{3.75}$$

式中，第一个 $\sum$ 表示对时间离散点的误差值进行求和；第二个 $\sum$ 表示对离散时间长度进行求和。

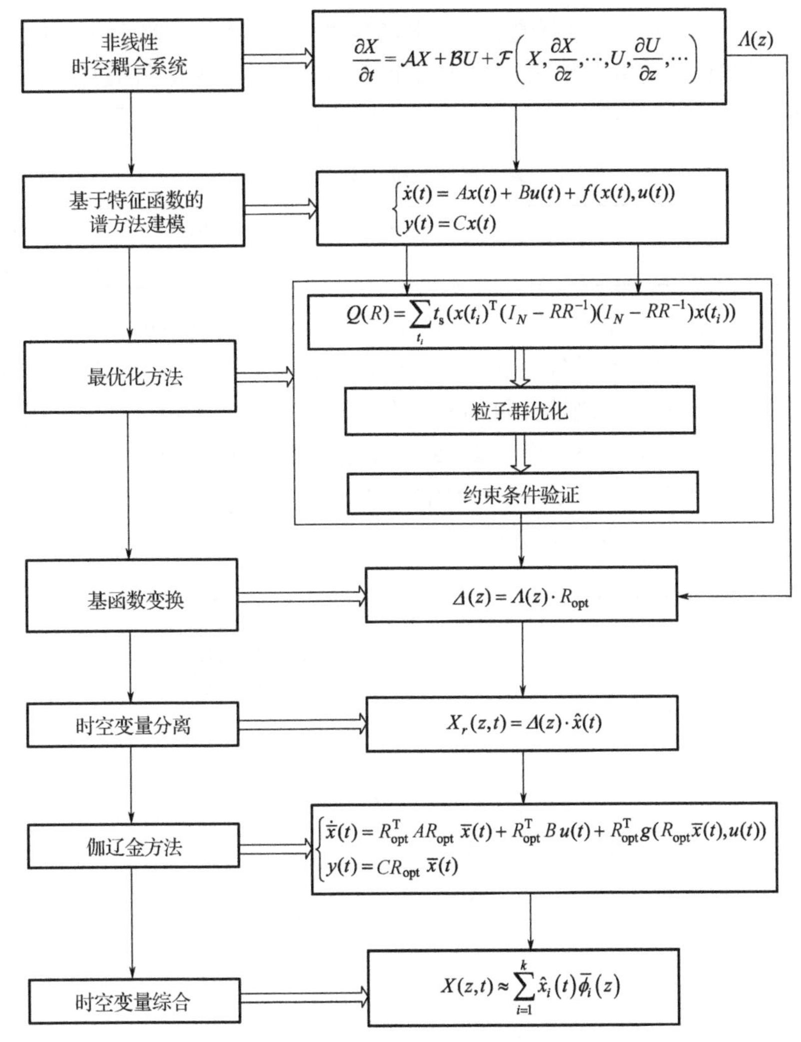

图 3.25　基于最优化变换空间基函数的时空耦合系统降阶步骤

仍将最优空间基函数与特征函数做比较，特征函数与 3.4.4 节和 3.5.4 节中选择的一样。这里，选择催化反应棒接近稳态部分的测试数据进行比较，且将同阶的特征函数与最优空间基函数的动态均方差在表 3.2 中进行比较。

表 3.2　特征函数与最优空间基函数的动态均方差

RMSE	1 阶	2 阶	3 阶
特征函数	1.044	1.034	0.240
最优空间基函数	0.138	0.121	0.111

由表 3.2 可知，基于前 3 阶最优空间基函数建模的动态均方差远小于基于谱方法的同阶特征函数建模的动态均方差。为了验证得到的最优空间基函数的建模效果，继续对原方程采用谱方法进行建模，得到一系列高阶模型的结果，如表 3.3 所示。

表 3.3　采用高阶特征函数的动态均方差

RMSE	4 阶	6 阶	8 阶	10 阶
特征函数	0.239	0.130	0.113	0.110

由表 3.2 和表 3.3 可知，基于 2 阶最优空间基函数的误差小于基于 6 阶特征函数的建模误差，基于 3 阶最优空间基函数的近似误差与基于 8 阶特征函数的建模误差非常接近。对于基于控制设计目的的模型降阶，基于 3 阶最优空间基函数的低阶建模能充分近似系统的动态。图 3.26 给出了前 3 阶最优空间基函数，同时图 3.27 描述了前 3 阶特征函数。为了比较基于两种空间基函数的建模误差，通过测量得到一组测试时空数据，如图 3.28 所示。

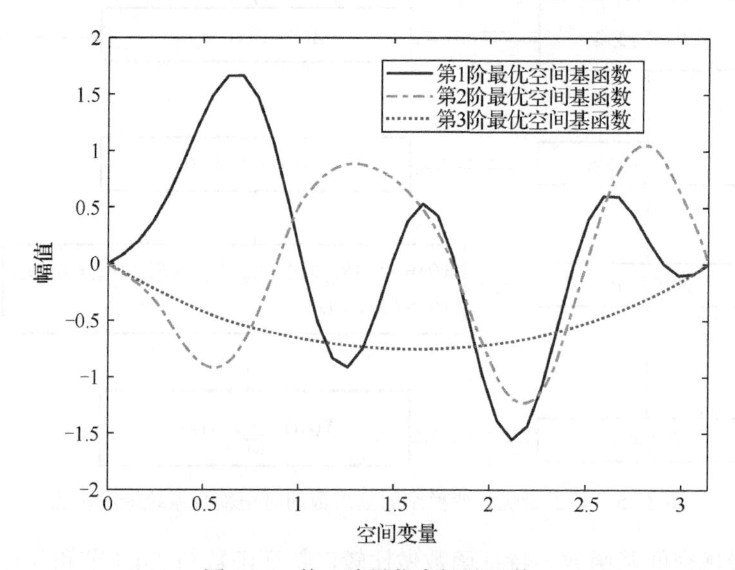

图 3.26　前 3 阶最优空间基函数

基于两种空间基函数的低阶建模时空分布误差分别表示在图 3.29 和图 3.30 中，其对应的动态均方差为 0.11068 和 0.2398。

由此可知，得到的最优空间基函数比一般谱方法采用的空间基函数要优越很多。在相同的精度要求下，采用最优空间基函数进行空间基函数展开后降阶能得到阶数很低的模型，为后面的控制算法设计提供了方便。在相同的误差限制下，基于最优空间基函数和特征函数得到的低阶近似模型的阶数比较如表 3.4 所示。由表 3.4 可

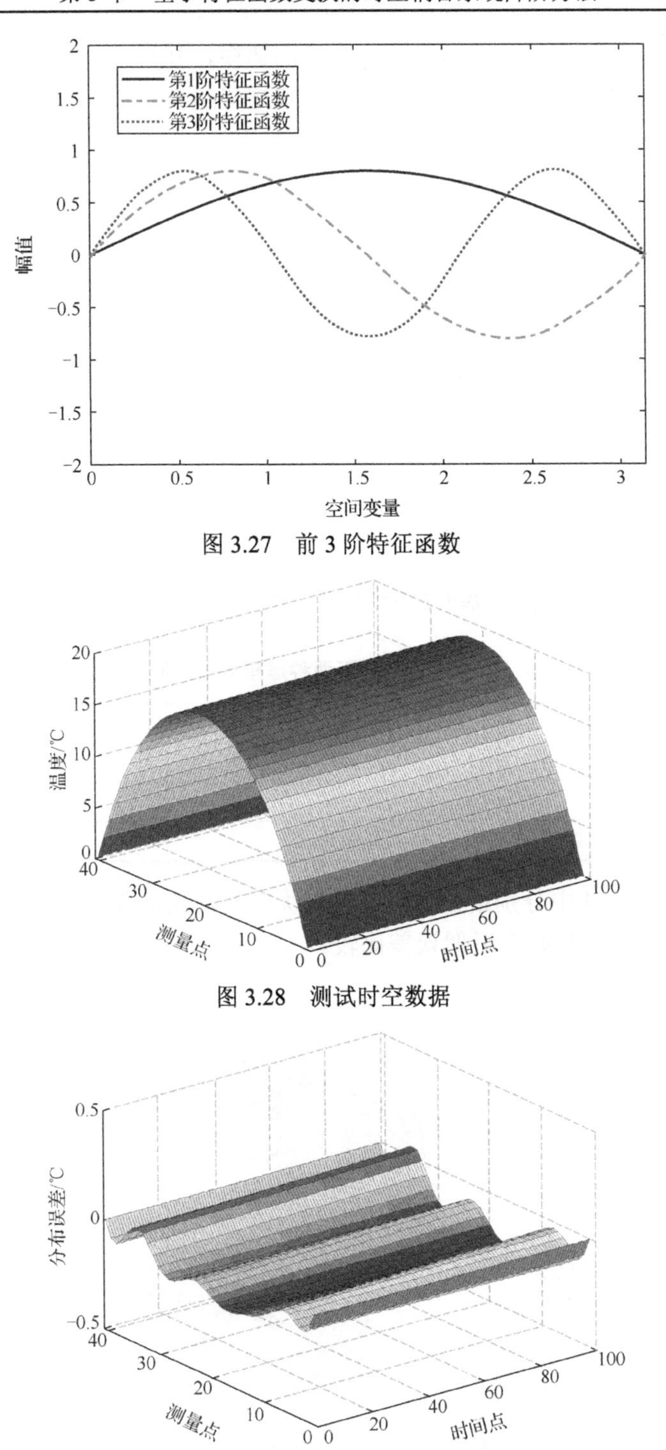

图 3.27　前 3 阶特征函数

图 3.28　测试时空数据

图 3.29　基于 3 阶最优空间基函数的建模时空分布误差

知，对于以控制设计为目的的时空耦合系统的建模，基于最优空间基函数的降阶方法，因其能得到阶数较低的近似模型而具有较高优越性。

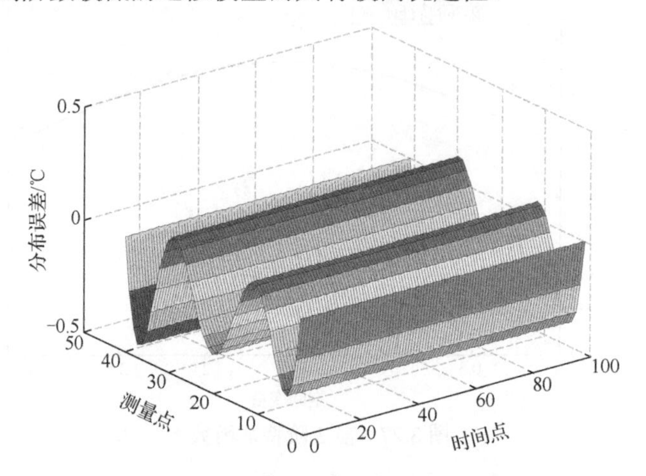

图 3.30　基于 3 阶特征函数的建模时空分布误差

表 3.4　相同误差限制下两种建模方法的阶数比较

建建方法	误差限制	
	≤0.7%	≤0.6%
谱方法建模	6	8
基于最优空间基函数的建模	2	3

图 3.31～图 3.34 中分别给出基于 2 阶最优空间基函数降阶与基于 6 阶特征函数降阶的时空近似输出和时空近似误差比较。

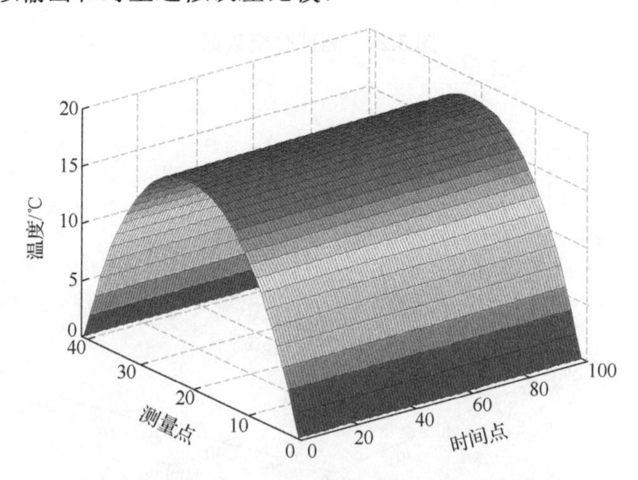

图 3.31　基于 2 阶最优空间基函数的时空近似输出

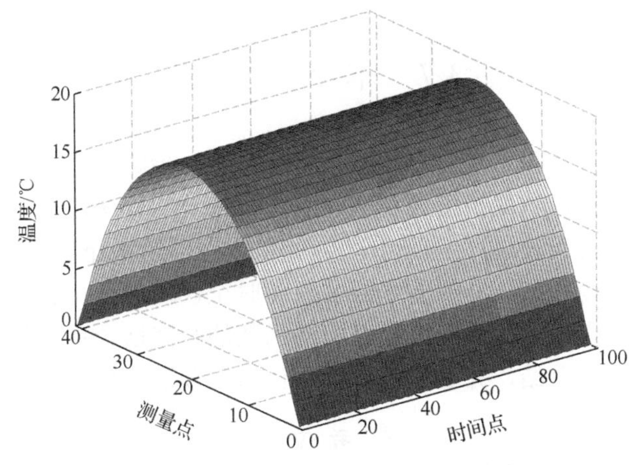

图 3.32　基于 6 阶特征函数的时空近似输出

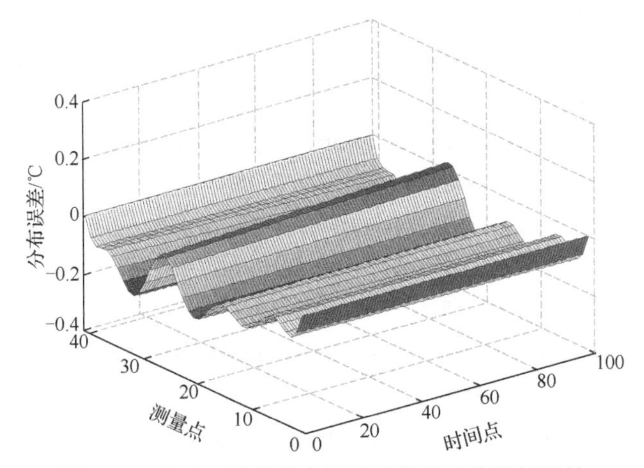

图 3.33　基于 2 阶最优空间基函数的时空近似误差

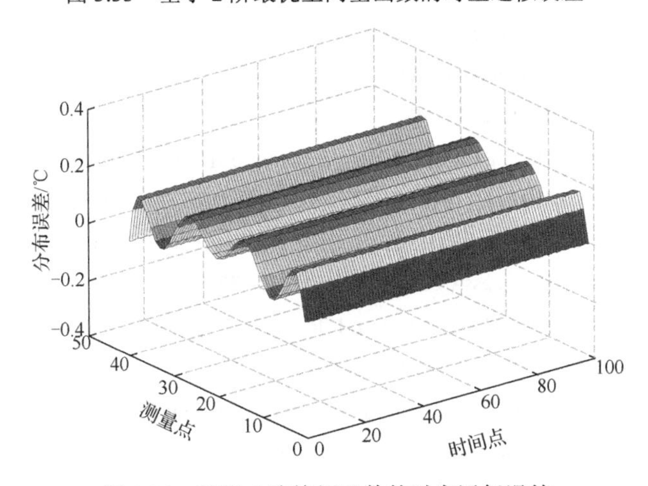

图 3.34　基于 6 阶特征函数的时空近似误差

3.7 本章小结

采用空间基函数变换来对时空耦合系统进行进一步降阶的方法较为少见。本章首先提出了基于特征函数变换得到新空间基函数集合的方法，同时对基于变换空间基函数组进行降阶的误差进行了理论分析，得到了相等阶数下建模误差更小的条件。然后提出了利用平衡截断、非线性平衡截断和时空误差最优化的空间基函数变换矩阵求解方法，并分别建立了基于变换空间基函数的时空耦合系统降阶方法。最后对降阶的总体思路进行总结，并通过仿真算例计算比较了建模精度。

参考文献

[1] Hasselmann K. PIPs and POPs: The reduction of complex dynamical systems using principal interaction and oscillation patterns[J]. Journal of Geophysical Research Atmospheres, 1988, 93(D9): 11015-11021.

[2] Kwasniok F. The reduction of complex dynamical systems using principal interaction patterns[J]. Physica D Nonlinear Phenomena, 1996, 92(1-2): 28-60.

[3] Kwasniok F. Optimal Galerkin approximations of partial differential equations using principal interaction patterns[J]. Physical Review E: Statistical Physics Plasmas Fluids & Related Interdisciplinary Topics, 1997, 55(5): 5365-5375.

[4] Kwasniok F. Empirical low-order models of barotropic flow[J]. Journal of the Atmospheric Sciences, 2004, 61(2): 235-245.

[5] Deng H, Jiang M, Huang C Q. New spatial basis functions for the model reduction of nonlinear distributed parameter systems[J]. Journal of Process Control, 2012, 22(2): 404-411.

[6] Jiang M, Deng H. Optimal combination of spatial basis functions for the model reduction of nonlinear distributed parameter systems[J]. Communications in Nonlinear Science & Numerical Simulation, 2012, 17(12): 5240-5248.

[7] Ding L, Gustafsson T, Johansson A. Model parameter estimation of simplified linear models for a continuous paper pulp digester[J]. Journal of Process Control, 2007, 17(2): 115-127.

[8] Lee T T, Wang F Y, Newell R B. Robust model-order reduction of complex biological processes[J]. Journal of Process Control, 2002, 12(7): 807-821.

[9] Moheimani S O R, Pota H R, Petersen I R. Spatial balanced model reduction for flexible structures[J]. Automatic-Oxford, 1999, 35: 269-278.

[10] Glover K. All optimal Hankel-norm approximations of linear multivariable systems and their L-error bounds[J]. International Journal of Control, 1984, 39(6): 1115-1193.

[11] Hahn J, Edgar T F. Balancing approach to minimal realization and model reduction of stable

nonlinear systems[J]. Industrial & engineering chemistry research, 2002, 41(9): 2204-2212.

[12] Laub A, Heath M, Paige C, et al. Computation of system balancing transformations and other applications of simultaneous diagonalization algorithms[J]. IEEE Transactions on Automatic Control,1987, 32(2): 115-122.

[13] Safonov M G, Chiang R Y. A Schur method for balanced-truncation model reduction[J]. IEEE Transactions on Automatic Control, 1989, 34(7): 729-733.

[14] Tombs M S, Postlethwaite I. Truncated balanced realization of a stable non-minimal state-space system[J]. International Journal of Control, 1987, 46(4): 1319-1330.

[15] Moore B. Principal component analysis in linear systems: Controllability, observability, and model reduction[J]. IEEE Transactions on Automatic Control, 1981, 26(1): 17-32.

[16] Skogestad S, Postlethwaite I. Multivariable Feedback Control: Analysis and Design[M]. Hoboken: John Wiley & Sons, 1996.

[17] Zhou K M, Doyle J C, Glover K. Robust and Optimal Control[M]. New Jersey: Prentice Hall, 1996.

[18] Lall S, Marsden J E, Glavaski S. A subspace approach to balanced truncation for model reduction of nonlinear control systems[J]. International Journal of Robust and Nonlinear Control, 2000, 12(6): 519-535.

[19] Hahn J, Edgar T F. An improved method for nonlinear model reduction using balancing of empirical gramians[J]. Computersand Chemicalengineering, 2002, 26(10): 1379-1397.

[20] Scherpen J M A. Balancing for nonlinear systems[J]. Systems & Control Letters, 1993, 21(2): 143-153.

[21] Jiang M, Wu J G, Zhang W A, et al. Empirical Gramian-based spatial basis functions for model reduction of nonlinear distributed parameter systems[J]. Mathematical & Computer Modelling of Dynamical Systems, 2018, 24(3): 258-274.

[22] Tombs M S, Postlethwaite I. Truncated balanced realization of a stable non-minimal state-space system[J]. International Journal of Control, 1987, 46(4): 1319-1330.

[23] Golub G H, Loan C F V. Matrix Computations[M]. Baltimore: Johns Hopkins University Press, 1996.

[24] Haasdonk B, Ohlberger M. Reduced basis method for finite volume approximations of parametrized linear evolution equations[J]. ESAIM Mathematical Modelling and Numerical Analysis, 2008, 42(2): 277-302.

[25] Sun C L, Hahn J. Nonlinear model reduction routines for MATLAB[EB/OL]. http://homepages.rpi.edu/～hahnj/Model_Reduction/index.html. [2017-6-6].

[26] Deng H, Li H X, Chen G R. Spectral-approximation-based intelligent modeling for distributed thermal processes[J]. IEEE Transactions on Control Systems Technology, 2005, 13(5): 686-700.

[27] Kennedy J, Eberhart R. Particle swarm optimization[C]. IEEE International Conference on Neural Network, Perth, 1995: 1942-1948.

[28] Kennedy J. The particle swarm: Social adaptation of knowledge[C]. Proceedings of the IEEE Conference on Evolutionary Computation, Indianapolis, 1997: 303-308.

[29] Kennedy J, Eberhart R. Swarm Intelligence[M]. San Francisco: Morgan Kaufmann, 2001.

[30] Sellerie S. Some insight over new variations of the particle swarm optimization method[J]. IEEE Antennas and Wireless Propagation Letters, 2006, 5: 235-238.

第4章 基于经验特征函数变换的时空耦合系统降阶方法

4.1 引 言

由第2章的分析可知，空间基函数个数的选择直接决定了时空耦合系统时间近似模型的阶数，对时空耦合系统降阶的效果具有重要影响。基于时空测量数据采用KL分解(正交分解技术)获得的经验特征函数是一种离散的全局空间基函数,在一般情况下可以得到非常低阶的近似系统。与特征函数相比，经验特征函数能应用到包括不规则域、非线性空间线性算子和非线性边界条件的一系列复杂的时空耦合系统，具有更加广泛的实用性。但是，经验特征函数也有其局限性。经验特征函数的获得主要依赖例子本身，对于时空耦合系统缺乏比较系统的解。另外，由于要求所采用的测量数据能最大限度地代表时空耦合系统的时空动态行为，所以在应用KL分解时，对于输入信号、时间间隔、采样点的位置和个数、系统的参数值和初始条件等的选择都需要非常谨慎。除此之外，经验特征函数的个数要小于或者等于在测量中使用的传感器数量，因此传感器的数量决定了基于经验特征函数的近似模型的阶数。

从本质上来说，基于奇异值分解的KL分解是线性的降阶方法，采用线性结构来近似非线性的系统，并不能保证在其近似模型中含有原时空耦合系统某些重要的动态信息。相关研究[1-3]表明：代表微小能量值的经验特征函数在复现某些特定类型的动态行为时是非常关键的，对低阶近似模型的精度具有重要的影响。因此，采用KL分解时忽略能量值较小的特征向量在某些情况下会导致建立的低阶近似模型的精度损失。针对上述问题，许多研究者开始提出新的建模方法，利用具有小能量的经验特征函数来提高低阶近似模型的精度，典型的有非线性闭环建模[4,5]、非线性伽辽金方法[6]等。经验特征函数构成的空间被划分成两个子空间，采用近似惯性流形建立慢变量和快变量之间的关系，补偿原来删掉快变量造成的建模精度损失。但是，这种方法理论非常复杂，同时需要巨大的计算量。

受上述思想的启发，本章采用基函数变换的思想来添加忽略掉的具有微小能量基函数的影响，以此提高基于经验特征函数建立的近似模型精度[7,8]。与第3章类似，变换后的基函数是原常规方法选择的多个空间基函数的线性组合，从而将代表微小能量经验特征函数的影响考虑进时空耦合系统建模的过程中。通过原常规方法采用的空间基函数进行变换得到一组个数更少的新空间基函数，再基于新空间基函数采用变量分离和伽辽金方法得到时空耦合系统的近似模型。同时，对基于新空间基函数的建模误差进行分析得到相等阶数下建模误差更小的条件。由于空间基函数变换矩阵在本方法中的重要性，本章还介绍两种求解空间基函数变换矩阵的方法。同时，由于经验特征函数还可以用于模型未知或者模型非常复杂的时空耦合系统近似模型的构建，本章还提出基于两种变换空间基函数的神经网络系统辨识方法，结合神经网络的时间预测输出和变换空间基函数，可以得到时空耦合系统的近似预测输出。最后，对上述两种方法进行仿真算例验证，并对结果进行总结。

4.2 经验特征函数变换方法

在计算经验特征函数时选择snapshots方法，假定$\{Y_{(l)}(z)\}$代表在某个空间位置z处测量得到的时空耦合系统动态数据集合，其中l表示时间采样点。通常情况下，经验特征函数在采用snapshots 方法进行计算时，每个snapshots网格点的数目N_{tim}远大于采样数据集的$\{Y_{(l)}(z)\}$个数N。因此，将经验特征函数的计算问题转化为$N\times N$特征值问题可以很大程度地减少其计算量。2.3.2节中求解第n阶经验特征函数的特征值问题可以用系数和特征值进行重构如下：

$$\varphi_n(z)=\frac{1}{\lambda_n N}[c_1^n,c_2^n,\cdots,c_N^n]\begin{bmatrix}Y_{(1)}(z)\\ \vdots\\ Y_{(N)}(z)\end{bmatrix} \tag{4.1}$$

式中，c_j^n表示系数；λ_n表示第n阶特征值。

在求解特征值问题时，经验特征函数的个数最多为N，因此可以得到如下的关系式：

$$\begin{bmatrix}\varphi_1(z)\\ \vdots\\ \varphi_N(z)\end{bmatrix}=\frac{1}{N}C\begin{bmatrix}Y_{(1)}(z)\\ \vdots\\ Y_{(N)}(z)\end{bmatrix} \tag{4.2}$$

式中，$C=\begin{bmatrix}\dfrac{c_1^1}{\lambda_1} & \cdots & \dfrac{c_N^1}{\lambda_1}\\ \vdots & & \vdots\\ \dfrac{c_1^N}{\lambda_N} & \cdots & \dfrac{c_N^N}{\lambda_N}\end{bmatrix}$。

如果式(4.2)中前k个经验特征函数被选择用于时空耦合系统的降阶，则有

$$\begin{bmatrix} \varphi_1(z) \\ \vdots \\ \varphi_k(z) \end{bmatrix} = \frac{1}{N} C^{(1)} \begin{bmatrix} Y_{(1)}(z) \\ \vdots \\ Y_{(N)}(z) \end{bmatrix} \tag{4.3}$$

$$\begin{bmatrix} \varphi_{k+1}(z) \\ \vdots \\ \varphi_N(z) \end{bmatrix} = \frac{1}{N} C^{(2)} \begin{bmatrix} Y_{(1)}(z) \\ \vdots \\ Y_{(N)}(z) \end{bmatrix} \tag{4.4}$$

式中，

$$k \leqslant N$$

$$C^{(1)} = \begin{bmatrix} \dfrac{c_1^1}{\lambda_1} & \cdots & \dfrac{c_N^1}{\lambda_1} \\ \vdots & & \vdots \\ \dfrac{c_1^k}{\lambda_k} & \cdots & \dfrac{c_N^k}{\lambda_k} \end{bmatrix} \tag{4.5}$$

$$C^{(2)} = \begin{bmatrix} \dfrac{c_1^{k+1}}{\lambda_{k+1}} & \cdots & \dfrac{c_N^{k+1}}{\lambda_{k+1}} \\ \vdots & & \vdots \\ \dfrac{c_1^N}{\lambda_N} & \cdots & \dfrac{c_N^N}{\lambda_N} \end{bmatrix} \tag{4.6}$$

但是考虑到式(4.2)中忽略掉小能量的变量可能会对基于前 k 个经验特征函数的近似建模误差造成巨大的影响，而且所得到的非线性动态系统的解对于扰动有高度的敏感性，一个小的扰动(如截断阶数的改变)将导致动态系统拓扑结构的变化，本章将经验特征函数进行改进，在式(4.2)中添加一个额外的权重矩阵 R，如下所示：

$$\begin{bmatrix} \phi_1(z) \\ \vdots \\ \phi_k(z) \end{bmatrix} = \frac{1}{N} RC \begin{bmatrix} Y_{(1)}(z) \\ \vdots \\ Y_{(N)}(z) \end{bmatrix} \tag{4.7}$$

式中，$R = \begin{bmatrix} R_{11} & \cdots & R_{1N} \\ \vdots & & \vdots \\ R_{k1} & \cdots & R_{kN} \end{bmatrix}$。

新空间基函数能够写成

$$\begin{bmatrix} \phi_1(z) \\ \vdots \\ \phi_k(z) \end{bmatrix} = \frac{1}{N}[R^{(1)}, R^{(2)}]\begin{bmatrix} C^{(1)} \\ C^{(2)} \end{bmatrix}\begin{bmatrix} Y_{(1)}(z) \\ \vdots \\ Y_{(N)}(z) \end{bmatrix}$$

$$= \frac{1}{N}R^{(1)}C^{(1)}\begin{bmatrix} Y_{(1)}(z) \\ \vdots \\ Y_{(N)}(z) \end{bmatrix} + \frac{1}{N}R^{(2)}C^{(2)}\begin{bmatrix} Y_{(1)}(z) \\ \vdots \\ Y_{(N)}(z) \end{bmatrix} \tag{4.8}$$

式中，

$$R^{(1)} = \begin{bmatrix} R_{11} & \cdots & R_{1k} \\ \vdots & & \vdots \\ R_{k1} & \cdots & R_{kk} \end{bmatrix} \tag{4.9}$$

$$R^{(2)} = \begin{bmatrix} R_{1(k+1)} & \cdots & R_{1N} \\ \vdots & & \vdots \\ R_{k(k+1)} & \cdots & R_{kN} \end{bmatrix} \tag{4.10}$$

将式(4.3)、式(4.4)代入方程(4.8)可得，新空间基函数可以由前 k 个经验特征函数和被截断的高阶变量相加而得到：

$$\begin{bmatrix} \phi_1(z) \\ \vdots \\ \phi_k(z) \end{bmatrix} = R^{(1)}\begin{bmatrix} \varphi_1(z) \\ \vdots \\ \varphi_k(z) \end{bmatrix} + R^{(2)}\begin{bmatrix} \varphi_{k+1}(z) \\ \vdots \\ \varphi_N(z) \end{bmatrix} \tag{4.11}$$

很显然，式(4.2)中的权重矩阵由 C 变成了 RC。同时，每个新空间基函数都是前 N 个经验特征函数的线性组合。因此，可以得到

$$\phi_i(z) = R_{i1}\varphi_1(z) + R_{i2}\varphi_2(z) + \cdots + R_{iN}\varphi_N(z), \quad i = 1,2,\cdots,k \tag{4.12}$$

这种新空间基函数和原经验特征函数之间的线性组合关系可以改写成下面的基函数变换的形式：

$$\{\phi_1(z), \phi_2(z), \cdots, \phi_k(z)\} = \{\varphi_1(z), \varphi_2(z), \cdots, \varphi_N(z)\}R^{\mathrm{T}} \tag{4.13}$$

式中，$k < N$；R 表示组合系数矩阵，即空间基函数变换矩阵。

此时，新空间基函数根据式(4.13)由经验特征函数经过矩阵变换得到。$k < N$，意味着基于新空间基函数得到近似模型的阶数比采用前 N 个经验特征函数建模的阶数要低。

4.3 建模误差分析

假定时空耦合系统在空间方向上有足够的传感器，且 $Y_{\mathrm{P}}(z,t)$ 代表时空耦合系统状态变量 $X(z,t)$ 的预测输出，令 $Y_j = [Y(z_1,t_j), Y(z_2,t_j), \cdots, Y(z_M,t_j)]^{\mathrm{T}}$ 和 $Y_{\mathrm{P}j} = [Y_{\mathrm{P}}(z_1,t_j),$

$Y_P(z_2,t_j),\cdots,Y_P(z_M,t_j)]^T$ 分别为时空变量 $Y(z,t)$ 和 $Y_P(z,t)$ 在均匀分布的 M 个空间点 $z_1,z_2,\cdots,z_M$ 及采样时刻 t_j 的测量数据。为了准确估计基于经验特征函数和变换空间基函数在采样时刻 t_j 的建模效果，定义误差比较指标如下：

$$\mathrm{RSE}=\sqrt{\sum_{i=1}^{M}e(z_i,t_j)^2} \tag{4.14}$$

式中，$e(z_i,t_j)=Y(z_i,t_j)-Y_P(z_i,t_j)$。

可以得到关于建模误差的结论如下：

定理 4.1[4]　假定 R 为式(4.13)中空间基函数变换矩阵，R_i 表示 R 的第 i 行。令 $E=\begin{bmatrix}E_{11} & & \\ & \ddots & \\ & & E_{kk}\end{bmatrix}$，$E_{ii}=R_iR_i^T(i=1,2,\cdots,k)$ 为对角矩阵，且 $E_1=\begin{bmatrix}I_k & 0\\ 0 & 0_{N-k}\end{bmatrix}-R^TE^{-1}R$，$E_2=\begin{bmatrix}I_k & 0\\ 0 & 2I_{N-k}\end{bmatrix}-R^TE^{-1}R$，如果 $\Pi=E(RR^T)^{-1}RE_1E_2R^T(RR^T)^{-1}E$ 为半负定的，则在任一时刻 t_j 基于前 k 个变换空间基函数的建模误差均小于基于前 k 个经验特征函数的建模误差。

证明　在任一采样时刻 t_j，根据经验特征函数求解的时空测量输出正交分解原理有

$$Y_j=\overline{Y}+\sum_{i=1}^{N}y_i(t_j)\varphi_i(z) \tag{4.15}$$

式中，$\overline{Y}$ 表示平均值。

那么，在任意采样时刻 t_j，基于前 k 个经验特征函数的时空预测输出可以表示为

$$Y_{\mathrm{IE}j}=\overline{Y}+\sum_{i=1}^{k}y_i(t_j)\varphi_i(z) \tag{4.16}$$

同样地，在任意采样时刻 t_j，基于前 k 个新变换空间基函数的时空预测输出可以表示为

$$Y_{\mathrm{EE}j}=\overline{Y}+\sum_{i=1}^{k}\overline{y}_i(t_j)\phi_i(z) \tag{4.17}$$

则基于前 k 个经验特征函数的时空预测误差为

$$G_{\mathrm{IE}}(t_j)=\sqrt{\sum_{l=1}^{M}\left(\sum_{i=k+1}^{N}y_i(t_j)\varphi_i(z_l)\right)^2} \tag{4.18}$$

基于前 k 个新变换空间基函数的时空预测误差为

$$G_{\mathrm{EE}}(t_j)=\sqrt{\sum_{l=1}^{M}\left(\sum_{i=1}^{N}y_i(t_j)\varphi_i(z_l)-\sum_{i=1}^{k}\overline{y}_i(t_j)\phi_i(z_l)\right)^2} \tag{4.19}$$

证明$0\leqslant G_{\mathrm{EE}}(t_j)<G_{\mathrm{IE}}(t_j)$，即需要式(4.20)成立：

$$(G_{\mathrm{EE}}(t_j))^2<(G_{\mathrm{IE}}(t_j))^2 \tag{4.20}$$

将式(4.18)和式(4.19)代入式(4.20)可得

$$\sum_{l=1}^{M}\left(\sum_{i=1}^{N}y_i(t_j)\varphi_i(z_l)-\sum_{i=1}^{k}\overline{y}_i(t_j)\phi_i(z_l)\right)^2<\sum_{l=1}^{M}\left(\sum_{i=k+1}^{N}y_i(t_j)\varphi_i(z_l)\right)^2 \tag{4.21}$$

则有

$$\sum_{l=1}^{M}\left(\left(\sum_{i=1}^{N}y_i(t_j)\varphi_i(z_l)-\sum_{i=1}^{k}\overline{y}_i(t_j)\phi_i(z_l)\right)^2-\left(\sum_{i=k+1}^{N}y_i(t_j)\varphi_i(z_l)\right)^2\right)<0 \tag{4.22}$$

根据式(4.22)可以得到如下的不等式：

$$\begin{aligned}&\sum_{l=1}^{M}\left(\left(\sum_{i=1}^{k}y_i(t_j)\varphi_i(z_l)-\sum_{i=1}^{k}\overline{y}_i(t_j)\phi_i(z_l)\right)\right.\\&\left.\cdot\left(\sum_{i=k+1}^{N}y_i(t_j)\varphi_i(z_l)+\sum_{i=1}^{N}y_i(t_j)\varphi_i(z_l)-\sum_{i=1}^{k}\overline{y}_i(t_j)\phi_i(z_l)\right)\right)<0\end{aligned} \tag{4.23}$$

注意到

$$\overline{y}_i(t_j)=\frac{(Y(z,t)-\overline{Y},\phi_i(z))}{(\phi_i(z),\phi_i(z))} \tag{4.24}$$

式中，

$$(\phi_i(z),\phi_i(z))=\left(\sum_{j=1}^{N}R_{ij}\varphi_j(z),\sum_{j=1}^{N}R_{ij}\varphi_j(z)\right)=R_iR_i^{\mathrm{T}}$$

$$(Y(z,t)-\overline{Y},\phi_i(z))=\left(Y(z,t)-\overline{Y},\sum_{j=1}^{N}R_{ij}\varphi_j(z)\right)=[y_1(t),y_2(t),\cdots,y_N(t)]\begin{bmatrix}R_{1i}\\ \vdots\\ R_{Ni}\end{bmatrix}$$

令$E_{k\times k}$表示对角矩阵，且$E_{ii}=R_iR_i^{\mathrm{T}}(i=1,2,\cdots,k)$，则有

$$[\overline{y}_1(t),\overline{y}_2(t),\cdots,\overline{y}_k(t)]=[y_1(t),y_2(t),\cdots,y_N(t)]R^{\mathrm{T}}E^{-1} \tag{4.25}$$

因此有

$$[y_1(t),y_2(t),\cdots,y_N(t)]=[\overline{y}_1(t),\overline{y}_2(t),\cdots,\overline{y}_k(t)]E(RR^{\mathrm{T}})^{-1}R \tag{4.26}$$

在式(4.23)中，有

$$\sum_{i=1}^{k} y_i(t_j)\varphi_i(z_l) - \sum_{i=1}^{k} \bar{y}_i(t_j)\phi_i(z_l) = [\varphi_1(z_l), \varphi_2(z_l), \cdots, \varphi_N(z_l)] E_1 \begin{bmatrix} y_1(t_j) \\ y_2(t_j) \\ \vdots \\ y_N(t_j) \end{bmatrix} \tag{4.27}$$

$$\begin{aligned} &\sum_{i=k+1}^{N} y_i(t_j)\varphi_i(z_l) + \sum_{i=1}^{N} y_i(t_j)\varphi_i(z_l) - \sum_{i=1}^{k} \bar{y}_i(t_j)\phi_i(z_l) \\ &= [\varphi_1(z_l), \varphi_2(z_l), \cdots, \varphi_N(z_l)] E_2 \begin{bmatrix} y_1(t_j) \\ y_2(t_j) \\ \vdots \\ y_N(t_j) \end{bmatrix} \end{aligned} \tag{4.28}$$

式中，$E_1 = \begin{bmatrix} I_k & 0 \\ 0 & 0_{N-k} \end{bmatrix} - R^{\mathrm{T}} E^{-1} R$；$E_2 = \begin{bmatrix} I_k & 0 \\ 0 & 2I_{N-k} \end{bmatrix} - R^{\mathrm{T}} E^{-1} R$。

式(4.27)乘以式(4.28)可得

$$(G_{\mathrm{EE}}(t_j))^2 - (G_{\mathrm{IE}}(t_j))^2 = [y_1(t_j), y_2(t_j), \cdots, y_N(t_j)] E_1 E_3 E_2 \begin{bmatrix} y_1(t_j) \\ y_2(t_j) \\ \vdots \\ y_N(t_j) \end{bmatrix} \tag{4.29}$$

式中，

$$E_3 = \begin{bmatrix} \sum_{l=1}^{M} \varphi_1^{\mathrm{T}}(z_l)\varphi_1(z_l) & \cdots & \sum_{l=1}^{M} \varphi_1^{\mathrm{T}}(z_l)\varphi_N(z_l) \\ \vdots & & \vdots \\ \sum_{l=1}^{M} \varphi_N^{\mathrm{T}}(z_l)\varphi_1(z_l) & \cdots & \sum_{l=1}^{M} \varphi_N^{\mathrm{T}}(z_l)\varphi_N(z_l) \end{bmatrix} \tag{4.30}$$

由于经验特征函数$[\varphi_1(z), \varphi_2(z), \cdots, \varphi_N(z)]$为两两正交的，所以有

$$E_3 = \begin{bmatrix} 1 & 0 & \cdots & 0 \\ 0 & 1 & \cdots & 0 \\ \vdots & \vdots & & \vdots \\ 0 & 0 & 0 & 1 \end{bmatrix} \tag{4.31}$$

将式(4.26)和式(4.31)代入式(4.29)可得

$$(G_{\mathrm{EE}}(t_j))^2-(G_{\mathrm{IE}}(t_j))^2=[\overline{y}_1(t_j),\overline{y}_2(t_j),\cdots,\overline{y}_k(t_j)] \cdot E(RR^{\mathrm{T}})^{-1}RE_1E_2R^{\mathrm{T}}(RR^{\mathrm{T}})^{-1}E\begin{bmatrix}\overline{y}_1(t_j)\\ \overline{y}_2(t_j)\\ \vdots \\ \overline{y}_k(t_j)\end{bmatrix} \tag{4.32}$$

由于 $G_{\mathrm{IE}}(t_j)\geqslant 0$ 和 $G_{\mathrm{EE}}(t_j)\geqslant 0$ ，如果 $\Pi=E(RR^{\mathrm{T}})^{-1}RE_1E_2R^{\mathrm{T}}(RR^{\mathrm{T}})^{-1}E$ 为半负定的，则有 $G_{\mathrm{EE}}(t_j)<G_{\mathrm{IE}}(t_j)$ 成立。证毕。

推论 4.1[8] 假定式(4.13)中的空间基函数变换矩阵 R 为行正交矩阵。令 $E_1=\begin{bmatrix}I_k & 0\\ 0 & 0_{N-k}\end{bmatrix}-R^{\mathrm{T}}E^{-1}R$ ，$E_2=\begin{bmatrix}I_k & 0\\ 0 & 2I_{N-k}\end{bmatrix}-R^{\mathrm{T}}E^{-1}R$ ，如果 $\Pi=R^{\mathrm{T}}E_1E_2R$ 为半负定的，则对于所有的时间 t_j 都有 $G_{\mathrm{EE}}(t_j)<G_{\mathrm{IE}}(t_j)$ 成立。

证明 在定理 4.1 中令 R 为行正交矩阵，则 $\Pi=R^{\mathrm{T}}E_1E_2R$ 。证毕。

4.4 基于平衡截断变换空间基函数的时空耦合系统降阶

4.4.1 计算变换矩阵的平衡截断方法

利用正交分解技术对时空输出数据 $\{y(z_i,t_j)\}_{i=1,j=1}^{M,N_{\mathrm{tim}}}$ 进行时空分离和截断，可以得到初始的经验特征函数 $[\varphi_1,\varphi_2,\cdots,\varphi_N]$ 和对应的时间系数 $y(t)$ ，则采用如下线性常微分系统：

$$\begin{cases}\dot{x}(t)=A_0x(t)+B_0u(t)\\ y(t)=C_0x(t)\end{cases} \tag{4.33}$$

在非线性系统平衡点近似时间输入 $u(t)$ 和时间系数 $y(t)$ 之间的动态关系。式(4.33)中，矩阵 B_0 和 C_0 分别由执行器的位置和传感器的位置决定，由于时间输入 $u(t)$ 和时间系数 $y(t)$ 均已知，所以矩阵 A_0 能够很容易地由最小二乘估计和广义逆矩阵计算得到。

如果式(4.33)为稳定的 N 阶线性系统，则与 3.4.1 节分析类似，存在矩阵 $W_{\mathrm{C,lin}}$ 和 $W_{\mathrm{O,lin}}$ 分别为如下李雅普诺夫方程的最小半正解[9]：

$$A_0W_{\mathrm{C,lin}}+W_{\mathrm{C,lin}}A_0+B_0B_0^{\mathrm{T}}=0 \tag{4.34}$$

$$A_0^{\mathrm{T}}W_{\mathrm{O,lin}}+W_{\mathrm{O,lin}}A_0+C_0^{\mathrm{T}}C_0=0 \tag{4.35}$$

当系统(4.33)为可控时，$W_{\mathrm{C,lin}}>0$ ，且方程(4.34)具有唯一解，可以用如下的积分形式表示：

$$W_{\mathrm{C,lin}}=\int_0^{\infty}\mathrm{e}^{A_0 t}B_0B_0^{\mathrm{T}}\mathrm{e}^{A_0^{\mathrm{T}}t}\mathrm{d}t \tag{4.36}$$

当系统(4.33)为可观时，$W_{\mathrm{O,lin}}>0$，且方程(4.35)具有唯一解，可以用如下的积分形式表示：

$$W_{\mathrm{O,lin}}=\int_0^{\infty}\mathrm{e}^{A_0^{\mathrm{T}}t}C_0^{\mathrm{T}}C_0\mathrm{e}^{A_0 t}\mathrm{d}t \tag{4.37}$$

当某一系统的可控性矩阵(4.36)和可观性矩阵(4.37)相同且等于一个正定、按照降序排列的对角矩阵时，称此系统是平衡的，或者说处于平衡形式。其对角线上的元素称为汉克尔奇异值[10,11]。

对于一个完全可控和可观的系统(4.33)，存在一个状态空间变换：

$$\hat{x}(t)=Tx(t) \tag{4.38}$$

使得系统(4.33)可以变换成如下的平衡形式：

$$\begin{cases}\dot{\hat{x}}(t)=TA_0T^{-1}\hat{x}(t)+TB_0u(t)=\hat{A}\hat{x}(t)+\hat{B}u(t)\\ y(t)=C_0T^{-1}\hat{x}(t)=\hat{C}\hat{x}(t)\end{cases} \tag{4.39}$$

式(4.39)称为式(4.33)的平衡实现。文献[10]中给出了一个只需要进行矩阵变换的计算矩阵T的新方法，即便系统(4.33)不是完全可控和可观的，都可以保证矩阵T的逆存在。与 3.4.1 节分析类似，一旦系统(4.39)是平衡实现的，为了得到最小化实现，可以将对应汉克尔奇异值为 0 的变量删除，剩下的降阶系统能够完全保留原系统的输入输出行为。一旦系统处于平衡形式，系统的状态向量能够划分为两部分：重要变量和对系统输入输出行为影响较小的变量。具体表示形式如下：

$$\begin{bmatrix}\dot{\hat{x}}_1(t)\\ \dot{\hat{x}}_2(t)\end{bmatrix}=\begin{bmatrix}\hat{A}_{11} & \hat{A}_{12}\\ \hat{A}_{21} & \hat{A}_{22}\end{bmatrix}\begin{bmatrix}\hat{x}_1(t)\\ \hat{x}_2(t)\end{bmatrix}+\begin{bmatrix}\hat{B}_1\\ \hat{B}_2\end{bmatrix}u(t) \tag{4.40}$$

$$y(t)=\begin{bmatrix}\hat{C}_1 & \hat{C}_2\end{bmatrix}\begin{bmatrix}\hat{x}_1(t)\\ \hat{x}_2(t)\end{bmatrix} \tag{4.41}$$

将对应汉克尔奇异值为 0 或者汉克尔奇异值较小的变量删除，则可以得到系统(4.33)的降阶系统：

$$\begin{cases}\dot{\hat{x}}_1(t)=\hat{A}_{11}\hat{x}_1(t)+\hat{B}_1u(t)\\ y(t)=\hat{C}_1\hat{x}_1(t)\end{cases} \tag{4.42}$$

此时系统(4.42)相对于系统(4.33)完成了降阶，其阶数比系统(4.33)更低。与 3.4.1 节分析类似，如果想要将系统(4.33)降阶到k阶，则可以得到空间基函数变换矩阵为矩阵T的前k列：$R=T(:,1:k)$。

4.4.2 基于变换空间基函数的系统降阶

由 4.2 节可知，新变换空间基函数由原经验特征函数经变换得到，如果变换矩阵为列正交的，则得到的新变换空间基函数也是正交的。假定时空耦合系统(2.5)有 p 个时间输入 $[u_1(t),u_2(t),\cdots,u_p(t)]$，且每个时间输入对应的空间分布为 $[h_1(z),h_2(z),\cdots,h_p(z)]$。令 $[\phi_1(z),\phi_2(z),\cdots,\phi_k(z)]$ 表示线性变换(4.13)得到的新空间基函数集合，$[\overline{x}_1(t),\overline{x}_2(t),\cdots,\overline{x}_k(t)]$ 为对应的时间系数，则偏微分方程(2.5)的状态变量可以用如下有限维级数进行近似：

$$X(z,t)\approx\sum_{i=1}^{k}\overline{x}_i(t)\phi_i(z) \tag{4.43}$$

将式(4.43)代入偏微分方程(2.5)，有

$$\begin{aligned}\sum_{i=1}^{k}\dot{\overline{x}}_i(t)\phi_i(z)=&\mathcal{A}\left(\sum_{i=1}^{k}\overline{x}_i(t)\phi_i(z)\right)+\mathcal{B}\left(\sum_{i=1}^{p}u_i(t)h_i(z)\right)\\&+\mathcal{F}\left(\sum_{i=1}^{k}\overline{x}_i(t)\phi_i(z),\frac{\partial\left(\sum_{i=1}^{k}\overline{x}_i(t)\phi_i(z)\right)}{\partial z},\cdots,\sum_{i=1}^{p}u_i(t)h_i(z),\frac{\partial\left(\sum_{i=1}^{n}u_i(t)h_i(z)\right)}{\partial z},\cdots\right)\end{aligned} \tag{4.44}$$

利用伽辽金方法可以得到如下方程：

$$\dot{\overline{x}}(t)=\overline{A}\overline{x}(t)+\overline{B}u(t)+f(\overline{x}(t),u(t)) \tag{4.45}$$

式中，

$$\overline{x}(t)=[\overline{x}_1(t),\overline{x}_2(t),\cdots,\overline{x}_k(t)]^{\mathrm{T}}$$

$$\overline{A}=(\overline{A}_{ij})_{k\times k},\quad \overline{B}=(\overline{B}_{ij})_{k\times p}$$

$$\overline{A}_{ij}=(\phi_i,\mathcal{A}(\phi_j)),\quad \overline{B}_{ij}=(\phi_i,\mathcal{B}(b_j(z)))$$

$$f(\overline{x}(t),u(t))=[f_1(\overline{x}(t),u(t)),f_2(\overline{x}(t),u(t)),\cdots,f_k(\overline{x}(t),u(t))]^{\mathrm{T}}$$

$$f_i(\overline{x}(t),u(t))=\left(\phi_i,\mathcal{F}\left(\sum_{i=1}^{k}\overline{x}_i(t)\phi_i,\frac{\partial\left(\sum_{i=1}^{k}\overline{x}_i(t)\phi_i\right)}{\partial z},\cdots,\sum_{i=1}^{p}u_i(t)h_i(z),\frac{\partial\left(\sum_{i=1}^{n}u_i(t)h_i(z)\right)}{\partial z},\cdots\right)\right)$$

4.4.3 基于变换空间基函数的神经网络建模

在采用伽辽金方法得到微分方程(4.45)时，由于涉及经验特征函数和平衡截断新空间基函数的高阶空间微分，所以要得到式(4.45)的精确解析解是非常困难的。

另外，对于模型未知或者模型非常复杂的时空耦合系统，在获得其平衡截断新空间基函数后，也无法得到精确的解析模型。因此，本节基于平衡截断新空间基函数进行时空分离得到时间系数，采用神经网络来辨识其长期的动态行为，最后采用神经网络的时间预测输出与平衡截断新空间基函数综合，得到时空耦合系统的时空预测输出。基于变换空间基函数的神经网络建模具体流程如图 4.1 所示。

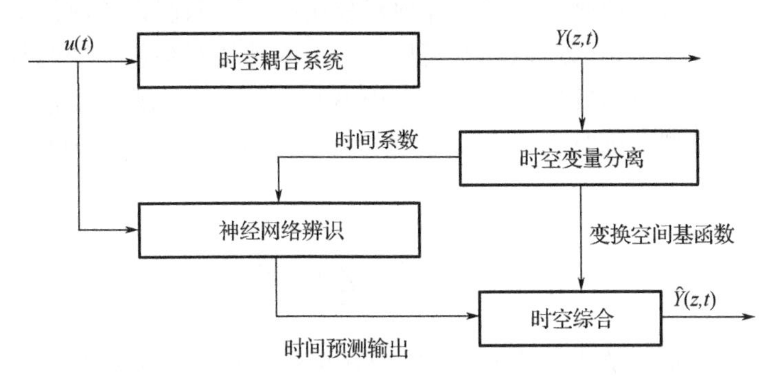

图 4.1　基于变换空间基函数的神经网络建模具体流程

假定时空耦合系统(2.5)有 p 个时间输入$[u_1(t),u_2(t),\cdots,u_p(t)]$，且每个时间输入对应的空间分布为$[h_1(z),h_2(z),\cdots,h_p(z)]$，时空输出$Y(z,t)$在$M$个空间点$z_1,z_2,\cdots,z_M$和采样时刻$t_1,t_2,\cdots,t_{N_{\text{tim}}}$测量得到。将时空输出$Y(z,t)$在变换空间基函数$[\phi_1(z),\phi_2(z),\cdots,\phi_k(z)]$上进行展开，根据式(4.46)和广义逆矩阵可以计算得到变换空间基函数对应的时间系数序列(4.47)。

$$\begin{bmatrix} Y(z_1,t_1) & Y(z_1,t_2) & \cdots & Y(z_1,t_{N_{\text{tim}}}) \\ Y(z_2,t_1) & Y(z_2,t_2) & \cdots & Y(z_2,t_{N_{\text{tim}}}) \\ \vdots & \vdots & & \vdots \\ Y(z_M,t_1) & Y(z_M,t_2) & \cdots & Y(z_M,t_{N_{\text{tim}}}) \end{bmatrix} = [\phi_1,\phi_2,\cdots,\phi_k] \begin{bmatrix} \overline{q}_1(t_1) & \overline{q}_1(t_2) & \cdots & \overline{q}_1(t_{N_{\text{tim}}}) \\ \overline{q}_2(t_1) & \overline{q}_2(t_2) & \cdots & \overline{q}_2(t_{N_{\text{tim}}}) \\ \vdots & \vdots & & \vdots \\ \overline{q}_k(t_1) & \overline{q}_k(t_2) & \cdots & \overline{q}_k(t_{N_{\text{tim}}}) \end{bmatrix} \tag{4.46}$$

$$\begin{aligned} q(t) &= \begin{bmatrix} \overline{q}_1(t_1) & \overline{q}_1(t_2) & \cdots & \overline{q}_1(t_{N_{\text{tim}}}) \\ \overline{q}_2(t_1) & \overline{q}_2(t_2) & \cdots & \overline{q}_2(t_{N_{\text{tim}}}) \\ \vdots & \vdots & & \vdots \\ \overline{q}_k(t_1) & \overline{q}_k(t_2) & \cdots & \overline{q}_k(t_{N_{\text{tim}}}) \end{bmatrix} \\ &= [\phi_1,\phi_2,\cdots,\phi_k]^{-1} \begin{bmatrix} Y(z_1,t_1) & Y(z_1,t_2) & \cdots & Y(z_1,t_{N_{\text{tim}}}) \\ Y(z_2,t_1) & Y(z_2,t_2) & \cdots & Y(z_2,t_{N_{\text{tim}}}) \\ \vdots & \vdots & & \vdots \\ Y(z_M,t_1) & Y(z_M,t_2) & \cdots & Y(z_M,t_{N_{\text{tim}}}) \end{bmatrix} \end{aligned} \tag{4.47}$$

式中，$[\phi_1,\phi_2,\cdots,\phi_k]^{-1}$ 表示新空间基函数组成矩阵的广义逆矩阵。

利用时间输入 $[u_1(t),u_2(t),\cdots,u_p(t)]$ 和得到的时间系数矩阵(4.47)，可以训练得到如下的神经网络模型：

$$\hat{q}(t+1)=\mathrm{NN}(\hat{q}(t),u(t)) \tag{4.48}$$

神经网络的最大优势是，在没有任何对象结构和关系假设的前提下能够较好地建立代表复杂非线性关系的近似动态模型。常用的神经网络包括径向基函数神经网络、BP 神经网络、卷积神经网络等。本章采用 BP 神经网络来建立时空耦合系统(2.5)的时间动态代理模型，则时空耦合系统(2.5)的时空预测输出 $Y_{\mathrm{P}}(z,t)$ 可以由式(4.49)得到：

$$Y_{\mathrm{P}}(z,t)=\bar{Y}+\sum_{i=1}^{k}\hat{q}_i(t)\phi_i \tag{4.49}$$

式中，$\bar{Y}$ 表示平均值；ϕ_i 表示第 i 个经过经验特征函数变换得到的新空间基函数；$\hat{q}_i(t)$ 表示神经网络的第 i 个时间预测输出。

4.4.4 降阶思路

与第 3 章中提出的方法类似，基于平衡截断经验特征函数变换对时空耦合系统降阶的主要步骤如图 4.2 所示。

首先测量系统的时空耦合输出，采用 KL 分解得到经验特征函数和对应的时间系数，此过程完成了时空变量分离和无穷阶系统有限阶截断；基于时间输入数据和时间系数数据，采用最小二乘法建立线性常微分方程对时空耦合系统的时间动态特性进行近似；对得到的线性系统采用平衡变换和有限阶截断得到空间基函数变换矩阵，通过空间基函数变换得到新空间基函数；在此基础上，可以采用谱方法的原理继续进行时空分离和伽辽金映射得到阶数更低的近似模型，同时可以基于变换空间基函数展开得到时间系数，再根据时间输入和时间系数采用神经网络对系统动态进行辨识，避免谱方法中非线性项的复杂解析表达式求解；最终综合解析低阶模型的时间预测输出或者神经网络的预测输出和变换空间基函数可以得到时空耦合系统的时空预测输出。

4.4.5 仿真算例

为了验证基于经验特征函数变换的时空耦合系统降阶方法，选择 1.3.1 节中一维空间的 Kuramoto-Sivashinsky(K-S)方程(1.6)作为仿真算例进行研究。其中，参数 $\alpha=84.25$，时间输入为 $U(z,t)=u(t)h(z)^{\mathrm{T}}$。

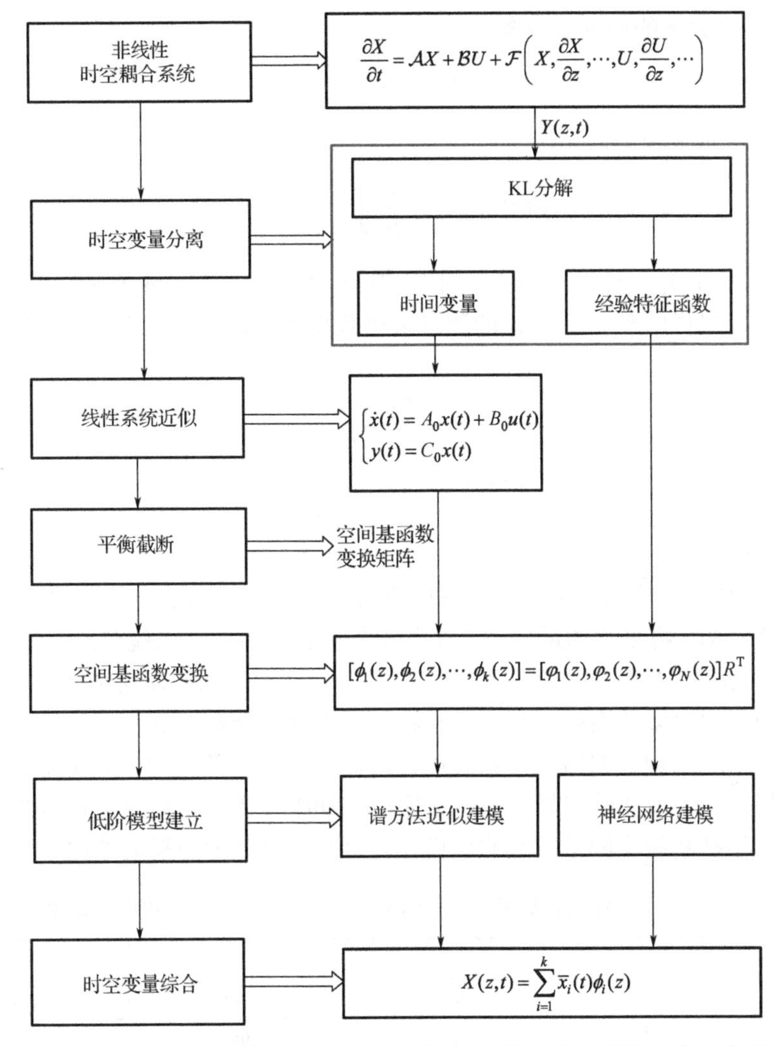

图 4.2　基于平衡截断经验特征函数变换对时空耦合系统降阶的主要步骤

令

$$u(t)=[u_1(t),u_2(t),u_3(t),u_4(t)]$$

$$h(z)=[h_1(z),h_2(z),h_3(z),h_4(z)]$$

$$h_i(z)=\delta\left(z+\frac{3\pi}{4}-\frac{\pi}{2}(i-1)\right)$$

$$u_i(t)=1.1+5\sin\left(\frac{t}{10}+\frac{i}{10}\right)$$

方程(1.6)满足如下的周期边界条件：

$$X(z,t)=X(z+2\pi,t) \tag{4.50}$$

在空间域上，定义如下内积：

$$(g(z),h(z))=\frac{1}{2\pi}\int_{-\pi}^{\pi}g(z)h(z)\mathrm{d}z \tag{4.51}$$

令 $Y(z,t)$ 和 $Y_{\mathrm{P}}(z,t)$ 分别表示时空耦合系统在均匀分布的 M 个空间点 $z_1,z_2,\cdots,z_M$ 及采样时刻 $t_1,t_2,\cdots,t_L$ 的测量输出数据和预测输出数据。定义建模误差指标如下：

$$\mathrm{RMSE}=\sqrt{\frac{\sum_{i=1}^{M}\sum_{j=1}^{L}e(z_i,t_j)^2}{ML}} \tag{4.52}$$

式中，$e(z_i,t_j)=Y(z_i,t_j)-Y_{\mathrm{P}}(z_i,t_j)$。

将 41 个传感器均匀布置在对象区间上进行时空数据测量，采样时间为 0.001s，模拟时间为 0.5s。将采集的最后 100 个数据作为比较标准。系统(1.6)初始条件设置为 $\cos z$。数据的采集量主要取决于系统的复杂程度和预期的建模精度，复杂程度高的系统建模需要更多的数据。基于经验特征函数和平衡截断新空间基函数，在进行时空分离后，利用神经网络进行系统辨识，比较其时空预测的分布误差。对时空测量数据分析可知，前 3 阶奇异值的能量比例为 99%，因此这里仅比较前 3 阶经验特征函数和平衡截断新空间基函数的建模误差大小。具体的建模误差比较见表 4.1。

表 4.1　基于经验特征函数和平衡截断新空间基函数的建模误差比较

动态均方差	1 阶	2 阶	3 阶
经验特征函数	0.158	0.068	0.056
平衡截断新空间基函数	0.122	0.056	0.054

平衡截断新空间基函数是经验特征函数的线性组合，在图 4.3 和图 4.4 中分别给出了前 3 阶经验特征函数和平衡截断新空间基函数。为了比较基于经验特征函数和平衡截断新空间基函数的建模误差，利用图 4.5 的时空测量数据作为测试数据。

综合系统辨识得到的预测输出和两种空间基函数，可以得到原时空耦合系统的时空近似输出。图 4.6 为基于 3 阶经验特征函数的黑箱建模时的空近似输出，图 4.7 为基于 3 阶平衡截断新空间基函数的黑箱建模的时空近似输出。基于 3 阶经验特征函数和 3 阶平衡截断新空间基函数，并结合神经网络辨识得到黑箱建模的时空分布误差，分别如图 4.8 和图 4.9 所示。

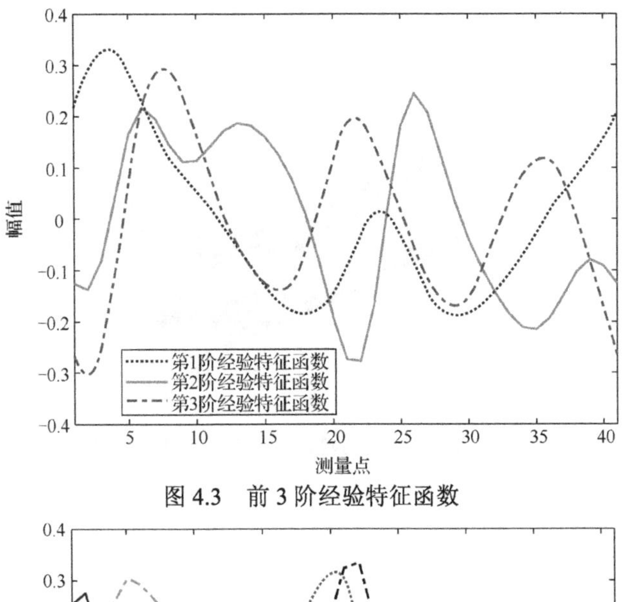

图 4.3　前 3 阶经验特征函数

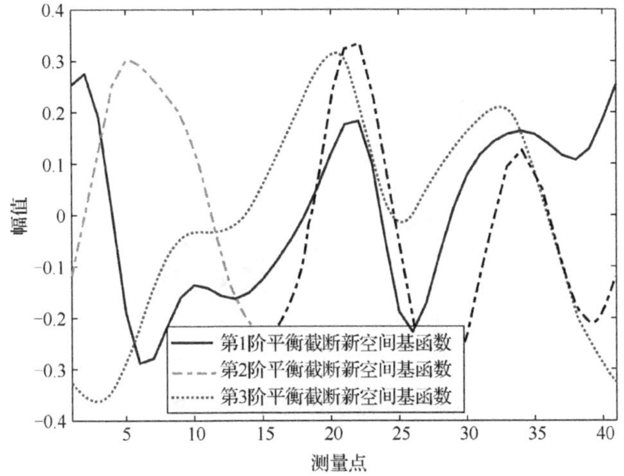

图 4.4　前 3 阶平衡截断新空间基函数

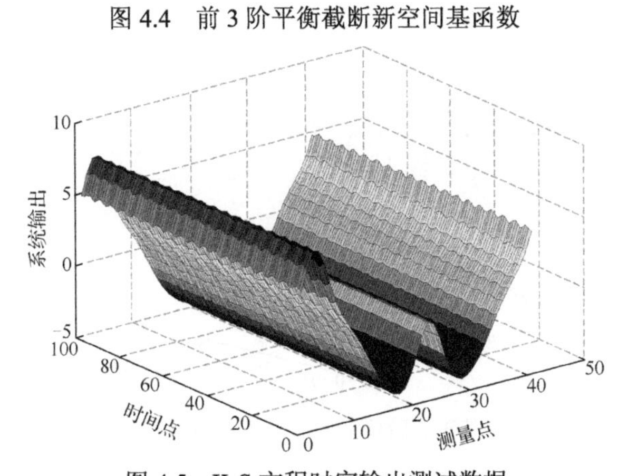

图 4.5　K-S 方程时空输出测试数据

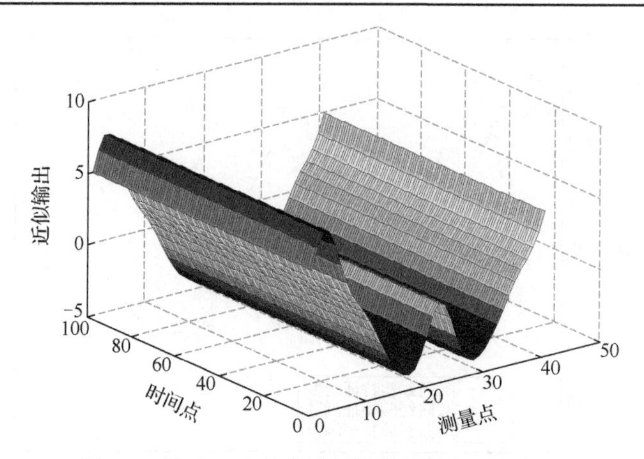

图 4.6　基于 3 阶经验特征函数的时空近似输出

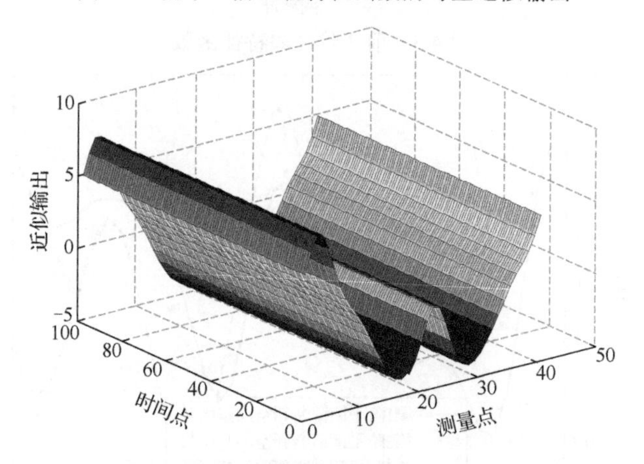

图 4.7　基于 3 阶平衡截断新空间基函数的时空近似输出

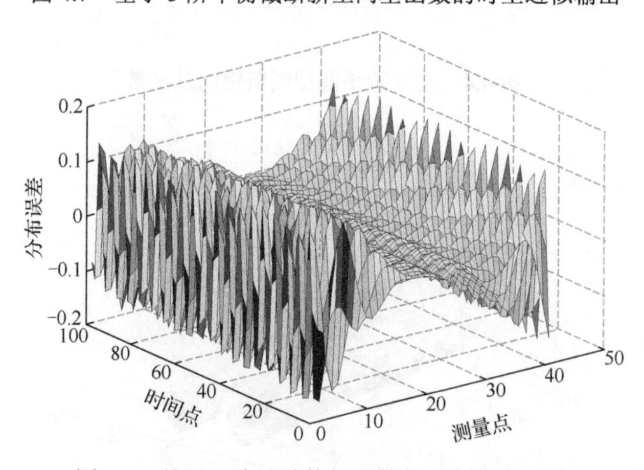

图 4.8　基于 3 阶经验特征函数的时空分布误差

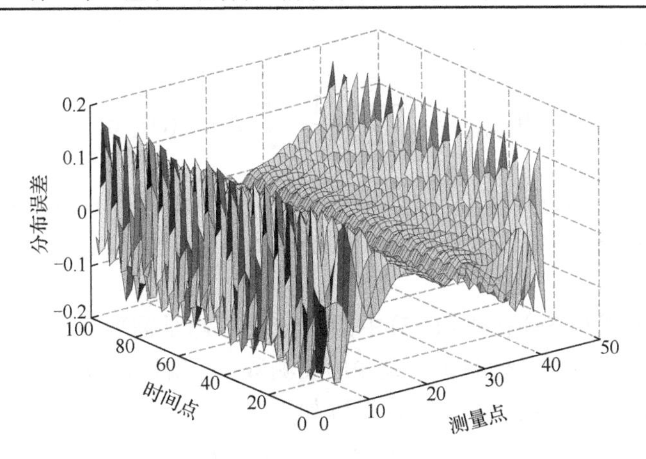

图 4.9　基于 3 阶平衡截断新空间基函数的时空分布误差

4.5　基于非线性平衡截断变换空间基函数的时空耦合系统降阶

4.5.1　计算变换矩阵的非线性平衡截断方法

定义时间函数 $x(t)$ 的平均如下：

$$\overline{x}(t)=\lim_{T_{\max}\to\infty}\frac{1}{T_{\max}}\int_0^{T_{\max}}x(t)\,\mathrm{d}t \tag{4.53}$$

与 3.5.1 节类似，令 $T^p=\{T_1,T_2,\cdots,T_{r_1}\}$ 为 r_1 个 $p\times p$ 正交矩阵的集合，其中 r_1 为激励或者扰动方向矩阵的数量；$M^{s_1}=\{c_1,c_2,\cdots,c_{s_1}\}$ 为 s_1 个正常数的集合，其中 s_1 为每个方向不同激励或者扰动幅度大小的数量；$E^p=\{e_1,e_2,\cdots,e_p\}$ 为实数域 $\mathbf{R}^p$ 内 p 个标准单位向量，其中 p 为时空耦合系统时间输入的个数。

经验可控性矩阵可定义为

$$W_{\mathrm{C,nonlin}}=\sum_{l=1}^{r_1}\sum_{m=1}^{s_1}\sum_{i=1}^{p}\frac{1}{r_1s_1c_m^2}\int_0^{\infty}\varPhi^{ilm}(t)\,\mathrm{d}t \tag{4.54}$$

式中，$\varPhi^{ilm}(t)\in\mathbf{R}^{N\times N}$ 且 $\varPhi^{ilm}(t)=(x^{ilm}(t)-\overline{x}^{ilm})(x^{ilm}(t)-\overline{x}^{ilm})^{\mathrm{T}}$，$x^{ilm}(t)$ 表示动态方程 (2.28) 对应脉冲输入 $u(t)=c_mT_le_i\delta(t)$ 的系统状态，$\overline{x}^{ilm}$ 表示变量 $x^{ilm}(t)$ 的时间平均状态。

令 $T^N=\{T_1,T_2,\cdots,T_{r_2}\}$ 为 r_2 个 $N\times N$ 正交矩阵的集合，其中 r_2 表示激励或者扰动方向矩阵的数量；$M^{s_2}=\{c_1,c_2,\cdots,c_{s_2}\}$ 为 s_2 个正常数的集合，其中 s_2 为每个方向不同激励或者扰动幅度大小的数量；$E^N=\{e_1,e_2,\cdots,e_N\}$ 为实数域 $\mathbf{R}^N$ 内 N 个标准单位向量的集合。

经验可观性矩阵可定义为

$$W_{\mathrm{O,nonlin}}=\sum_{k=1}^{r_2}\sum_{n=1}^{s_2}\frac{1}{r_2 s_2 c_n^2}\int_0^{\infty}T_k\Psi^{kn}(t)T_k^{\mathrm{T}}\mathrm{d}t \tag{4.55}$$

式中，$\Psi^{kn}(t)\in\mathbf{R}^{N\times N}$ 且有 $\Psi_{ij}^{kn}(t)=(y^{ikn}(t)-\overline{y}^{ikn})^{\mathrm{T}}(y^{jkn}(t)-\overline{y}^{jkn})$，$y^{ikn}(t)$ 表示非线性动态方程(2.28)对应初始条件 $x_0=c_nT_ke_i$ 和输入 $u(t)=0$ 的输出，$\overline{y}^{ikn}$ 表示变量 $y^{ikn}(t)$ 的平均状态。

由于本质上式(4.54)和式(4.55)中的积分计算都是需要基于方程(2.28)的仿真计算数据或者时空耦合系统的状态或输出实测数据，所以可以将式(4.54)和式(4.55)写成离散形式。定义离散经验可控性矩阵如下：

$$W_{\mathrm{C,nonlin}}=\sum_{l=1}^{r_1}\sum_{m=1}^{s_1}\sum_{i=1}^{p}\frac{1}{r_1 s_1 c_m^2}\sum_{k=0}^{q}\Phi_k^{ilm}\Delta t_k \tag{4.56}$$

经验可控性矩阵可以看成在不同的系统输入组合情况下，状态时间方向上协方差矩阵的叠加。不同的系统输入组合不仅包括不同输入方向和幅值的组合，也应该包含某个模型所有相关的情形。

同样地，定义离散经验可观性矩阵为

$$W_{\mathrm{O,nonlin}}=\sum_{l=1}^{r_2}\sum_{n=1}^{s_2}\frac{1}{r_2 s_2 c_n^2}\sum_{k=0}^{q}T_l\Psi_k^{ln}T_l^{\mathrm{T}}\Delta t_k \tag{4.57}$$

经验可观性矩阵可以解释为对应不同初始条件下系统输出的协方差矩阵之和。

尽管式(4.56)和式(4.57)都是根据离散数据计算得到的，但是上述数据反映了一个连续系统在某一时间段内状态和输出的测量值。式(4.56)和式(4.57)中，变量 q 为对式(4.54)和式(4.55)中积分进行离散的时间点个数，变量 Δt_k 为时间离散点之间的间隔。此外，为了使得协方差矩阵能够代表系统的动态行为，对于任何类型的输入或者状态扰动，都必须要保证系统在小于 q 的某个时间点达到系统的稳定状态。基于上述要求，一般变量 q 的值取大于 1000 来保证系统的动态行为能够在测量数据集中得到正确的体现。为了利用协方差矩阵的信息对系统进行降阶，针对非完全可控和可观的系统，需要提出和利用新的方法完成系统的平衡变换。由于此方法要求能够对线性系统和非线性系统实现通用，所以它不能利用除协方差矩阵以外的其他系统信息。该方法的主要目的是寻找一个可逆的状态变换使得两个实对称半正定矩阵对角化和在能观、能测的状态上相等。式(4.56)和式(4.57)的平衡方法需要四个步骤来平衡系统的能观和能测的状态变量。该方法的具体步骤如下：

步骤 1 对经验可控性矩阵(4.56)进行舒尔分解，即经过一个矩阵变换将经验可控性矩阵(4.56)变成单位对角矩阵的形式：

$$T_1 W_{\mathrm{C,nonlin}} T_1^{\mathrm{T}} = \begin{bmatrix} I & 0 \\ 0 & 0 \end{bmatrix} \tag{4.58}$$

式(4.58)右边的矩阵$\begin{bmatrix} I & 0 \\ 0 & 0 \end{bmatrix}$全部是 0 元素的行或者列的个数代表了经验可控性矩阵(4.56)的阶数缺失。如果矩阵$\begin{bmatrix} I & 0 \\ 0 & 0 \end{bmatrix}$是满秩的，则矩阵中不存在全部是 0 元素的行或者列。

步骤 2　利用步骤 1 中得到的矩阵 T_1 对经验可观性矩阵(4.57)进行变换得到如下形式：

$$(T_1^{\mathrm{T}})^{-1} W_{\mathrm{O,nonlin}} (T_1)^{-1} = \begin{bmatrix} \bar{\bar{W}}_{\mathrm{O},11} & \bar{\bar{W}}_{\mathrm{O},12} \\ \bar{\bar{W}}_{\mathrm{O},21} & \bar{\bar{W}}_{\mathrm{O},22} \end{bmatrix} \tag{4.59}$$

对式(4.59)右边矩阵中的 $\bar{\bar{W}}_{\mathrm{O},11}$ 进行舒尔分解，可得

$$U_1 \bar{\bar{W}}_{\mathrm{O},11} U_1^{\mathrm{T}} = \begin{bmatrix} \Sigma_1^2 & 0 \\ 0 & 0 \end{bmatrix} \tag{4.60}$$

式(4.60)中所有元素为 0 的行或者列代表了经验可观性矩阵(4.57)的阶数缺失。同样，如果矩阵$\begin{bmatrix} \Sigma_1^2 & 0 \\ 0 & 0 \end{bmatrix}$是满秩的，则矩阵中不存在全部是 0 元素的行或者列。将式(4.58)中的单位矩阵 I 与式(4.60)中的 U_1 合并成一个矩阵，令如下等式成立：

$$(T_2^{\mathrm{T}})^{-1} = \begin{bmatrix} U_1 & 0 \\ 0 & I \end{bmatrix} \tag{4.61}$$

步骤 3　将式(4.59)和式(4.61)中的变换矩阵 T_1 和 T_2 应用到经验可观性矩阵 $W_{\mathrm{O,nonlin}}$ 的变换，用于获得第三个变换矩阵 T_3：

$$(T_2^{\mathrm{T}})^{-1} (T_1^{\mathrm{T}})^{-1} W_{\mathrm{O,nonlin}} (T_1)^{-1} (T_2)^{-1} = \begin{bmatrix} \Sigma_1^2 & 0 & \hat{W}_{\mathrm{O},12} \\ 0 & 0 & 0 \\ \hat{W}_{\mathrm{O},12}^{\mathrm{T}} & 0 & \hat{W}_{\mathrm{O},22} \end{bmatrix} \tag{4.62}$$

$$(T_3^{\mathrm{T}})^{-1} = \begin{bmatrix} I & 0 & 0 \\ 0 & I & 0 \\ -\hat{W}_{\mathrm{O},12}^{\mathrm{T}} \Sigma_1^{-2} & 0 & I \end{bmatrix} \tag{4.63}$$

步骤 4　将式(4.63)中变换矩阵 T_3 结合变换矩阵 T_1 和 T_2 应用到经验可观性矩阵 $W_{\mathrm{O,nonlin}}$，可以得到

$$(T_3^{\mathrm{T}})^{-1}(T_2^{\mathrm{T}})^{-1}(T_1^{\mathrm{T}})^{-1}W_{\mathrm{O,nonlin}}(T_1)^{-1}(T_2)^{-1}(T_3)^{-1}=\begin{bmatrix}\Sigma_1^2 & 0 & 0\\ 0 & 0 & 0\\ 0 & 0 & \bar{W}_{\mathrm{O},22}-\hat{W}_{\mathrm{O},12}^{\mathrm{T}}\Sigma_1^{-2}\hat{W}_{\mathrm{O},12}\end{bmatrix} \tag{4.64}$$

对式(4.64)中第三行第三列最后一个元素$\bar{W}_{\mathrm{O},22}-\hat{W}_{\mathrm{O},12}^{\mathrm{T}}\Sigma_1^{-2}\hat{W}_{\mathrm{O},12}$进行舒尔分解，可以得到

$$U_2(\bar{W}_{\mathrm{O},22}-\hat{W}_{\mathrm{O},12}^{\mathrm{T}}\Sigma_1^{-2}\hat{W}_{\mathrm{O},12})U_2^{\mathrm{T}}=\begin{bmatrix}\Sigma_3 & 0\\ 0 & 0\end{bmatrix} \tag{4.65}$$

基于上述分析，可以得到平衡可控和可观的状态变换如下：

$$(T_4^{\mathrm{T}})^{-1}=\begin{bmatrix}\Sigma_1^{-1/2} & 0 & 0\\ 0 & I & 0\\ 0 & 0 & U_2\end{bmatrix} \tag{4.66}$$

$$T=T_4T_3T_2T_1 \tag{4.67}$$

$$TW_{\mathrm{C,nonlin}}T^{\mathrm{T}}=\begin{bmatrix}\Sigma_1 & 0 & 0 & 0\\ 0 & I & 0 & 0\\ 0 & 0 & 0 & 0\\ 0 & 0 & 0 & 0\end{bmatrix} \tag{4.68}$$

$$(T^{-1})^{\mathrm{T}}W_{\mathrm{O,nonlin}}T^{-1}=\begin{bmatrix}\Sigma_1 & 0 & 0 & 0\\ 0 & 0 & 0 & 0\\ 0 & 0 & \Sigma_3 & 0\\ 0 & 0 & 0 & 0\end{bmatrix} \tag{4.69}$$

式(4.68)和式(4.69)中Σ_1为对应平衡系统可控和可观状态的汉克尔奇异值。取矩阵T前k列的转置作为经验特征函数变换(4.13)的变换矩阵R，即

$$R=T(:,1:k)^{\mathrm{T}} \tag{4.70}$$

4.5.2 基于变换空间基函数的系统降阶

假定时空耦合系统(2.5)有p个时间输入$[u_1(t),u_2(t),\cdots,u_p(t)]$，且每个时间输入对应的空间分布为$[h_1(z),h_2(z),\cdots,h_p(z)]$。利用非线性平衡截断计算得到经验特征函数变换(4.13)的变换矩阵R，经过基函数变换得到新空间基函数组以后，将时空耦合系统(2.5)的时空状态变量在新空间基函数组上展开，可以得到

$$X(z,t)\approx\sum_{i=1}^{k}\bar{x}_i(t)\phi_i(z) \tag{4.71}$$

将式(4.71)代入时空耦合系统(2.5)，可以得到

$$\sum_{i=1}^{k}\dot{\overline{x}}_i(t)\phi_i(z)=\mathcal{A}\left(\sum_{i=1}^{k}\overline{x}_i(t)\phi_i(z)\right)+\mathcal{B}\left(\sum_{i=1}^{p}u_i(t)h_i(z)\right)+\mathcal{F}\left(\sum_{i=1}^{k}\overline{x}_i(t)\phi_i(z),\frac{\partial\left(\sum_{i=1}^{k}\overline{x}_i(t)\phi_i(z)\right)}{\partial z},\cdots,\sum_{i=1}^{p}u_i(t)h_i(z),\frac{\partial\left(\sum_{i=1}^{p}u_i(t)h_i(z)\right)}{\partial z},\cdots\right) \tag{4.72}$$

利用伽辽金方法可以得到如下方程：

$$\int_{\Omega}\sum_{i=1}^{k}\dot{\overline{x}}_i(t)\phi_i(z)\phi_j(z)\mathrm{d}z=\int_{\Omega}\left(\mathcal{A}\left(\sum_{i=1}^{k}\overline{x}_i(t)\phi_i(z)\right)+\mathcal{B}\left(\sum_{i=1}^{p}u_i(t)h_i(z)\right)\right)\phi_j(t)\mathrm{d}z+\int_{\Omega}\mathcal{F}\left(\sum_{i=1}^{k}\overline{x}_i(t)\phi_i(z),\frac{\partial\left(\sum_{i=1}^{k}\overline{x}_i(t)\phi_i(z)\right)}{\partial z},\cdots,\sum_{i=1}^{p}u_i(t)h_i(z),\frac{\partial\left(\sum_{i=1}^{p}u_i(t)h_i(z)\right)}{\partial z},\cdots\right)\phi_j(z)\mathrm{d}z \tag{4.73}$$

根据式(4.73)可以得到如下常微分方程组：

$$\begin{cases}\dot{\overline{x}}(t)=D^{-1}\overline{A}\overline{x}(t)+D^{-1}\overline{B}u(t)+D^{-1}g(\overline{x}(t),u(t))\\ y(t)=\overline{C}\overline{x}(t)\end{cases} \tag{4.74}$$

式中，D^{-1} 表示矩阵 D 的逆矩阵，且有

$$\overline{x}(t)=[\overline{x}_1(t),\overline{x}_2(t),\cdots,\overline{x}_k(t)]^{\mathrm{T}}$$

$$u(t)=[u_1(t),u_2(t),\cdots,u_p(t)]^{\mathrm{T}}$$

$$g(\overline{x}(t),u(t))=[g_1(\overline{x}(t),u(t)),g_2(\overline{x}(t),u(t)),\cdots,g_k(\overline{x}(t),u(t))]^{\mathrm{T}}$$

$$g_i(\overline{x}(t),u(t))=\int_{\Omega}\mathcal{F}\left(\sum_{i=1}^{k}\overline{x}_i(t)\phi_i(z),\frac{\partial\left(\sum_{i=1}^{k}\overline{x}_i(t)\phi_i(z)\right)}{\partial z},\cdots,\sum_{i=1}^{p}u_i(t)h_i(z),\frac{\partial\left(\sum_{i=1}^{p}u_i(t)h_i(z)\right)}{\partial z},\cdots\right)\phi_j(z)\mathrm{d}z,\quad j=1,2,\cdots,k$$

令 R_i 表示矩阵 R 的第 i 行，则矩阵 D、$\overline{A}$、$\overline{B}$、$\overline{C}$ 可以根据如下的公式计算：

$$D_{ij} = \int_{\Omega} \phi_i(z)\phi_j(z)\,\mathrm{d}z = \sum_{l=1}^{N} R_{il}R_{jl} \int_{\Omega} \varphi_i(z)\varphi_j(z)\,\mathrm{d}z = R_i R_j^{\mathrm{T}} \tag{4.75}$$

$$\begin{aligned}\overline{A}_{ij} &= \int_{\Omega} \mathcal{A}(\phi_i(z))\phi_j(z)\,\mathrm{d}z \\ &= \int_{\Omega} \mathcal{A}\left(\sum_{l=1}^{N} R_{il}\varphi_l(z)\right)\left(\sum_{l=1}^{N} R_{jl}\varphi_l(z)\right)\mathrm{d}z \\ &= R_i A R_j^{\mathrm{T}}\end{aligned} \tag{4.76}$$

$$\begin{aligned}\overline{B}_{ij} &= \int_{\Omega} \mathcal{B}(h_j(z))\phi_i(z)\mathrm{d}z \\ &= \int_{\Omega} \mathcal{B}(h_j(z))\left(\sum_{l=1}^{N} R_{il}\varphi_l(z)\right)\mathrm{d}z \\ &= R_i B_j\end{aligned} \tag{4.77}$$

$$\overline{C}_{ij} = \phi_j(z_i) = [\varphi_1(z_i), \varphi_2(z_i), \cdots, \varphi_N(z_i)]R_j^{\mathrm{T}} \tag{4.78}$$

简化式(4.74)可以得到

$$\begin{cases} \dot{\overline{x}}(t) = A_l(t) + B_l(t) + \overline{f}(\overline{x}(t), u(t)) \\ y(t) = C_l \overline{x}(t) \end{cases} \tag{4.79}$$

式中，$A_l = D^{-1}\overline{A}$；$B_l = D^{-1}\overline{B}$；$C_l = \overline{C}$；$\overline{f}(\overline{x}(t), u(t)) = D^{-1}g(\overline{x}(t), u(t))$。

4.5.3 基于变换空间基函数的神经网络建模

假定时空耦合系统(2.5)有 p 个时间输入 $[u_1(t), u_2(t), \cdots, u_p(t)]$，且每个时间输入对应的空间分布为 $[h_1(z), h_2(z), \cdots, h_p(z)]$。假定时空输出 $\{Y(z_i, t_j)\}_{i=1,j=1}^{M,L}$ 在 M 个空间点 $z_1, z_2, \cdots, z_M$ 和采样时刻 $t_1, t_2, \cdots, t_L$ 测量得到，将时空输出在变换空间基函数 $[\phi_1(z), \phi_2(z), \cdots, \phi_N(z)]$ 上进行展开。令 $y(t) = \{y_i(t_j)\}_{i=1,j=1}^{N,L}$ 为对应的时间系数，则时空输出 $\{Y(z_i, t_j)\}_{i=1,j=1}^{M,L}$ 在变换空间基函数 $[\phi_1(z), \phi_2(z), \cdots, \phi_k(z)]$ 上展开可以得到

$$(Y(z,t), \phi_i) = \left(Y(z,t), \sum_{l=1}^{N} R_{il}\varphi_l\right) = R_i y(t) \tag{4.80}$$

式中，R_i 表示空间基函数变换矩阵的第 i 行。那么，变换空间基函数对应的时间系数 $\overline{y}(t) = \{\overline{y}_i(t_j)\}_{i=1,j=1}^{k,L}$ 可以从式(4.81)得到：

$$\overline{y}(t)_{k\times L} = R_{k\times N}\, y(t)_{N\times L} \tag{4.81}$$

利用时间输入 $[u_1(t), u_2(t), \cdots, u_p(t)]$ 和得到的时间系数矩阵 $\overline{y}(t)$，可以训练得到如下的神经网络模型：

$$\hat{y}(t+1) = \mathrm{NN}(\hat{y}(t), u(t)) \tag{4.82}$$

时空耦合系统(2.5)的时空预测输出 $Y_{\mathrm{P}}(z,t)$ 可以由式(4.83)得到：

$$Y_{\mathrm{P}}(z,t)=\overline{Y}+\sum_{i=1}^{k}\overline{y}_i(t)\phi_i(z) \tag{4.83}$$

式中，$\overline{Y}$ 表示平均值；$\phi_i(z)$ 表示第 i 个经过经验特征函数变换得到的新空间基函数；$\overline{y}_i(t)$ 表示神经网络的第 i 个时间预测输出。

4.5.4 降阶思路

与 4.4.4 节中提出的方法类似，基于非线性平衡截断变换空间基函数对时空耦合系统降阶的主要步骤如图 4.10 所示。首先测量系统的时空输出，采用 KL 分解得到初始

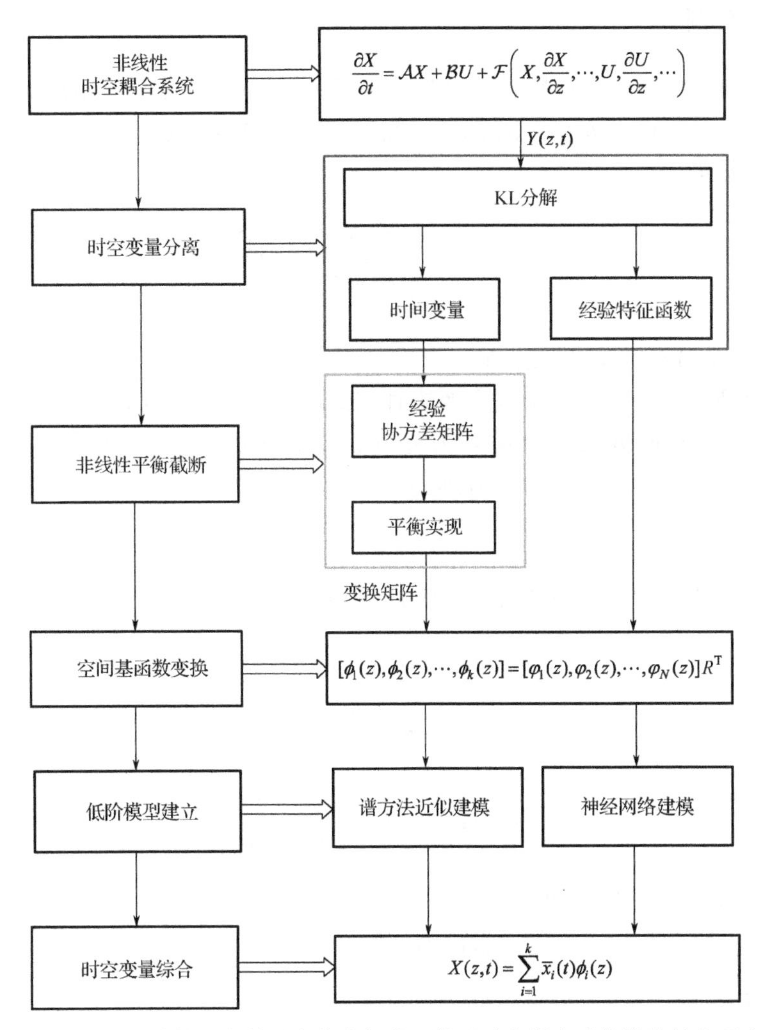

图 4.10　基于非线性平衡截断变换空间基函数对时空耦合系统降阶的主要步骤

经验特征函数和对应的时间系数，此过程完成了时空变量分离和无穷阶系统有限阶截断；基于时间系数数据计算实验协方差矩阵，采用平衡变换和有限阶截断得到空间基函数变换矩阵，通过空间基函数变换得到新空间基函数；在基于经验特征函数得到的变换空间基函数的基础上，可以采用谱方法继续进行时空分离和伽辽金映射得到阶数更低的近似模型，同时可以基于变换空间基函数展开得到时间系数，再根据时间输入和此时间系数，采用神经网络对系统进行动态辨识，避免了采用谱方法进行降阶时模型中非线性项的复杂解析表达式求解；最终综合解析低阶模型的时间预测输出或者神经网络的预测输出和变换空间基函数，可以得到原时空耦合系统的预测输出。

4.5.5 仿真算例

令 $Y(z,t)$ 和 $Y_{\mathrm{P}}(z,t)$ 分别表示时空耦合系统在均匀分布的 M 个空间点 $z_1,z_2,\cdots,z_M$ 与采样时刻 $t_1,t_2,\cdots,t_L$ 的测量输出和预测输出。定义与 4.4.4 节中相同的建模误差指标如下：

$$\mathrm{RMSE}=\sqrt{\frac{\sum_{i=1}^{M}\sum_{j=1}^{L}e(z_i,t_j)^2}{ML}}$$

式中，$e(z_i,t_j)=Y(z_i,t_j)-Y_{\mathrm{P}}(z_i,t_j)$。

为了验证基于经验特征函数变换的时空耦合系统降阶方法，仍选择 1.3.1 节中一维空间的 Kuramoto-Sivashinsky 方程(1.6)作为仿真算例进行研究。其中，参数 $\alpha=84.25$，时间输入为 $U(z,t)=u(t)h(z)^{\mathrm{T}}$。

令

$$u(t)=[u_1(t),u_2(t),u_3(t),u_4(t)]=\left[5\cos\frac{t}{4},5\sin\frac{t}{4},5\cos\frac{t}{2},5\sin\frac{t}{2}\right]$$

$$h(z)=[h_1(z),h_2(z),h_3(z),h_4(z)]$$

$$h_i(z)=\delta\left(z+\frac{3\pi}{4}-\frac{\pi}{2}(i-1)\right)$$

$$u_i(t)=1.1+5\sin\left(\frac{t}{10}+\frac{i}{10}\right)$$

方程(1.6)满足如下的周期边界条件：

$$X(z,t)=X(z+2\pi,t) \tag{4.84}$$

初始条件为

$$X(z,0)=\cos z \tag{4.85}$$

在空间域上，定义如下的内积：

$$[g(z),h(z)]=\frac{1}{2\pi}\int_{-\pi}^{\pi}g(z)h(z)\mathrm{d}z \tag{4.86}$$

同样将 41 个传感器均匀布置在空间域上进行数据测量。采样时间间隔为 0.001s，模拟时间为 0.5s，即采集数据的长度为 500，仅将采集的最后 100 个数据作为比较标准。数据的采集量主要取决于系统的复杂程度和建模精度要求。对 K-S 方程的计算采用与 4.4.4 节中相同的方法，本节基于非线性平衡截断变换空间基函数的建模误差与相同阶数下经验特征函数和基于平衡截断变换空间基函数的建模误差进行比较。基于 K-S 方程的仿真计算数据，采用 KL 分解获得经验特征函数，基于经验特征函数进行时空变量分离和伽辽金映射可以获得一个 5 阶的非线性常微分方程系统。基于本节提出的方法可以计算获得经验可控性和可观性矩阵，并进行平衡变换得到空间基函数变换矩阵，从而通过空间基函数变换矩阵得到新空间基函数集合，通过时间相关模型输出和新空间基函数的综合可以得到时空近似模型的预测输出。选择图 4.11 所示时间长度为 100 的时空耦合数据作为测试数据来比较两种新空间基函数的精度。

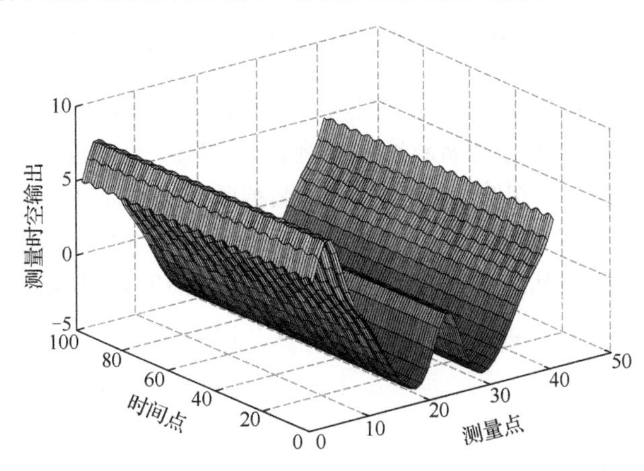

图 4.11　K-S 方程时空输出测试数据

由于前 4 阶经验特征函数的能量占比超过 99%，所以本节分别比较采用 4 阶以内的三种空间基函数(经验特征函数、平衡截断新空间基函数、非线性平衡截断新空间基函数)的近似建模的动态均方差，如图 4.12 所示。基于非线性平衡截断新空间基函数建模的动态均方差小于基于同阶数平衡截断新空间基函数建模的动态均方差。两种变换空间基函数都是原高阶经验特征函数的线性组合，原来被忽略掉的高阶经验特征函数对建模的精度进行了补偿，使得基于两种新空间基函数建立的近似模型能够更好地逼近系统的动态行为，因此基于两种新空间基函数建模的精度要优于基于同阶经验特征函数建模的精度。值得注意的是，采用 3 阶或者 4 阶三种空间基函数建模的精度较为接近，原因在于高阶被忽略变量所包含的系统动态信息越来越少，所以对近似模型的补偿作用有限，阶数越高，精度提高越小。

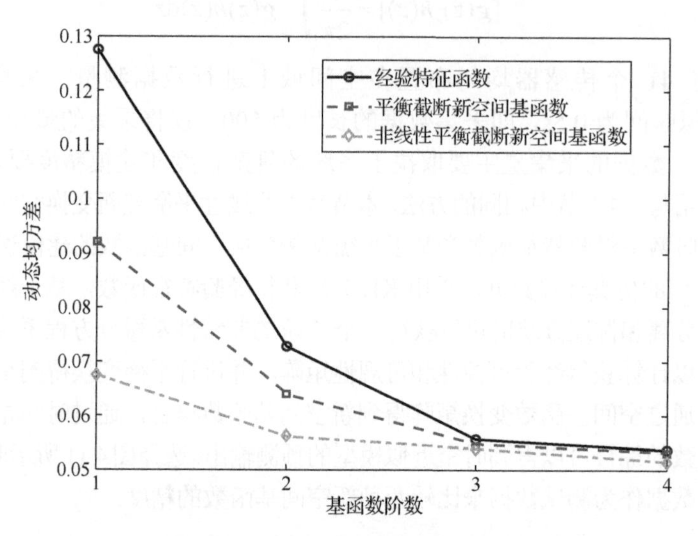

图 4.12　基于三种空间基函数建模的动态均方差比较

为了展示基于非线性平衡截断空间基函数的建模效果，针对基于 2 阶平衡截断新空间基函数和非线性平衡截断新空间基函数对 K-S 方程的近似建模效果进行比较。图 4.13 和图 4.15 分别给出了前 2 阶平衡截断新空间基函数和非线性平衡截断新空间基函数。图 4.14 和图 4.16 分别给出了基于前 2 阶平衡截断新空间基函数和非线性平衡截断新空间基函数的建模预测输出。图 4.17 和图 4.18 分别给出了基于

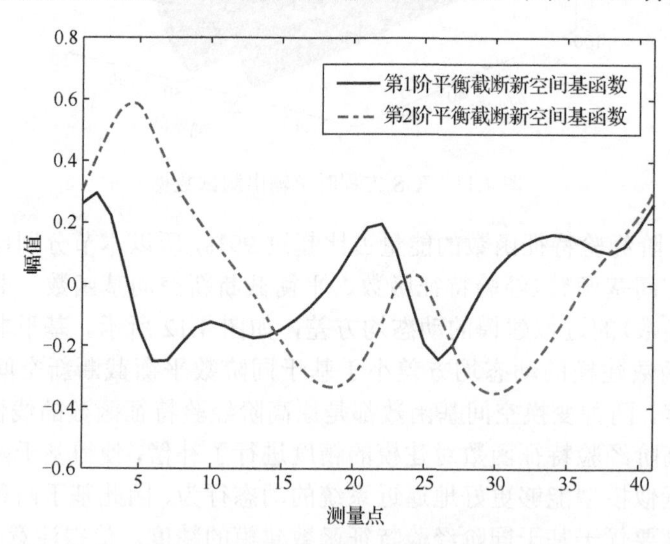

图 4.13　前 2 阶平衡截断新空间基函数

前 2 阶平衡截断新空间基函数和非线性平衡截断新空间基函数的建模预测输出时空误差。其中，图 4.17 对应的时空预测输出动态均方差为 0.0728，而图 4.18 对应的时空预测输出动态均方差为 0.0563。

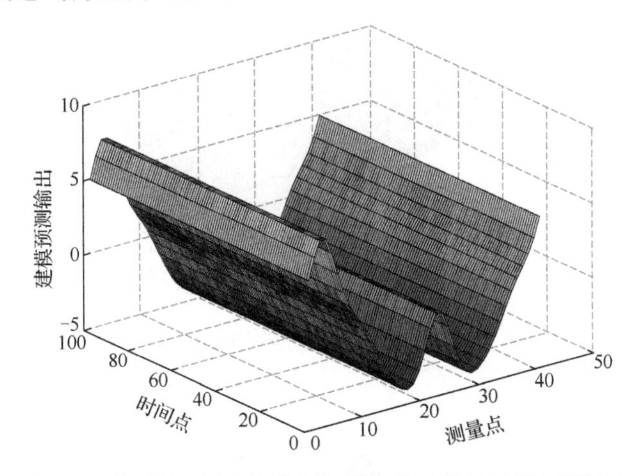

图 4.14　基于前 2 阶平衡截断新空间基函数的建模预测输出

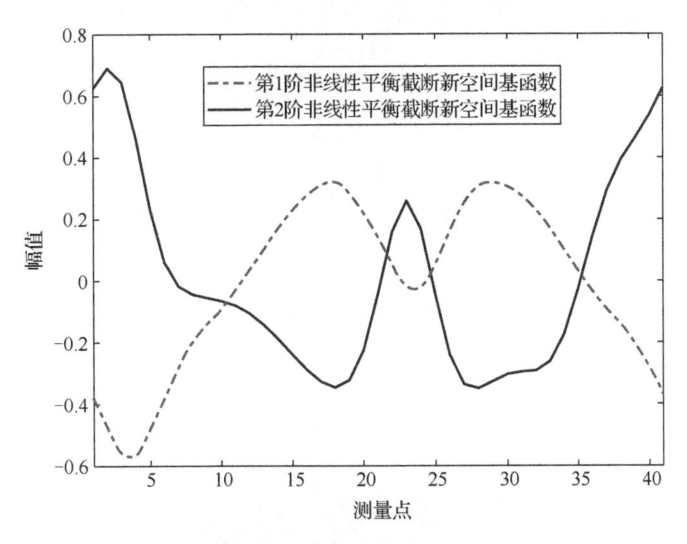

图 4.15　前 2 阶非线性平衡截断新空间基函数

注 4.1　非线性闭环建模同样考虑了高阶正交分解模态对模拟湍流的低阶近似模型稳定性和精度的影响，此方法已在伯格斯方程和 N-S 方程的数值模拟上展示了不错的效果。在这些仿真算例的计算过程中发现，即便是将能量占比超过 99%的前几阶正交分解模态应用于模型降阶，也只能得到精度较低的计算结果。这说明，在闭环模型中能量占比很小的高阶模态具有很重要的作用。与上述方法不同的是，本章方法实质上是采用更多经验特征函数的线性组合来得到数量较少的新空间基函

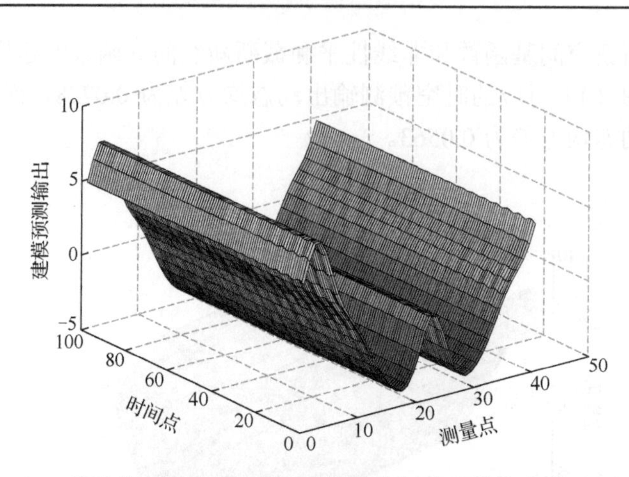

图 4.16　基于前 2 阶非线性平衡截断新空间基函数的建模预测输出

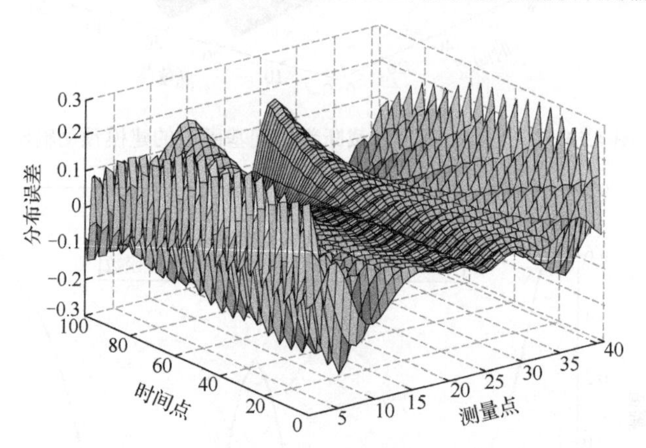

图 4.17　基于前 2 阶平衡截断新空间基函数的建模预测输出分布误差

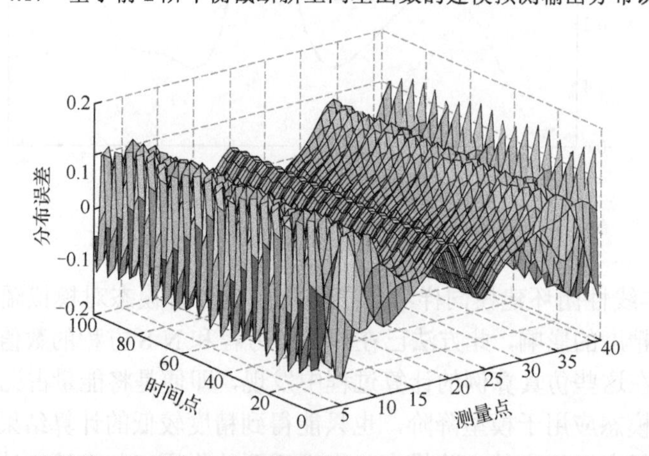

图 4.18　基于前 2 阶非线性平衡截断新空间基函数的建模预测输出分布误差

数，其中组合系数由系统的时间动态计算得到。通过这样的方法将能量占比小的模态信息加入降阶模型中，达到提高建模精度的目的。本章采用了能量占比 99%的前几阶经验特征函数建模来展示能量占比小的高阶模态对于降阶模型的补偿效果，这种通过动态补偿来提高建模精度的效果可以在图 4.12 中明显看到。然而，为了进一步提高低阶近似模型的精度以及优化本章方法，可以根据能量值的大小任意选择经验特征函数的个数用于基函数变换来产生新空间基函数(例如，选择所有具有非零能量值的经验特征函数用于线性组合)。不利的是，这将需要更多的计算能力和时间来提高数值计算的精度。未来将开展本章方法与非线性闭环建模方法的比较研究、利用敏感性分析[12,13]提高降阶模型的鲁棒性等。

4.6 本 章 小 结

本章首先介绍了基于经验特征函数进行线性组合得到个数更少的空间基函数的原理和方法，同时对基于变换空间基函数组进行降阶的误差进行了理论分析，得到相等阶数下建模误差更小的条件。然后提出了利用平衡截断、非线性平衡截断的空间基函数变换矩阵求解方法，并分别建立了基于变换空间基函数的时空耦合系统降阶方法和基于变换空间基函数的神经网络建模方法。最后对时空耦合系统降阶的总体思路进行了总结，并通过仿真算例计算比较了建模精度。

参 考 文 献

[1] Aubry N, Lian W Y, Titi E S. Preserving symmetries in the proper orthogonal decomposition[J]. Siam Journal on Scientific Computing, 1993, 14: 483-505.

[2] Armbruster D, Heiland R, Kostelich E J, et al. Phasespace analysis of bursting behavior in Kolmogorov flow[J]. Physica D, 1992, 58: 392-401.

[3] Qi C K, Li H X. Nonlinear dimension reduction based neural modeling for distributed parameter processes[J]. Chemical Engineering Science, 2009, 64: 4164-4170.

[4] Imtiaz H, Imran A. Closure modeling in reduced-order model of Burgers' equation for control applications[J]. Proceedings of the Institution of Mechanical Engineers, Part G: Journal of Aerospace Engineering, 2017, 231(4): 642-656.

[5] Imran A, Nayfeh A H. Model based control of laminar wake using fluidic actuation[J]. Journal of Computational & Nonlinear Dynamics, 2010, 5(4): 2040-2049.

[6] Kang W, Zhang J Z, Ren S, et al. Nonlinear Galerkin method for low-dimensional modeling of fluid dynamic system using POD modes[J]. Communications in Nonlinear Science & Numerical Simulation, 2015, 22(1-3): 943-952.

[7] Jiang M, Liu S Q, Wu J G. Modified empirical eigenfunctions and its applications for model

reduction of nonlinear spatiotemporal systems[J]. Mathematical Problems in Engineering, 2018, (19): 1-12.

[8] Jiang M, Deng H. Improved empirical eigenfunctions based model reduction for nonlinear distributed parameter systems[J]. Industrial & Engineering Chemistry Research, 2013, 52(2): 934-940.

[9] Hahn J, Edgar T F. Balancing approach to minimal realization and model reduction of stable nonlinear systems[J]. Industrial & Engineering Chemistry Research, 2002, 41(9): 2204-2212.

[10] Lall S, Marsden J E, Glavaski S. A subspace approach to balanced truncation for model reduction of nonlinear control systems[J]. International Journal of Robust and Nonlinear Control, 2000, 12(6): 519-535.

[11] Hahn J, Edgar T F. An improved method for nonlinear model reduction using balancing of empirical gramians[J]. Computers & Chemical Engineering, 2002, 26(10): 1379-1397.

[12] Akhtar I, Borggaard J, Hay A. Shape sensitivity analysis in flow models using a finite-difference approach[J]. Mathematical Problems in Engineering, 2010, (2): 242-256.

[13] Hay A, Borggaard J, Akhtar I, et al. Reduced-order models for parameter dependent geometries based on shape sensitivity analysis[J]. Journal of Computational Physics, 2010, 229(4): 1327-1352.

第 5 章 基于经验特征函数和非线性度量的时空耦合系统降阶方法

5.1 引 言

在半导体制造、化学工程和材料工程等现代工业技术领域，对于控制流体流动、温度场和产品尺寸分布有着越来越大的需求。在上述需要控制的过程中，其输入、输出、状态，甚至参数既随着时间变化，也具有重要的空间分布特征[1,2]。由于其时空耦合的特点，对上述系统实现良好控制具有非常大的难度[2]。近年来，有很多学者针对时空耦合系统的降阶和控制问题进行了广泛而深入的研究，典型的有 Ren 等[3,4]、Park 等[5,6]、Li 等[7,8]、Christofides 等[9,10]、Deng 等[11]。以抛物型偏微分方程描述的时空耦合系统为例，其控制设计的主要思路如下：首先选择合适的空间基函数，通过时空变量分离对系统的输入、输出、状态，甚至参数进行展开；然后利用伽辽金方法获得代表时空耦合系统主要动态行为的常微分方程系统，基于此常微分方程系统可以实现低阶控制器设计，并通过时空综合实现时空耦合系统的空间分布控制。然而，时空耦合系统控制效果不但依赖优良的控制器设计，还取决于系统本身的过程动态性能。正如 Engell 等[12]指出的，对于一个具有良好设计的过程，一个性能较差的控制器能得到可以接受的控制效果。与之相对的是，对于一个未有良好设计的过程，一个性能最好的控制器却得不到想要的控制效果。Lu 等[13,14]开始通过简化过程的非线性和复杂度实现最优参数设计来取得满意的过程动态性能，能够极大地便利时空耦合系统的控制设计。由此可见，过程输入输出行为的动态非线性是影响时空耦合系统控制效果的一个主要因素。在许多控制算例中，过程非线性的程度和严重性是判断采用线性系统控制方法或者非线性系统控制方法来实现某一个非线性系统控制的关键因素。

目前，在控制工程中，尽管有很多非线性控制方法用于非线性时空耦合系统的控制[15]，但是这些方法必须满足许多严苛的条件，这会导致在执行过程中变得不可实现。一方面，采用非线性控制方法需要掌握复杂的数学知识，这对工程技术人员而言是一个巨大的挑战[16]。另一方面，由于某些非线性时空耦合系统在目标时空区间能够较好地被线性系统进行近似，所以很多线性控制方法[17]可以很容易地应用于非线性时空耦合系统的控制。在这类方法中，非线性的程度和严重性是判断采用线性系统分析与控制综合方法对系统进行建模和控制设计的一个重要特征。因此，对于这类非线性时空耦合系统，对其过程非线性的程度和严重性进行评估或度量，同时获得能够较好地近似该类系统的线性模型用于控制方法设计，具有比较重要的意义。受上述思想启发，本章将时间动态系统非线性度量(nonlinearity measure)的概念推广到时空耦合系统，提出基于经验特征函数和非线性度量的时空耦合系统降阶方法。

5.2 动态系统非线性度量的概念

非线性度量又称非线性评估，是系统辨识领域研究中一个重要的内容[18,19]，主要采用相干分析[20]等方法估计开环非线性系统对于某个线性系统特性的偏差情况。非线性度量是量化系统输入输出行为非线性程度的一个工具，在一些情况下允许对不同系统的非线性和同一系统在不同工作点的非线性进行直接比较。非线性度量的思想最早由 Desoer 等[21]提出，利用非线性系统的一个线性近似系统来计算非线性度量值。Haber[18]提出了几种判断证实输入输出映射是否线性映射的方法，但是没有计算非线性程度。Nikolaou[22]、Nikolaou 等[23]基于一个内积函数采用蒙特卡罗模拟法对非线性系统及其最优线性近似在不同输入信号条件下的动态响应差别进行了估计。Allgöwer[24]建立了极端输入条件下非线性系统及其线性近似系统在某个稳定操作点位置的响应差别估计方法，此方法被 Helbig 等[25]发展到应用在不稳定操作点和预先确定轨迹的系统非线性估计上。Guay 等[26]提出了基于过程输出响应信号范数的一阶和二阶敏感度的稳定状态非线性曲率测量方法，并拓展到动态非线性度量[27]。Sun 等[28]通过计算非线性系统的上、下线性边界来度量单输入单输出系统的非线性程度。Harris 等[29]提出了基于函数扩展方法[24]计算系统非线性程度估计值。相对于开环系统非线性估计方法，许多方法将闭环系统非线性估计转化到控制相关的开环系统来进行计算。Stack 等[30,31]提出了基于最优控制器结构分析的控制相关非线性程度的估计方法。Hahn 等[32]提出了基于可控性矩阵和可观性矩阵的动态系统非线性量化和系统分类方法。同时，Schweickhardt 等[33]对非线性度量的来源和计算方法进行了介绍，并基于系统非线性度量结果对非线性系统建立了线性控制方法[34]。近年来，非线性度量技术也得到了许多相关的应用，如过程设计[13]、整合鲁棒设计与控制设计等[14]。

非线性度量代表了一类量化输入输出系统动态行为非线性程度的方法。其基本的观点在于度量一个系统非线性算子和一个作为比较标准的线性算子之间的距离。换言之，非线性度量的目标是在某个范数定义下比较非线性系统和一个给定线性系统的动态性质(如响应)。如图 5.1 所示，对非线性动态系统和线性动态系统给予相同的激励输入，对比两系统在该输入下的响应，在某个范数定义下量化非线性系统和线性系统的动力学响应误差，即非线性程度估计值。

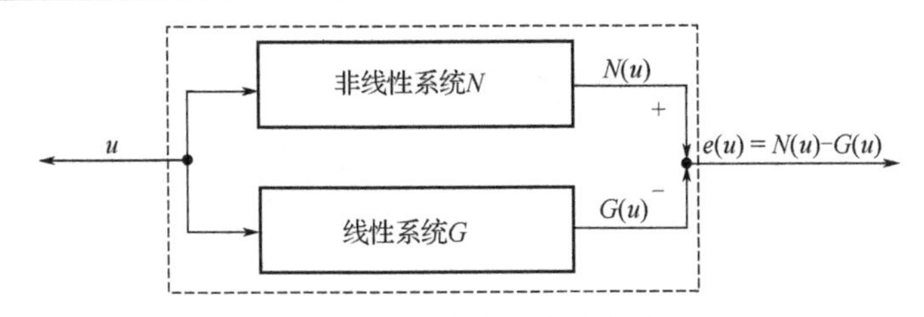

图 5.1　非线性度量基本框架

图 5.1 中，一般的稳定非线性系统 N 可以用如下的算子描述：

$$N:\mathcal{U}\to\mathcal{Y},\quad u\mapsto y=N(u) \tag{5.1}$$

用于近似非线性系统 N 动态行为的线性系统 G 可以用如下的线性算子描述：

$$G:\mathcal{U}\to\mathcal{Y},\quad u\mapsto \tilde{y}=G(u) \tag{5.2}$$

式中，信号 u、y 和 $\tilde{y}$ 分别表示非线性系统 N 与线性系统 G 的输入及各自在此输入下的输出。

不失一般性地，假定

$$N(0)=0 \tag{5.3}$$

图 5.1 中，误差信号是非线性系统 N 的输出 y 和线性系统 G 的输出 $\tilde{y}$ 之间的偏差，包含了关于采用线性系统 G 近似非线性系统 N 的好坏程度信息。为了实现对此误差信号的量化，定义如下的 L_2 范数用于描述信号的绝对值：

$$\|x(\cdot)\|_{L_2}=\sqrt{\int_0^\infty |x(t)|^2\,\mathrm{d}t} \tag{5.4}$$

式中，L_2 范数给出了信号 $x(\cdot)$ 在无限时间区域 $[0,\infty)$ 内包含的能量值。下面将用 $\|\cdot\|$ 表述范数，而不会详细地指出是何种范数。

如果在非线性度量的过程中使用了 L_2 范数，则非线性系统 N 的稳定性类型默认为 L_2-稳定性，因为一个 L_2 稳定的系统输出的范数一定会存在。

根据图 5.1，当非线性系统的响应与线性系统的响应之间差距较大，即非线性系统的动力学响应不能被线性系统响应很好地逼近时，可认为该非线性系统动力学行为的非线性程度较大，反之则认为该非线性系统动力学行为的非线性程度较小。动态系统动力学行为非线性程度大小示意图如图 5.2 所示。

基于上述分析，动态系统动力学行为非线性度量的定义如下[33,34]：

$$\delta_N^{\mathcal{U}}=\inf_{G\in\mathcal{G}}\sup_{u\in\mathcal{U}}\|N(u)-G(u)\| \tag{5.5}$$

式中，$N(u)$ 表示非线性系统在输入 u 时的响应；$G(u)$ 表示线性系统在输入 u 时的响应；$\mathcal{G}$ 表示线性近似系统集合；$\mathcal{U}$ 表示输入信号集合。式 (5.5) 中，当最极端信号 $u\in\mathcal{U}$ 作为系统的输入时，$\delta_N^{\mathcal{U}}$ 给出了误差信号的范数。定义 (5.5) 中的 $\delta_N^{\mathcal{U}}$ 为在范数意义下

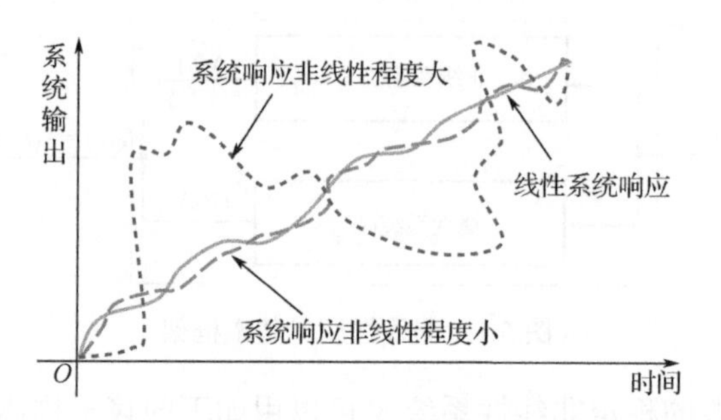

图 5.2　动态系统动力学行为非线性程度大小示意图

非线性系统和某个最优线性系统的最小绝对误差。如图 5.3 所示，非线性度量的定义可以由非线性系统到线性系统集合之间的距离来进行解释和描述。其中，$\delta_N^{\mathcal{U}}$ 的定义见式(5.5)，G^* 为式(5.5)的最优解，O 为集合 $\mathcal{G}$ 的原点位置，$\|N\|$ 表示范数意义下算子 N 到原点 O 的距离。显然，从图 5.3 中可知，$\delta_N^{\mathcal{U}} \geqslant 0$。当 $\delta_N^{\mathcal{U}} = 0$ 时，$N(u) = G(u)$，非线性系统 N 与近似线性系统 G 在输入 u 下的动力学行为相同。

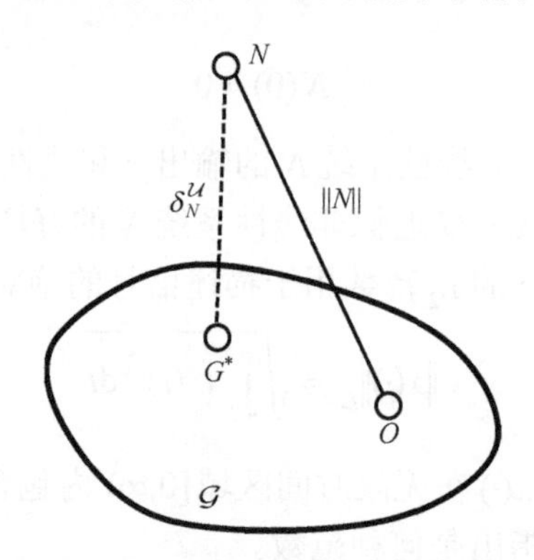

图 5.3　动态系统非线性度量的图示

在式(5.5)的计算过程中，信号幅值的不同可能导致计算得到的 $\delta_N^{\mathcal{U}}$ 结果有巨大的差别，使得该方法的使用者无法在不同的增益条件下对不同系统的非线性程度进行比较。因此，提出一种能够规避上述缺陷的非线性度量计算方法定义如下：

$$\delta_N = \inf_{G \in \mathcal{G}} \sup_{\substack{u \in \mathcal{U} \\ \|N(u)\| \neq 0}} \frac{\|N(u) - G(u)\|}{\|N(u)\|} \tag{5.6}$$

式(5.6)是一个较为复杂的优化问题，然而，可以在输入或者线性算子确定的情况下实现其工程应用。同时，式(5.5)和式(5.6)是针对仅与时间相关的动态系统来进行非线性度量的，在 5.3 节中推广到了具有空间特征的时空耦合系统。

5.3　基于经验特征函数和非线性度量的时空耦合系统降阶原理

本节将非线性度量的概念推广到时空耦合系统，基于时空分离的原理对时空耦合系统进行降阶，利用非线性度量的原理得到描述非线性时空耦合系统动态特性的低阶最优线性近似系统。

假定一类非线性时空耦合系统由如下偏微分方程进行描述：

$$\frac{\partial X(z,t)}{\partial t}=\frac{\partial}{\partial z}\left(D(X(z,t))\frac{\partial X(z,t)}{\partial z}\right)-v(X(z,t))\frac{\partial X(z,t)}{\partial z}+F(X(z,t))+U(z,t) \tag{5.7}$$

式中，时间变量 $t\in[0,\infty)$；空间变量 $z\in\Omega=[0,M]$，且仅考虑一维空间；$X(z,t)$ 表示时空状态变量；$D(X(z,t))$ 和 $v(X(z,t))$ 表示时空状态变量 $X(z,t)$ 的函数；$U(z,t)=\sum_{i=1}^{p}u_i(t)h_i(z)$ 表示系统的时空输入变量，其中 $u_i(t)$ 和 $h_i(z)$ 分别表示时间输入及其对应的空间分布；$F(X(z,t))$ 表示包含 $X(z,t)$ 空间微分的非线性函数。方程(5.7)满足一定的边界条件和初始条件。

将非线性度量的概念推广到时空耦合系统可以得到示意图 5.4。图中，信号 $U(z,t)$、$N(z,t)$、$G(z,t)$ 分别代表系统的时空输入、非线性时空耦合系统和线性近似时空耦合系统的轨迹。不失一般性地，假定图 5.4 中两系统的平衡点都为 0。$e(z,t)=N(z,t)-G(z,t)$ 代表非线性系统和线性系统输出轨迹之间的差异。为了量化输出轨迹误差，在时空耦合系统的时空域定义范数如下：

$$\|X(z,t)\|=\sqrt{\int_{\Omega}\int_{0}^{\infty}|X(z,t)|^2\,\mathrm{d}t\mathrm{d}z} \tag{5.8}$$

则时空耦合系统(5.7)的非线性度量值可以由式(5.9)给出：

$$\delta_N=\inf_{G\in\Theta}\sup_{\substack{U\in\Gamma\\ \|N(U)\|\neq 0}}\frac{\|N(U)-G(U)\|}{\|N(U)\|} \tag{5.9}$$

式中，$U\in\Gamma$ 表示时空输入；Γ 表示时空输入的集合；Θ 表示所有线性近似系统的集合。

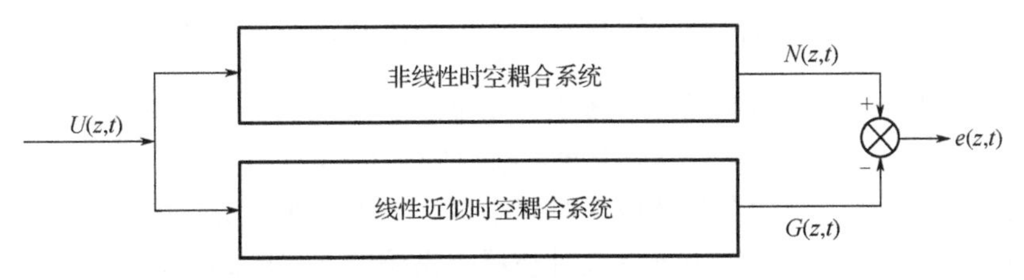

图 5.4　时空耦合系统非线性度量示意图

式(5.9)表明，当系统存在最差的输入时，可以找到最优的线性近似系统$G(U)$使得式(5.9)的取值最小，即代表轨迹误差范数值的非线性度量值δ_N。

式(5.9)中输入集合Γ包含了多种类型给定空间分布的输入信号。在本节中，具有给定空间分布的随机时间信号用来激励时空耦合系统(5.7)，非线性度量可以在此给定的输入条件下进行求解。因此，非线性度量的定义(5.9)可以简化成更加适合数值求解的形式：

$$\delta_N = \inf_{G \in \Theta} \frac{\| N(U) - G(U) \|}{\| N(U) \|} \tag{5.10}$$

式(5.10)提供了最优线性系统$G(U)$近似非线性系统$N(U)$的相对误差。如果$\delta_N = 0$，则在输入U的条件下，非线性系统$N(U)$的行为能够被线性系统$G(U)$完全复现。相反地，如果在给定输入U的条件下$N(U)$是线性的，则最优线性近似$G(U) = N(U)$，此时非线性度量值为 0。另外，如果线性系统在任何输入条件下的输出都是 0，则仍然是一个可能的线性近似。而式(5.10)中得到的最优线性近似不会比 0 算子的误差更大，因此式(5.10)得到的非线性度量值不能大于 1。非线性度量值δ_N接近 1 的系统为高度非线性的系统，具有较大非线性度量值δ_N的系统将比具有较小非线性度量值的系统展现出更加强烈的非线性行为。因此，式(5.10)可以用于比较系统在不同类型和增益输入条件下的非线性程度的大小。

假定测量时空耦合系统(5.7)的时空输出，根据 2.3.2 节中的方法计算得到经验特征函数，且根据其特征值大小选择前K个经验特征函数$[\varphi_1(z), \varphi_2(z), \cdots, \varphi_K(z)]$用于时空变量分离如下：

$$X(z,t) = \sum_{i=1}^{K} x_i(t) \varphi_i(z) \tag{5.11}$$

式中，$\varphi_i(z)$表示第i个经验特征函数；$x_i(t)$表示对应的时间变量。

将式(5.11)代入式(5.7)，结合时空输入的表达式，再采用伽辽金映射可以得到如下K阶与时间变量相关的近似系统：

$$\dot{x}(t) = f(x(t)) + Bu(t) \tag{5.12}$$

式中，$x(t) = [x_1(t), x_2(t), \cdots, x_K(t)]^{\mathrm{T}}$；$u(t) = [u_1(t), u_2(t), \cdots, u_p(t)]^{\mathrm{T}}$；$f(x(t))$表示$x(t)$的非线性函数；$B$表示常数矩阵，且有$B_{ij} = \int_{\Omega} \phi_i(z) h_j(z) \mathrm{d}z$，$i = 1,2,\cdots,K$, $j = 1,2,\cdots,p$。

由于时空耦合系统的非线性性质由伽辽金映射保持，所以时空耦合系统的近似系统(5.12)仍然是非线性的。由于空间基函数$[\varphi_1(z), \varphi_2(z), \cdots, \varphi_K(z)]$是常数，所以时空耦合系统的非线性特性全部体现在时间系数$x_i(t)(i = 1,2,\cdots,K)$的动态行为中。

假定有如下的线性系统用于近似时空耦合系统的非线性动力学行为：

$$\dot{\bar{x}}(t) = A\bar{x}(t) + Bu(t) \tag{5.13}$$

式中，A、B 表示常数矩阵；$\bar{x}(t)=[\bar{x}_1(t),\bar{x}_2(t),\cdots,\bar{x}_K(t)]^{\mathrm{T}}$ 表示对应经验特征函数 $[\varphi_1(z),\varphi_2(z),\cdots,\varphi_K(t)]$ 的新时间系数；$u(t)=[u_1(t),u_2(t),\cdots,u_p(t)]^{\mathrm{T}}$ 表示与式(5.12)相同的时间输入变量。时空耦合系统(5.7)的时空变量可以由如下的表达式来近似：

$$\bar{X}(z,t)=\sum_{i=1}^{K}\bar{x}_i(t)\varphi_i(z) \tag{5.14}$$

常数矩阵 B 与式(5.12)中相同，代表的是空间输入位置。而矩阵 A 需要根据时空耦合系统(5.7)的时空动态计算得到。

下面的时空误差信号定义为时空耦合系统(5.7)的时空变量(5.11)与线性近似系统的时空变量(5.14)的差异。因此，引入一个用于度量线性近似系统与时空耦合系统之间时空平方积分误差的函数如下：

$$\mathrm{Error}=\left\|X(z,t)-\bar{X}(z,t)\right\| \tag{5.15}$$

为了计算式(5.15)，定义一个如下的表达式：

$$\mathrm{Var}(g(t))=\int_0^{\infty}g(t)g(t)^{\mathrm{T}}\mathrm{d}t \tag{5.16}$$

因此，有

$$\begin{aligned}\left\|X(z,t)-\bar{X}(z,t)\right\|&=\sqrt{\int_{\Omega}\int_0^{\infty}\left|X(z,t)-\bar{X}(z,t)\right|^2\mathrm{d}t\mathrm{d}z}\\&=\sqrt{\int_{\Omega}\int_0^{\infty}\left(\sum_{j=1}^{K}x_j(t)\varphi_j(z)-\sum_{j=1}^{K}\bar{x}_j(t)\varphi_j(z)\right)^2\mathrm{d}t\mathrm{d}z}\\&=\sqrt{\int_{\Omega}\left([\varphi_1(z),\varphi_2(z),\cdots,\varphi_K(z)]\int_0^{\infty}(x(t)-\bar{x}(t))(x(t)-\bar{x}(t))^{\mathrm{T}}\mathrm{d}t\begin{bmatrix}\varphi_1(z)\\\varphi_2(z)\\\vdots\\\varphi_K(z)\end{bmatrix}\right)\mathrm{d}z}\\&=\sqrt{\int_{\Omega}\left([\varphi_1(z),\varphi_2(z),\cdots,\varphi_K(z)]\mathrm{Var}(x(t)-\bar{x}(t))\begin{bmatrix}\varphi_1(z)\\\varphi_2(z)\\\vdots\\\varphi_K(z)\end{bmatrix}\right)\mathrm{d}z}\end{aligned} \tag{5.17}$$

式中，$x(t)=[x_1(t),x_2(t),\cdots,x_K(t)]^{\mathrm{T}}$；$\bar{x}(t)=[\bar{x}_1(t),\bar{x}_2(t),\cdots,\bar{x}_K(t)]^{\mathrm{T}}$。

计算时空耦合系统的非线性度量值，即要得到一个最优近似系统使得如下表达式的误差值最小：

$$\mathrm{Error}(A)=\min_{A}\sqrt{\int_{\Omega}\left([\varphi_1(z),\varphi_2(z),\cdots,\varphi_K(z)]\mathrm{Var}(x(t)-\overline{x}(t))\begin{bmatrix}\varphi_1(z)\\ \varphi_2(z)\\ \vdots\\ \varphi_K(z)\end{bmatrix}\right)\mathrm{d}z} \tag{5.18}$$

式中，A 表示线性系统(5.13)中的 $K\times K$ 常系数矩阵。

最优矩阵 A 可以通过最小化误差函数(5.18)而得到。然而，线性系统(5.13)的稳定性采用的是李雅普诺夫稳定性，定义如下。

定义 5.1[36]　线性系统(5.13)在李雅普诺夫意义下是稳定的，当且仅当线性系统(5.13)中矩阵 A 所有特征值的实部小于等于 0，且实部等于 0 的特征值不重复出现。

根据定义 5.1，线性系统(5.13)的稳定性要求使得优化问题(5.18)变成如下有约束的最优化问题：

$$\begin{aligned}&\mathrm{Error}(A)=\min_{A}\sqrt{\int_{\Omega}\left([\varphi_1(z),\varphi_2(z),\cdots,\varphi_K(z)]\mathrm{Var}(x(t)-\overline{x}(t))\begin{bmatrix}\varphi_1(z)\\ \varphi_2(z)\\ \vdots\\ \varphi_K(z)\end{bmatrix}\right)\mathrm{d}z}\\ &\text{s.t.}\quad \mathrm{Re}(\mathrm{eig}(A))<0\end{aligned} \tag{5.19}$$

式中，$\mathrm{eig}(A)$ 表示矩阵 A 的所有特征值；Re 表示复数的实部。

最优化问题(5.19)的求解涉及函数 $\mathrm{Var}(x(t)-\overline{x}(t))$ 的解，其中上述函数的最小化需要采用下面的数值近似：

$$\begin{aligned}\mathrm{Var}(x(t)-\overline{x}(t))&\approx\int_0^{T_{\max}}(x(t)-\overline{x}(t))(x(t)-\overline{x}(t))^{\mathrm{T}}\,\mathrm{d}t\\ &=\Delta t\left(\sum_{j=1}^{t_{\mathrm{nim}}}(x(t_j)-\overline{x}(t_j))(x(t_j)-\overline{x}(t_j))^{\mathrm{T}}\right)\end{aligned} \tag{5.20}$$

式中，$\{t_j, j=1,2,\cdots,t_{\mathrm{nim}}\}$ 表示积分区间 $[0,T_{\max}]$ 的等间隔时间网格点；Δt 表示平均采样时间；最大积分时间 $T_{\max}$ 为误差函数的自由选择参数，其选择与系统物理特性有关，普遍情况下，积分区间 $[0,T_{\max}]$ 取考虑非线性系统动态从瞬态到稳定的时间。

因此，最优化问题(5.19)可以写成如下形式：

$$\begin{aligned}&\mathrm{Error}(A)=\min_{A}\sqrt{\frac{M}{n}\sum_{i=1}^{n}\left\{\Lambda_i\Delta t\left(\sum_{j=1}^{t_{\mathrm{nim}}}(x(t_j)-\overline{x}(t_j))(x(t_j)-\overline{x}(t_j))^{\mathrm{T}}\right)\Lambda_i^{\mathrm{T}}\right\}}\\ &\text{s.t.}\quad \mathrm{Re}(\mathrm{eig}(A))<0\end{aligned} \tag{5.21}$$

式中，$\Lambda_i=[\varphi_1(z_i),\varphi_2(z_i),\cdots,\varphi_K(z_i)]$。

一旦最优化问题(5.21)得到最优解，即可确定矩阵 A 的值，得到最优的线性系统(5.13)和时空耦合系统(5.7)状态变量的最优近似。

5.4 最优化算法

本节仍采用粒子群优化算法来解决提出的最优化问题(5.21)。粒子群优化算法是一种具有高效率的随机优化算法[37-40]，相对于其他随机优化算法的优势在于能避免落入局部最优解而得到全局最优解。其最核心的特质是算法本身是高度鲁棒的，且能给出相对于其他随机优化算法不同的多条路径。目前，粒子群优化算法已广泛应用于工程实际。

在采用粒子群优化算法优化误差函数的过程中，假设解空间的维数为 $d = K \times K$，空间中有一个由 n 个粒子组成的种群。种群中第 i 个粒子的位置和速度可以分别表示为 $z_i = (z_{i1}, z_{i2}, \cdots, z_{id})$ 和 $V_i = (v_{i1}, v_{i2}, \cdots, v_{id})$。第 i 个粒子在 t 时刻的个体极值，即粒子本身迄今搜索到的最优解可以表示为 $W_i(t) = (w_{i1}, w_{i2}, \cdots, w_{id})$。

全局最优解，即 t 时刻整个种群迄今所发现的最优解可以表示为 $\mathrm{Wg}(t) = (\mathrm{wg}_{i1}, \mathrm{wg}_{i2}, \cdots, \mathrm{wg}_{id})$。其中，$t$ 表示当前的进化代数，任一个体按照式(5.22)和式(5.23)来调整自己的速度和位置。

$$v_i(t+1) = \mu v_i(t) + c_1 r_1 (w_i(t) - x_i(t)) + c_2 r_2 (\mathrm{wg}_i(t) - x_i(t)) \tag{5.22}$$

$$x_i(t+1) = x_i(t) + v_i(t+1) \tag{5.23}$$

式中，$i = 1, 2, \cdots, d$；c_1、c_2 表示加速常数；c_1 表示粒子自身经验的认知能力，用来调节粒子飞向自身最好位置方向的前进步长；c_2 表示粒子社会经验的认知能力，用来调节粒子飞向全局最好位置方向的前进步长；r_1、r_2 表示均匀分布在区间[0,1]的随机数，主要是为了让粒子以等概率的加速度飞向粒子本身最好的位置和粒子全局最好的位置；μ 表示惯性权重，起到平衡全局搜索能力和局部搜索能力的作用；$t = 1, 2, \cdots$ 表示循环次数。

如果忽略最优化问题(5.21)的限制条件，则矩阵 A 可以采用上述粒子群优化算法计算得到，但是，此时得到的系统 (A, B) 有可能是不可控的。然而，系统 (A, B) 的可控子空间和可观子空间能够利用卡尔曼分解得到，且可利用如下的定理。

定理 5.1[36] 如果线性系统(5.13)中 (A, B) 是可控的，则存在一个反馈 $\tilde{u}(t) = -\tilde{K}\,\overline{x}(t)$，使得 $\tilde{A} = A - B\tilde{K}$ 的特征值可以被任意指定。

关于卡尔曼分解的探讨可以在经典的控制理论书籍[35]或者论文中找到。卡尔曼分解最重要的结果是状态空间可以分为四个部分：可达且可观的、可达且不可观的、不可达且可观的、既不可达又不可观的。在粒子群优化算法优化过程中采用全状态反馈来保证得到一个稳定的线性时不变系统且具有最小的时空近似误差。具体的步骤如下：

对于开环线性时不变系统(5.13)，假定输入$u(t)$已经指定。如果矩阵A是不稳定的，则全状态反馈的目标是通过状态反馈重新设计系统(5.13)的动态行为。全状态反馈可以将开环系统转变为闭环系统，反馈控制器可以设定系统闭环特征值。全状态反馈的第一步是选择一个控制矩阵$\tilde{B}$，通过添加控制量$\tilde{B}\tilde{u}(t)$来修正线性时不变系统(5.13)：

$$\dot{\overline{x}}(t) = A\overline{x}(t) + Bu(t) + \tilde{B}\tilde{u}(t) \tag{5.24}$$

式中，B为$k \times m$的矩阵；$\tilde{u}(t)$为$m \times 1$的矩阵。

设计控制输入$\tilde{u}(t)$来修正原开环线性时不变系统(5.13)的动态行为使得其稳定。设定线性控制率$\tilde{u}(t) = -\tilde{K}\,\overline{x}(t)$得到如下的闭环系统：

$$\dot{\overline{x}}(t) = (A - \tilde{B}\tilde{K})\overline{x}(t) + Bu(t) \tag{5.25}$$

式中，$\tilde{K}$表示$m \times K$的控制矩阵。

如果可以计算求解控制矩阵$\tilde{K}$使得$\tilde{A} = (A - \tilde{B}\tilde{K})$为稳定的，则线性时不变系统(5.25)也为稳定的动态系统。定理5.1保证了上述控制矩阵$\tilde{K}$解的存在性。结合上述最优位置搜索过程，采用粒子群优化算法来求解最优化问题(5.21)，实际的计算表明粒子群优化算法是有效的最优化方法，具体计算步骤如下：

步骤1　给定M和t_{nim}，设置$z_1, z_2, \cdots, z_M$和$t_1, t_2, \cdots, t_{\text{nim}}$，数据集合$\{X(z_i, t_j)\}_{i=1,j=1}^{M,t_{\text{nim}}}$可以根据时空耦合系统(5.7)结合边界条件和初始条件采用差分方法求解得到。

步骤2　根据步骤1中的时空数据集合$\{X(z_i, t_j)\}_{i=1,j=1}^{M,t_{\text{nim}}}$，采用正交分解技术可以得到$[\varphi_1(z), \varphi_2(z), \cdots, \varphi_K(z)]$和$x(t) = [x_1(t), x_2(t), \cdots, x_K(t)]^{\mathrm{T}}$。

步骤3　首先根据式(5.21)采用粒子群优化算法计算得到最优矩阵A_{opt}，其中系统(5.13)的初始值$\overline{x}(0)$等于方程(5.12)的初始值$x(0)$，且利用系统(5.13)计算得到$\{\overline{x}(t_j)\}_{j=1}^{t_{\text{nim}}}$。然后在计算过程中，将全状态反馈算法嵌套进入粒子群优化算法，使得最优矩阵A_{opt}转变为稳定的矩阵$\tilde{A}_{\text{opt}}$来得到最小时空误差。新粒子群优化算法流程图如图5.5所示。

如果步骤3优化过程中的初始矩阵A是不稳定的，则在误差计算步骤中，全状态反馈用于保证线性时不变系统的稳定性，即

$$A(\text{不稳定}) \xrightarrow{\text{全状态反馈}} \tilde{A}(\text{稳定}) \xrightarrow{\text{式(5.13)}} \overline{x}(t) \xrightarrow{\text{式(5.21)}} \text{误差}$$

此过程意味着采用粒子群优化算法得到的是不稳定矩阵A，而用于计算时空误差的是稳定矩阵$\tilde{A}$。在步骤3算法结束以后获得最优矩阵A_{opt}，仍然需要利用相同的全状态反馈算法来计算得到一个稳定的$\tilde{A}_{\text{opt}}$，可见步骤4。

步骤4　利用与步骤3相同的全状态反馈算法获得一个稳定的矩阵$\tilde{A}_{\text{opt}}$；

步骤5　获得最优的线性模型(5.26)：

$$\frac{\mathrm{d}\overline{x}(t)}{\mathrm{d}t} = \tilde{A}_{\text{opt}}\overline{x}(t) + Bu(t) \tag{5.26}$$

基于此最优线性模型，利用式(5.27)可以计算得到时空耦合系统(5.21)的非线性度量值：

$$\delta_N = \inf_{L\in\Theta} \frac{\left\| X(z,t) - \bar{X}(z,t) \right\|}{\left\| X(z,t) \right\|} \tag{5.27}$$

式中，$\bar{X}(z,t) = \sum_{i=1}^{K} \bar{x}_i(t)\varphi_i(z)$；$\bar{x}(t) = [\bar{x}_1(t), \bar{x}_2(t), \cdots, \bar{x}_K(t)]^{\mathrm{T}}$，根据式(5.26)进行计算。

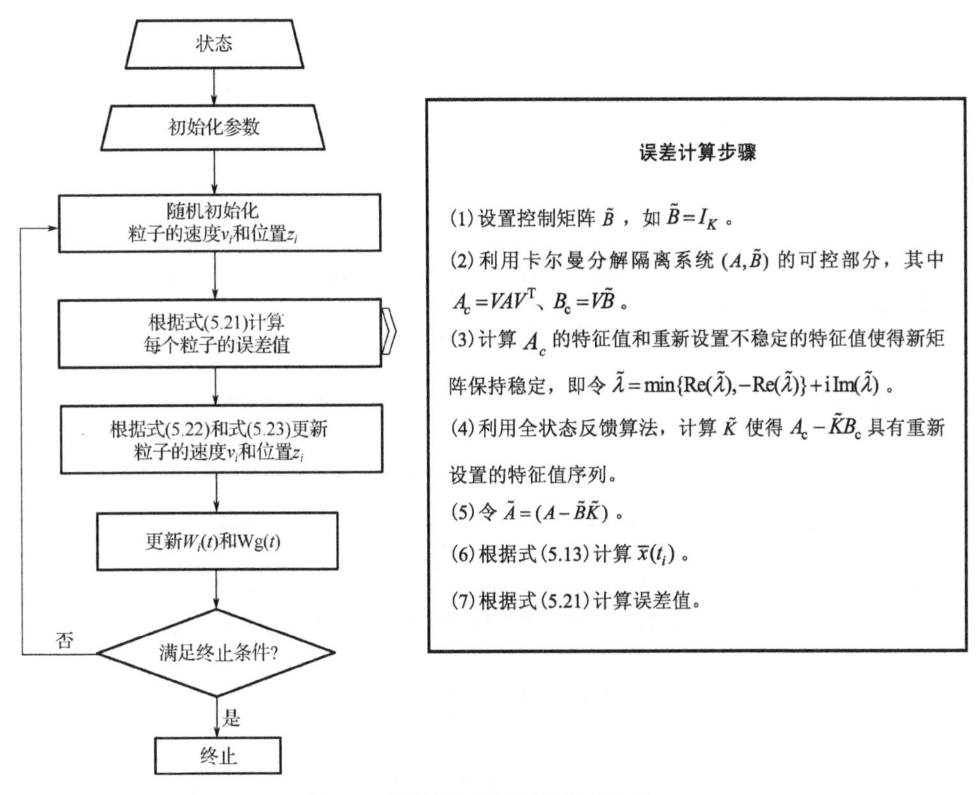

图 5.5　新粒子群优化算法流程图

由于得到的最优线性系统(5.26)是稳定且相对低阶的，所以基于系统(5.26)设计控制器具有较大的便利性，而且能够方便参数整定和稳定性分析。

5.5　降 阶 思 路

基于经验特征函数和非线性度量的时空耦合系统降阶方法思路如图 5.6 所示。首先，测量系统的时空耦合输出，采用 KL 分解得到初始经验特征函数和对应的时间系数，此过程完成了时空变量分离和无穷阶系统有限阶截断；然后，基于得到的时间系数和经验特征函数，构建用于计算时空耦合系统非线性度量的最优目标函数及其限制条件，采用粒子群优化算法对目标函数进行优化得到最优的线性近似系统，其中线性近似系统的稳定性在优化过程中由全状态反馈算法得以保证；最后，基于得到的最优线性近似系统和经验特征函数对系统的时空状态进行近似。

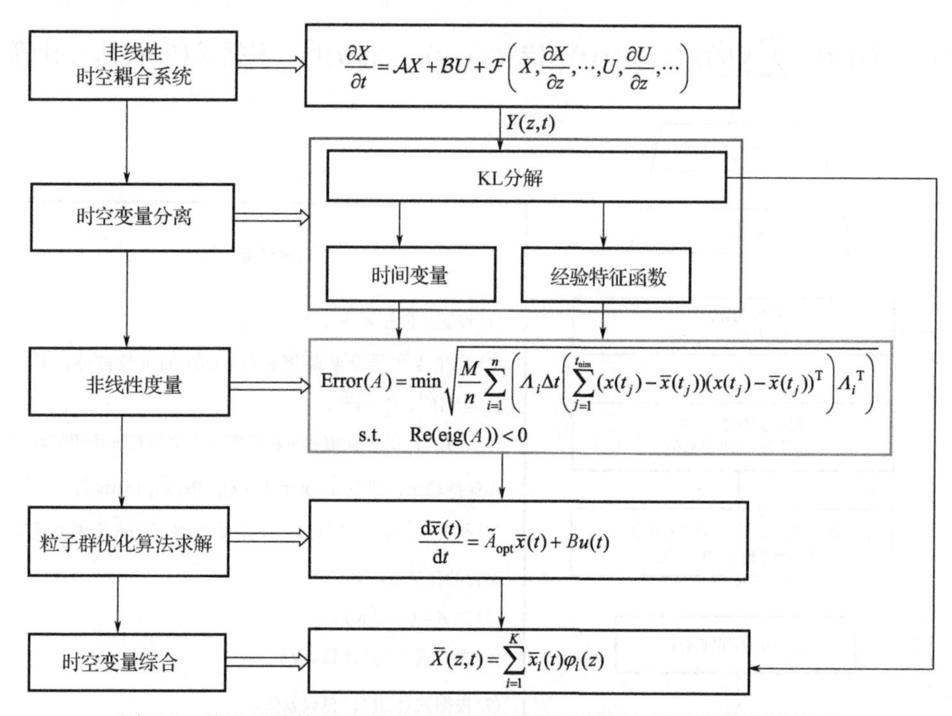

图 5.6　基于经验特征函数和非线性度量的时空耦合系统降阶方法思路

5.6　仿真算例

为了获得稳定的线性时不变系统来近似时空耦合系统，其阶数需要由正交分解技术确定。当采用正交分解技术对时空测量数据进行分解时，所有的特征值根据其能量值大小按照降序排列。每个经验特征函数根据其特征值大小占有一定的能量百分比。因此，线性时不变系统的阶数由前若干个经验特征函数占总能量的百分比来确定。在本节的仿真算例中，此比例设定为 99%。基于本章方法可以获得一个稳定线性时不变系统，同时可以计算得到最小近似误差和非线性度量值。

算例 5.1　1.3.2 节中的催化反应棒温度场预测。

假定其满足如下的边界条件和初始条件：

$$\begin{cases} X(0,t)=0 \\ X(L,t)=0 \end{cases}, \quad X(z,0)=X_0(z) \tag{5.28}$$

式中，空间域 $\Omega=[0,L]$。

假设在催化反应棒上存在四个执行输入即 $u(t)=[u_1(t),u_2(t),u_3(t),u_4(t)]^{\mathrm{T}}$，其空间分布为 $h(z)=[h_1(z),h_2(t),h_3(t),h_4(z)]^{\mathrm{T}}$，$h_i(z)=H(z-(i-1)L/4)-H(z-iL/4)(i=1,2,3,4)$，$H(\cdot)$ 为标准的赫维赛德函数。其中，时间输入为符合一致分布的随机数序列，输入信号 $u(t)$ 的平均值为 $[1.52,1.46,1.51,1.58]^{\mathrm{T}}$，方差为 $[0.73,0.76,0.72,0.74]^{\mathrm{T}}$。

假设有 31 个传感器均匀分布在催化反应棒上，采样时间间隔为 0.01s，仿真时间为 4s，初始条件设置为 0。假定采用有限差分法对原偏微分方程进行计算求解，每个传感器测量 400 个数据，MATLAB 函数 ode45 用于时间变量的积分器。将正交分解中产生的经验特征函数按照能量幅值大小进行排列，每个经验特征函数占有的能量比例根据对应的奇异值计算得到。用于经验特征函数求解的测量时空数据和对应前 3 阶经验特征函数分别如图 5.7 和图 5.8 所示。

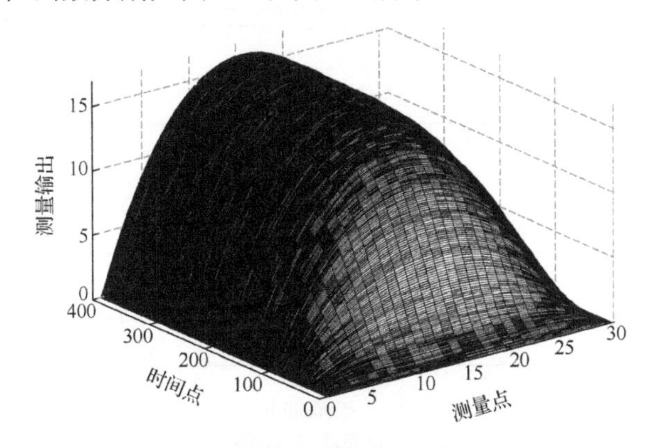

图 5.7　测量时空数据

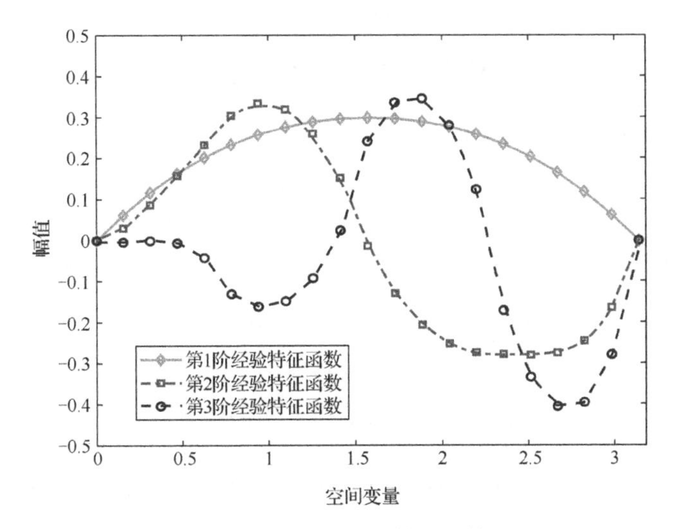

图 5.8　前 3 阶经验特征函数

由于给系统施加了随机时间信号，可以采用本章方法来获得一个最优的线性时不变系统。前 3 阶经验特征函数得到的最优线性常微分方程系统轨迹与非线性时间变量轨迹的比较如图 5.9 所示。基于如下线性时不变系统进行计算：

$$\dot{x}(t)=\begin{bmatrix}-1.260 & 0 & 0\\ 0 & -7.735 & 0\\ 0 & 0 & -44.80\end{bmatrix}x(t)+\begin{bmatrix}0.5424 & 1.3518 & 1.4217 & 0.7852\\ 0.5065 & 1.3703 & -0.8745 & -1.2414\\ -0.0531 & -0.5085 & 1.3270 & -1.5845\end{bmatrix}u(t) \tag{5.29}$$

可以得到时空误差值为 1.215，非线性度量值为 0.0938。

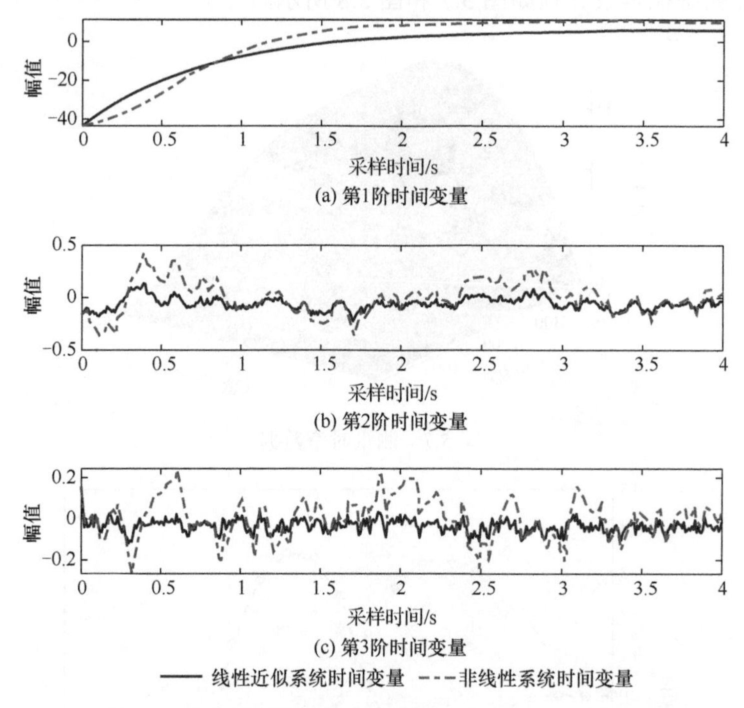

图 5.9　前 3 阶最优线性常微分方程系统与非线性时间变量轨迹比较

算例 5.2　具有两个非线性项的偏微分方程[36]。

为了进一步展示本章方法的适用范围和能力，本节设计了另一个具有两个非线性项的算例，其描述时空变量的演化满足如下的偏微分方程：

$$\frac{\partial X(z,t)}{\partial t}=\frac{\partial^2 X(z,t)}{\partial z^2}+\varepsilon(X(z,t)-X(z,t)^3)+4(\mathrm{e}^{-4/(1+X(z,t))}-\mathrm{e}^{-4})+h(z)^{\mathrm{T}}u(t) \tag{5.30}$$

方程(5.30)满足如下的狄利克雷边界条件和初始条件：

$$\begin{cases} X(0,t)=0 \\ X(L,t)=0 \end{cases}, \quad X(z,0)=X_0(z) \tag{5.31}$$

式中，空间域 $\Omega=[0,L]$；参数 $\varepsilon=1$。

假设存在四个执行输入即 $u(t)=[u_1(t),u_2(t),u_3(t),u_4(t)]^{\mathrm{T}}$，其空间分布为 $h(z)=[h_1(z), h_2(t),h_3(t),h_4(z)]^{\mathrm{T}}$，$h_i(z)=H(z-(i-1)L/4)-H(z-iL/4)(i=1,2,3,4)$，$H(\cdot)$ 为标准的赫维赛德函数。其中，时间输入为符合一致分布的随机数序列，输入信号 $u(t)$ 的平均值为 $[0.52,0.53,0.50,0.51]^{\mathrm{T}}$，方差为 $[0.073,0.078,0.081,0.088]^{\mathrm{T}}$。

假设有 31 个传感器均匀分布在空间域上，采样时间间隔为 0.01s，仿真时间为 4s，初始条件设置为 0。首先，由区间[−2,2]内满足一致分布的随机数作为输入，采用有限差分法对偏微分方程(5.30)在空间域[0,5]和时间域[0,4]进行计算求解，ode45 函数　用于时间变量的积分器，每个传感器测量 400 个数据。将正交分解中产生的经验特征函数按照能量幅值大小进行排列，每个经验特征函数占有的能量比例根据对应的奇异值计算得到。用于经验特征函数求解的测量时空数据和前 4 阶经验特征函数分别如图 5.10 和图 5.11 所示。

在系统输入随机激励的条件下，根据特征值大小进行截断，再利用本章方法可以得到一个 10 阶的线性时不变系统。将前 4 阶经验特征函数对应的非线性时间变量轨迹和最优线性系统时间变量轨迹相比较，见图 5.12。基于非线性度量获得的最优线性时不变系统，时空误差和非线性度量值分别为 1.757 和 0.1992。根据算例 5.1 和算例 5.2 的非线性度量结果可知，有两个非线性项的算例 5.2 比只有其中一个非线性项的算例 5.1 具有更强的非线性行为。

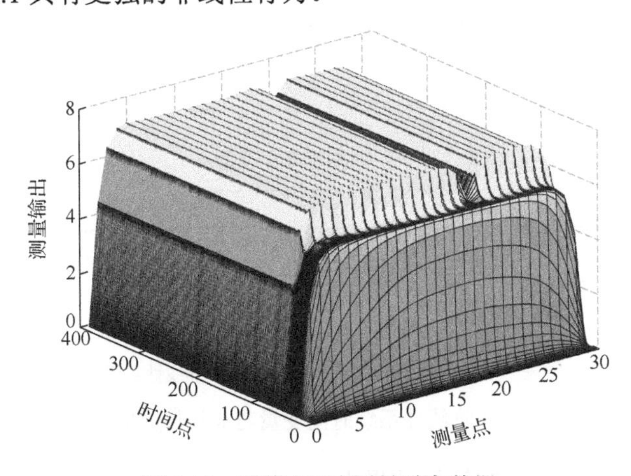

图 5.10　系统(5.30)测量时空数据

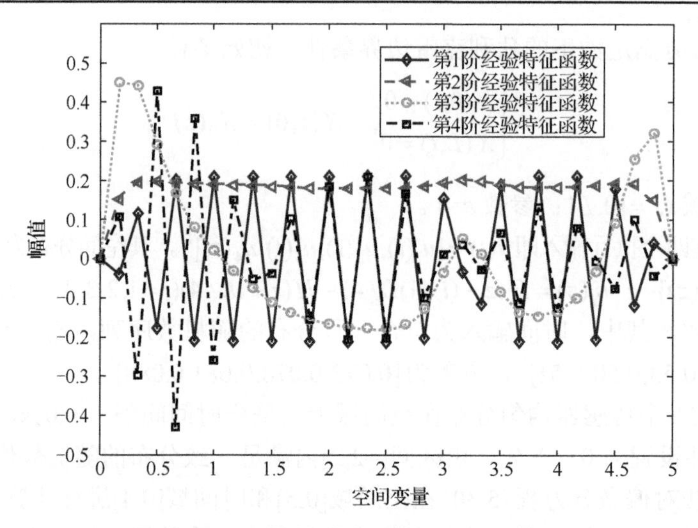

图 5.11 系统(5.30)前 4 阶经验特征函数

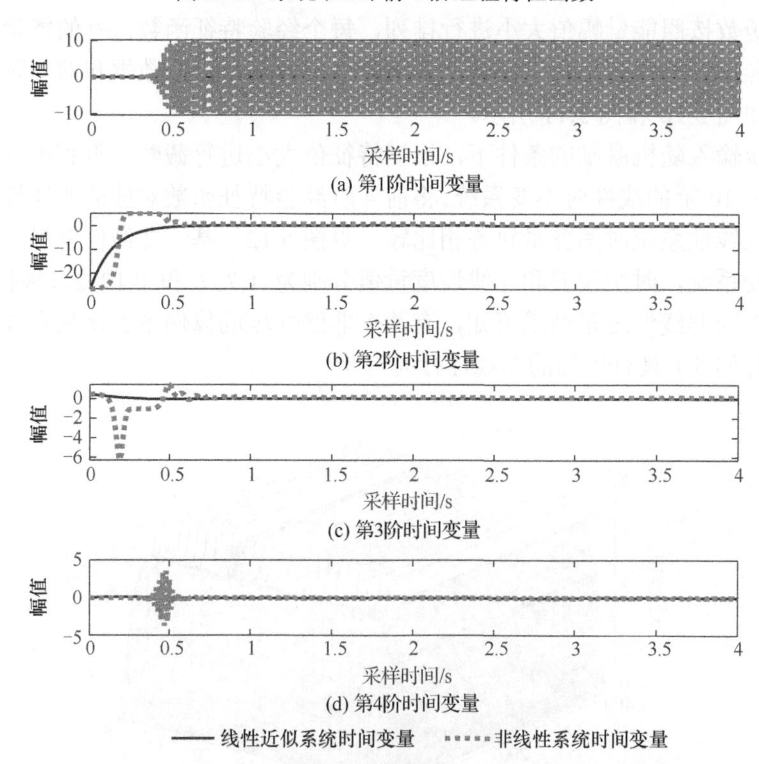

图 5.12 前 4 阶线性系统时间变量与非线性时间变量比较

注 5.1 上述两个算例的计算结果表明，本章提出的基于经验特征函数和非线性度量的时空耦合系统降阶方法具有一定的适用范围。具有弱非线性行为的时空耦合系统称为拟线性系统，系统的行为特征更多地接近于线性，因此非线性度量值较小。采用本章方法获得的线性时不变系统可以较好地代表原时空耦合系统的动态行为，基于得到的线性系统进行控制设计的难度较小。而具有较强或者更强非线性的时空耦合系统，系统的行为特征与线性行为差别较大，非线性度量值一般较大，得到的线性时不变近似系统的阶数有可能很高，且不能较好地代表原时空耦合系统的动态行为，因此基于得到的线性系统进行控制设计的难度较大。

5.7 本章小结

本章介绍了基于经验特征函数和非线性度量的时空耦合系统降阶方法。首先介绍了动态系统非线性度量的概念；然后将此概念推广到时空耦合系统，介绍了基于经验特征函数和非线性度量的时空耦合系统降阶原理，并给出了具体的优化目标函数和优化计算方法；最后通过仿真计算验证了本章方法的有效性。

参考文献

[1] Li H X, Qi C K. Modeling of distributed parameter systems for applications—A synthesized review from time-space separation[J]. Journal of Process Control, 2010, 20(8): 891-901.

[2] Christofides P D. Nonlinear and Robust Control of Partial Differential Equation Systems: Methods and Applications to Transport-Reaction Processes[M]. Boston: Birkhauser, 2001.

[3] Ren Y Q, Duan X G, Li H X, et al. Dynamic switching based fuzzy control strategy for a class of distributed parameter system[J]. Journal of Process Control, 2014, 24(3): 88-97.

[4] Ren Y Q, Duan X G, Li H X, et al. Multi-variable fuzzy logic control for a class of distributed parameter systems[J]. Journal of Process Control, 2013, 23(3): 351-358.

[5] Park H M, Yoon T Y, Kim O Y. Optimal control of rapid thermal processing systems by empirical reduction of modes[J]. Industrial & Engineering Chemistry Research, 1999, 38(10): 3964-3975.

[6] Park H M, Cho D H. The use of the Karhunen-Loève decomposition for the modeling of distributed parameter systems[J]. Chemical Engineering Science, 1996, 51(1): 81-98.

[7] Li H X, Qi C K, Yu Y. A spatio-temporal Volterra modeling approach for a class of distributed industrial processes[J]. Journal of Process Control, 2009, 19(7): 1126-1142.

[8] Li H X, Qi C K. Spatio-Temporal Modeling of Nonlinear Distributed Parameter Systems[M]. New York: Springer, 2011.

[9] Armaou A, Christofides P D. Nonlinear feedback control of parabolic partial differential equation systems with time-dependent spatial domains[J]. Journal of Mathematical Analysis & Applications, 1999, 73(1): 124-157.

[10] Christofides P D, Daoutidis P. Finite-dimensional control of parabolic PDE systems using

approximate inertial manifolds[J]. Journal of Mathematical Analysis and Applications, 1997, 216(2): 398-420.

[11] Deng H, Li H X, Chen G R. Spectral-approximation-based intelligent modeling for distributed thermal processes[J]. IEEE Transactions on Control Systems Technology, 2005, 13(5): 686-700.

[12] Engell S, Trierweiler J O, Völker M, et al. Tools indices for dynamic I/O-controllability assessment control structure selection[J]. Computer Aided Chemical Engineering, 2004, 17(4): 430-463.

[13] Lu X J, Huang M H, Li Y B, et al. Subspace-modeling-based nonlinear measurement for process design[J]. Industrial & Engineering Chemistry Research, 2011, 50(23): 13457-13465.

[14] Lu X J, Huang M H. Nonlinear-measurement-based integrated robust design and control for manufacturing system[J]. IEEE Transactions on Industrial Electronics, 2013, 60(7): 2711-2720.

[15] Sun D, Hoo K A. Non-linearity measures for a class of SISO non-linear systems[J]. International Journal of Control, 2000, 73(1): 29-37.

[16] Jiang M, Wu J G, Peng X S, et al. Nonlinearity measure based assessment method for pedestal looseness of bearing-rotor systems[J]. Journal of Sound and Vibration, 2017, 411: 232-246.

[17] Hernjak N, Doyle F J, Ogunnaika B A, et al. Chemical process characterization for control design[J]. Computer Aided Chemical Engineering, 2004, 17(12): 42-75.

[18] Haber R. Nonlinearity tests for dynamic processes[J]. IFAC Proceedings Volumes, 1985, 18(5): 409-414.

[19] Jiang M, Wang D Y , Kuang Y W, et al. A bicoherence-based nonlinearity measurement method for identifying the location of breathing cracks in blades[J]. International Journal of Non-Linear Mechanics, 2021, 135: 103751.

[20] Carter G C. Coherence and time delay estimation[J]. Proceedings of the IEEE, 2005, 75(2): 236-255.

[21] Desoer C A, Wang Y T. Foundations of feedback theory for nonlinear dynamical systems[J]. IEEE Transactions on Circuits and Systems, 1980, 27(2): 104-123.

[22] Nikolaou M. When is nonlinear dynamic modeling necessary[C]. Proceedings of the American Control Conference, San Francisco, 1993: 910-944.

[23] Nikolaou M, Hanagandi V. Nonlinearity quantification and its application to nonlinear system identification[J]. Chemical Engineering Communications, 1998, 166(1): 1-33.

[24] Allgöwer F. Definition and computation of a nonlinearity measure[J]. IFAC Proceedings Volumes, 1995, 28(14): 257-262.

[25] Helbig A, Marquardt W, Allgöwer F. Nonlinearity measures: Definition, computation and applications[J]. Journal of Process Control, 2000, 10(2-3): 113-123.

[26] Guay M, Mclellan P J, Bacon D W. Measurement of nonlinearity in chemical process control

systems: The steady state map[J]. Canadian Journal of Chemical Engineering, 1995, 73(6): 868-882.

[27] Guay M, Mclellan P J, Bacon D W. Measurement dynamic process nonlinearity[C]. Proceedings of IFAC Symposium Advanced Control of Chemical Processes, Banff, 1997: 535-540.

[28] Sun D, Hoo K A. Nonlinearity measures for a class of SISO nonlinear systems[C]. American Control Conference, Philadelphia, 1998: 2544-2548.

[29] Harris K R, Colantonio M C, Palazoğlu A. On the computation of a nonlinearity measure using functional expansions[J]. Chemical Engineering Science, 2000, 55(13): 2393-2400.

[30] Stack A J, Doyle F J. Application of a control-law nonlinearity measure to the chemical reactor analysis[J]. AIChE Journal, 1997, 43(43): 425-439.

[31] Stack A J, Doyle F J. The optimal control structure: An approach to measuring control-law nonlinearity[J]. Computers & Chemical Engineering, 1997, 21(9): 1009-1019.

[32] Hahn J, Edgar T F. A gramian based approach to nonlinearity quantification and model classification[J]. Industrial & Engineering Chemistry Research, 2001, 40(24): 5724-5731.

[33] Schweickhardt T, Allgöwer F. Chapter A3-Quantitative nonlinearity assessment—An introduction to nonlinearity measures[J]. Computer Aided Chemical Engineering, 2004, 17: 76-95.

[34] Schweickhardt T, Allgöwer F. Linear control of nonlinear systems based on nonlinearity measures[J]. Journal of Process Control, 2007, 17(3): 273-284.

[35] Astrom K J, Murray R M. Feedback Systems: An Introduction for Scientists and Engineers[M]. Princeton: Princeton University Press, 2008.

[36] Wu J G, Jiang M, Li X J, et al. Assessment of severity of nonlinearity for distributed parameter systems via nonlinearity measures[J]. Journal of Process Control, 2017, 58: 1-10.

[37] Kennedy J, Eberhart R. Particle swarm optimization[C]. IEEE International Conference on Neural Network, Perth, 1995: 1942-1948.

[38] Kennedy J. The particle swarm: Social adaptation of knowledge[C]. Proceedings of the IEEE Conference on Evolutionary Computation, Indianapolis, 1997: 303-308.

[39] Kennedy J. Swarm Intelligence[M]. San Francisco: Morgan Kaufmann, 2001.

[40] Sellerie S. Some insight over new variations of the particle swarm optimization method[J]. IEEE Antennas and Wireless Propagation Letters, 2006, 5: 235-238.

第 6 章 时空耦合系统变量分离降阶方法的应用

6.1 引 言

随着现代科学技术的发展，在工程技术领域提出的控制需求越来越具有空间分布参数特征，对其实现良好控制具有非常大的难度。由于描述上述过程的偏微分方程形式的动力学模型具有非线性和时空耦合特性，想要得到模型的精确解析解在绝大多数情况下是不可能的。因此，一般的处理思路是先将无穷阶时空耦合系统模型进行降阶处理，成为有限阶近似模型。降阶处理一直被认为是无穷阶时空耦合系统动力学建模的一个关键步骤。这是因为时空耦合系统降阶处理得到的动力学模型的复杂程度直接关系到系统动态分析和控制器设计的难度。目前，有限元法是对时空耦合系统从无穷阶降阶至有限阶的一种较为普遍的适用方法，主要思想是将空间进行离散降阶，可用于对原系统的动力学特性进行研究。有限元法的精度可以通过调整划分网格来进行保证，在使用足够多单元的条件下可以得到精度足够高的系统动力学模型。但是，保证一定精度的有限元模型具有较高的阶数，不便于控制器的设计，且由于其计算速度较慢，也不适于在实时控制中使用。基于变量分离的时空耦合系统降阶方法可以在近似模型取得较低阶数的同时获得足够高的精度。基于全局空间基函数的谱方法便是其中常用的一种，其得到的低阶模型更适宜于控制器设计。

本章介绍基于变量分离的时空耦合系统降阶方法的应用，将第 2～5 章中介绍的方法进行应用研究，包括刚-柔双连杆臂机械手动力学分析、铝合金热精轧过程工作辊热变形预测和梁类结构裂纹位置识别。

6.2 刚-柔双连杆臂机械手动力学分析

本节基于参考文献[1]和[2]的研究内容，针对 1.3.5 节中给出的刚-柔双连杆臂机械手动力学模型进行动力学分析。文献[1]基于一定的假设对刚-柔双连杆臂机械手进行简化，如图 1.4 所示，求出系统的总动能和总势能，代入拉格朗日方程进行计算推导，得到一组时变、非线性、强耦合的偏微分-积分方程形式的刚-柔双连杆臂机械手动力学方程(1.19)及其边界条件(1.20)。然而，由于时空耦合系统(1.19)和(1.20)采用无限维分布参数模型进行描述，直接求得系统的解析解是不可能的。为了得到便于刚-柔双连杆臂机械手控制器设计和快速动力学仿真的低阶模型，可以针对时空耦合系统(1.19)和(1.20)采用变量分离结合伽辽金方法来获得低阶近似动力学模型。

6.2.1　基于时空分离的动力学模型降阶

由于时空耦合系统(1.19)和(1.20)中空间微分算子的特征值可以很明显地分为低阶的慢变量和快变量，下面直接采用第 2 章介绍的基于特征函数的系统降阶方法对该时空耦合系统进行降阶处理。

首先，把描述无穷阶刚-柔双连杆臂系统振动的偏微分方程系统(1.19)改写成如下形式：

$$\frac{\partial^2 \omega(z,t)}{\partial t^2} = \mathcal{L}^4 \omega(z,t) + 2\delta \mathcal{L}^4 \dot{\omega}(z,t) + W(z,t) \tag{6.1}$$

式中，系统微分算子 $\mathcal{L}^4 = \tau \frac{\partial^4}{\partial z^4}$ 表示线性四阶微分算子，$\tau = -\frac{\mathrm{EI}_2}{\rho_2}$；$W(z,t) = V(z,t)/\rho_2$。

采用第 2 章中的降阶原理对式(6.1)中的柔性变形位移 $\omega(z,t)$ 进行时空分离：

$$\omega(z,t) = \sum_{i=1}^{\infty} \varphi_i(z) x_i(t) \tag{6.2}$$

式中，$\varphi_i(z)$ 表示空间基函数；$x_i(t)$ 表示与空间基函数对应的时间系数。

设 λ 为系统线性四阶微分算子 $\mathcal{L}^4$ 的特征值，则有

$$\mathcal{L}^4 \omega(z,t) = \lambda \omega(z,t) \tag{6.3}$$

把式(6.2)代入式(6.3)，并令 $\varphi_i^4(z) = H_i^4 \varphi_i(z)$，则可求得 $\varphi_i(z)$ 通解为

$$\varphi_i(z) = D_1 \sin(H_i z) + D_2 \cos(H_i z) + D_3 \sinh(H_i z) + D_4 \cosh(H_i z) \tag{6.4}$$

把式(6.4)代入边界约束条件(1.18)，可得

$$\begin{cases} \varphi_i(0) = 0,\ \dfrac{\partial \varphi_i(0)}{\partial z} = 0 \\ \dfrac{\partial^2 \varphi_i(L_2)}{\partial z^2} = 0,\ \dfrac{\partial^3 \varphi_i(L_2)}{\partial z^3} + \dfrac{M_{\mathrm{p}} \varpi_i^2}{\mathrm{EI}_2} \varphi_i(L_2) = 0 \end{cases} \tag{6.5}$$

把式(6.4)代入式(6.5)，可求得基函数 $\varphi_i(z)$ 为

$$\varphi_i(z) = \eta_i (\cosh(H_i z) - \cos(H_i z) - \xi_i (\sinh(H_i z) - \sin(H_i z))) \tag{6.6}$$

其中，$H_i L_2$ 满足如下特征方程：

$$1 + \cosh(H_i L_2)\cos(H_i L_2) + \bar{M}_{\mathrm{p}} H_i L_2 (\cos(H_i L_2)\sinh(H_i L_2) - \sin(H_i L_2)\cosh(H_i L_2)) = 0 \tag{6.7}$$

式中，$\xi_i=\dfrac{\cosh(H_iL_2)+\cos(H_iL_2)}{\sinh(H_iL_2)+\sin(H_iL_2)}$；$\bar{M}_{\mathrm{p}}=\dfrac{M_{\mathrm{p}}}{\rho_2L_2}$；$H_i^4=\lambda_i/\tau$；$\eta_i$ 表示待定系数。

对特征基函数进行正规化处理，即令 $\|\varphi_i(\cdot)\|=1$，可求得每个对应系数 η_i，这样就得到一个正规化的特征基函数集 $\{\varphi_1(z),\varphi_2(z),\varphi_3(z),\cdots\}$。

经过上述求解以及正规化处理后的特征基函数 $\varphi_i(z)$ 满足如下条件：

$$\begin{cases}\int_0^{L_2}\varphi_i(z)\varphi_j(z)\mathrm{d}z=1, & i=j\\ \int_0^{L_2}\varphi_i(z)\varphi_j(z)\mathrm{d}z=0, & i\neq j\end{cases}\tag{6.8}$$

由式(6.3)可知，系统线性四阶微分算子 $\mathcal{L}^4$ 的特征值为

$$\lambda_i=\tau H_i^4\tag{6.9}$$

把式(6.2)代入式(6.1)，并采用伽辽金方法在等式两边对 $\varphi_i(z)$ 在 $(0,L_2)$ 取内积可得

$$\ddot{x}_i(t)=2\delta\lambda_i\dot{x}_i(t)+\lambda_ix_i(t)+f_i(t)\tag{6.10}$$

为了进一步分析方便，把式(6.10)写成如下形式：

$$\ddot{x}_i(t)=A_0\dot{x}(t)+B_0x(t)+f(t)\tag{6.11}$$

式中，

$$x(t)=[x_1(t),x_2(t),\cdots,x_n(t),\cdots]^{\mathrm{T}}$$

$$A_0=2\delta\cdot\mathrm{diag}(\lambda_1,\lambda_2,\cdots,\lambda_n,\cdots)$$

$$B_0=\mathrm{diag}(\lambda_1,\lambda_2,\cdots,\lambda_n,\cdots)$$

$$f(t)=[f_1(t),f_2(t),\cdots,f_n(t),\cdots]^{\mathrm{T}},\quad f_i(t)=\int_0^{L_2}\varphi_i(z)W(z,t)\mathrm{d}z$$

式(6.11)是经过时空变量分离后的无穷阶系统，需要对其进行截断。在此基于伽辽金方法截断理论对其进行截断处理，截断准则如下[3]：

对于时空耦合系统，$\mathrm{Re}\,\lambda_j$ 表示的是系统线性微分算子特征值 λ_j 的实部，如果有 $0\geqslant\mathrm{Re}\lambda_1\geqslant\mathrm{Re}\lambda_2\geqslant\cdots\geqslant\mathrm{Re}\lambda_j\geqslant\cdots$ 且存在 κ 使之满足 $|\mathrm{Re}\lambda_1|/|\mathrm{Re}\lambda_\kappa|=O(1)$、$|\mathrm{Re}\lambda_\kappa|/|\mathrm{Re}\lambda_{\kappa+1}|=O(\varepsilon)$，其中 $\varepsilon:=|\mathrm{Re}\lambda_\kappa|/|\mathrm{Re}\lambda_{\kappa+1}|<1$ 是一个很小的正实数，那么系统的特征值集合可分成 $\sigma(\bar{A})=\sigma_1(\bar{A})+\sigma_2(\bar{A})$，其中 $\sigma_1(\bar{A})=\{\lambda_1,\lambda_2,\cdots,\lambda_\kappa\}$，$\sigma_2(\bar{A})=\{\lambda_{\kappa+1},\lambda_{\kappa+2},\lambda_{\kappa+3},\cdots\}$。

由上面的截断准则可知，如果线性四阶微分算子 $\mathcal{L}^4$ 满足上述条件，则可把该无穷阶时空耦合系统分离为两个正交子空间集 $\mathcal{H}_s=\mathrm{span}\{\varphi_1,\varphi_2,\cdots,\varphi_\kappa\}$ 和 $\mathcal{H}_f=\mathrm{span}\{\varphi_{\kappa+1},\varphi_{\kappa+2},\cdots\}$。通过选择正交投影运算符使之满足 $x_s(t)=P_sx(t)$、$x_f(t)=P_fx(t)$，P_s 和 P_f 表示投影运算符矩阵，则有 $x(t)=x_s(t)+x_f(t)=P_sx(t)+P_fx(t)$。

为了对系统进行截断，需要求得方程的特征值，从而需要求得 H_i，从式(6.7)

可以看出其是一个有关 H_iL_2 的超越方程，只能用图解法或者数值解法求解。在求解之前，给出刚-柔双连杆臂机械手实验台结构参数如表 6.1 所示。

表 6.1　刚-柔双连杆臂机械手实验台结构参数

参数	长度/m	转动惯量/(kg·m^2)	抗挠刚度/(N·m^3)	线密度/(kg/m)	末端质量/kg
刚性连杆臂	0.33	0.0812	—	—	0.221
柔性连杆臂	0.3	0.138	26.055	0.4865	0.5

当取 $M_p=0$ 时，表示的是末端不带负载的刚-柔双连杆臂系统，由于带负载与不带负载时系统振动方程的边界条件不同，从而求得的基函数与特征值也不同；为了区别二者，记参数值取上标“o”表示不带负载时的值，如 $H_i^oL_2$、λ_i^o、$\varphi_i^o(z)$ 等都表示不带负载情况下的参数。

采用表 6.1 中刚-柔双连杆臂机械手实验台结构参数，通过数值求解，得到 $H_i^oL_2$ 如下：

$i=1$ 时，$H_1^oL_2=1.8751$；$i=2$ 时，$H_2^oL_2=4.6941$；$i=3$ 时，$H_3^oL_3=7.8548$；

$i=4$ 时，$H_4^oL_4=10.996$；$i=5$ 时，$H_5^oL_5=14.137$；$i\geqslant 6$ 时，$H_i^oL_2\approx\left(i-\dfrac{1}{2}\right)\pi$。

同上，通过数值求解，得到 H_iL_2 如下：

$i=1$ 时，$H_1L_2=0.9514$；$i=2$ 时，$H_2L_2=3.9603$；$i=3$ 时，$H_3L_2=7.0888$；

$i=4$ 时，$H_4L_2=10.2242$；$i=5$ 时，$H_5L_2=13.3626$；$i\geqslant 6$ 时，$H_iL_2\approx\left(i-\dfrac{3}{4}\right)\pi$。

把求得的 $H_i^oL_2$ 和 H_iL_2 代入式(6.3)，求得两种情况下微分算子的特征值如表 6.2 和表 6.3 所示。

表 6.2　末端不带负载时微分算子的特征值

阶数	$i=1$	$i=2$	$i=3$	$i=4$	$i=5$
参数 $H_i^oL_2$	1.8751	4.6941	7.8548	10.996	14.137
特征值 λ_i^o	-1.2458×10^5	-4.613×10^6	-3.6167×10^7	-1.389×10^8	-3.795×10^8

表 6.3　末端带负载时微分算子的特征值

阶数	$i=1$	$i=2$	$i=3$	$i=4$	$i=5$
参数 H_iL_2	0.9514	3.9603	7.0888	10.2242	13.3626
特征值 λ_i	-5.420×10^3	-1.626×10^6	-1.670×10^7	-7.225×10^7	-2.108×10^8

由表 6.2 和表 6.3 可得，特征值 λ_i 和 λ_i^o 满足 $0\geqslant \mathrm{Re}\lambda_1\geqslant \mathrm{Re}\lambda_2\geqslant\cdots\geqslant \mathrm{Re}\lambda_j\geqslant\cdots$、$0\geqslant \mathrm{Re}\lambda_1^o\geqslant \mathrm{Re}\lambda_2^o\geqslant\cdots\geqslant \mathrm{Re}\lambda_i^o\geqslant\cdots$，令 $r_i=|\mathrm{Re}\lambda_1|/|\mathrm{Re}\lambda_i|$、$r_i^o=|\mathrm{Re}\lambda_1^o|/|\mathrm{Re}\lambda_i^o|$，可知 $r_i=|\mathrm{Re}\lambda_1|/|\mathrm{Re}\lambda_i|=\dfrac{H_1^4}{H_i^4}$、$r_i^o=|\mathrm{Re}\lambda_1^o|/|\mathrm{Re}\lambda_i^o|=\left(\dfrac{H_1^o}{H_i^o}\right)^4$，$i\geqslant 1$。

对于末端带负载和末端不带负载时两种情况，计算求得特征值比值 r_i 、 r_i° 如表 6.4 所示。

表 6.4　不同阶数时的参数 r_i、r_i° 值

阶数	$i=1$	$i=2$	$i=3$	$i=4$
末端不带负载 r_i°	1.0	0.0255	0.0032	8.4559×10^{-4}
末端带负载 r_i	1.0	0.0016	1.5449×10^{-4}	3.5587×10^{-5}

通过求解可知，在不带负载和带负载两种情况下，线性四阶微分算子 $\mathcal{L}^4$ 满足伽辽金截断准则条件，于是式(6.11)可以写成如下形式：

$$\ddot{x}_{\mathrm{s}}(t)=A_{\mathrm{s}}\dot{x}_{\mathrm{s}}(t)+B_{\mathrm{s}}x_{\mathrm{s}}(t)+f_{\mathrm{s}}(t) \tag{6.12a}$$

$$\ddot{x}_{\mathrm{f}}(t)=A_{\mathrm{f}}\dot{x}_{\mathrm{f}}(t)+B_{\mathrm{f}}x_{\mathrm{f}}(t)+f_{\mathrm{f}}(t) \tag{6.12b}$$

式中， $A_{\mathrm{s}}=P_{\mathrm{s}}^{\mathrm{T}}A_0P_{\mathrm{s}}=2\delta\mathrm{diag}(\lambda_1,\lambda_2,\cdots,\lambda_\kappa)$ ； $B_{\mathrm{s}}=P_{\mathrm{s}}^{\mathrm{T}}B_0P_{\mathrm{s}}=\mathrm{diag}(\lambda_1,\lambda_2,\cdots,\lambda_\kappa)$ ； $A_{\mathrm{f}}=2\delta\cdot\mathrm{diag}(\lambda_{\kappa+1},\lambda_{\kappa+2},\cdots,\lambda_n,\cdots)$ 和 $B_{\mathrm{f}}=\mathrm{diag}(\lambda_{\kappa+1},\lambda_{\kappa+2},\cdots,\lambda_n,\cdots)$ 分别为矩阵 $P_{\mathrm{f}}^{\mathrm{T}}A_0P_{\mathrm{f}}$ 、 $P_{\mathrm{f}}^{\mathrm{T}}B_0P_{\mathrm{f}}$ 的右下角分块对角矩阵； $f_{\mathrm{s}}(t)=P_{\mathrm{s}}^{\mathrm{T}}f(t)$ ， $P_{\mathrm{s}}=[I_{\kappa\times\kappa}\quad 0_{\kappa\times\infty}]^{\mathrm{T}}$ ； $f_{\mathrm{f}}(t)=[f_{\kappa+1}(t),f_{\kappa+2}(t),\cdots,f_n(t),\cdots]^{\mathrm{T}}$ 为 $P_{\mathrm{f}}^{\mathrm{T}}f(t)$ 表示的列向量中第 $\kappa+1\sim+\infty$ 元素组成的矩阵，$P_{\mathrm{f}}=\begin{bmatrix}0_{\kappa\times\kappa} & 0_{\kappa\times\infty}\\ 0_{\infty\times\kappa} & 0_{\infty\times\infty}\end{bmatrix}^{\mathrm{T}}$ 。

为了得到低阶近似系统，对经过分离变量的非线性常微分方程截取合适的阶数，并对系统进行降阶。一般地，当 $r_i=0.1$（也就是 λ_i 十倍于 λ_1）时，就可用前 i 阶低阶慢变量来近似无穷阶系统[3,4]。从表 6.4 可得，当 i=2 时，末端不带负载和末端带负载时的特征值比值都远小于 0.1。因此，本节采用伽辽金方法截断以后可以采用二阶常微分方程系统来近似原方程的动态行为。

通过前面对系统的离散、截断分析并经过整理，得到基于时空分离以及伽辽金方法截断后的刚-柔双连杆臂机械手系统动力学模型如下：

$$M\begin{bmatrix}\ddot{\theta}\\ \ddot{x}\end{bmatrix}+\begin{bmatrix}F_1(\theta,x,\dot{\theta},\dot{x})\\ F_2(\theta,x,\dot{\theta},\dot{x})\end{bmatrix}+\begin{bmatrix}E_1\dot{\theta}\\ E_2\dot{x}+Kx\end{bmatrix}=\begin{bmatrix}u\\ 0\end{bmatrix} \tag{6.13}$$

式中，$M=M^{\mathrm{T}}$ 表示广义对称惯性矩阵；$K=\mathrm{diag}(K_1,K_2,K_3,K_4)$ 表示刚度矩阵；u 表示关节驱动力矩；$\begin{bmatrix}F_1(\theta,x,\dot{\theta},\dot{x})\\ F_2(\theta,x,\dot{\theta},\dot{x})\end{bmatrix}$ 表示由科氏力和离心力引起的非线性项；$E_1=\begin{bmatrix}\mu_1 & \\ & \mu_2\end{bmatrix}$ 表示正定阻尼矩阵；$E_2=\begin{bmatrix}\delta_1 & \\ & \delta_2\end{bmatrix}$ 表示结构阻尼矩阵[5]。

方程(6.13)是关于广义坐标的二阶强耦合非线性微分方程，其中元素的取值如下。

(1) 末端不带负载时，有

$$M=\begin{bmatrix} m_{11} & m_{12} & m_{13} & m_{14} \\ m_{21} & m_{22} & m_{23} & m_{24} \\ \rho_2 h_1(z)+\rho_2 L_1\cos\theta_2 h_1(1) & \rho_2 h_1(z) & \rho_2 h_1(1) & 0 \\ \rho_2 h_2(z)+\rho_2 L_1\cos\theta_2 h_2(1) & \rho_2 h_2(z) & 0 & \rho_2 h_2(1) \end{bmatrix} \tag{6.14}$$

式中，

$$m_{11}=J_1+J_{\mathrm{t}}+M_{\mathrm{t}}L_1^2+\rho_2 L_1^2 L_2+\frac{1}{3}\rho_2 L_2^3+\rho_2 L_2\sum_{j=1}^{2}x_j^2(t)$$

$$+\rho_2 L_1 L_2^2\cos\theta_2-2\rho_2 L_1\sin\theta_2\sum_{j=1}^{2}h_j(1)x_j(t)$$

$$m_{12}=J_{\mathrm{t}}+\frac{1}{3}\rho_2 L_2^3+\rho_2 L_2\sum_{j=1}^{2}x_j^2(t)+\frac{1}{2}\rho_2 L_1 L_2^2\cos\theta_2-\rho_2 L_1\sin\theta_2\sum_{j=1}^{2}h_j(1)x_j(t)$$

$$m_{13}=\rho_2 h_1(z)+\rho_2 L_1\cos\theta_2 h_1(1)$$

$$m_{14}=\rho_2 h_2(z)+\rho_2 L_1\cos\theta_2 h_2(1)$$

$$m_{21}=m_{22}=J_{\mathrm{t}}+\frac{1}{3}\rho_2 L_2^3+\rho_2 L_2\sum_{j=1}^{2}x_j^2(t)$$

$$m_{23}=\rho_2 h_1(z)$$

$$m_{24}=\rho_2 h_2(z)$$

另外，刚度矩阵的计算方法如下：

$$K=\begin{bmatrix} 0 & 0 & 0 & 0 \\ 0 & 0 & 0 & 0 \\ 0 & 0 & K_3 & 0 \\ 0 & 0 & 0 & K_4 \end{bmatrix},\quad K_{i+2}=\mathrm{EI}_2(H_i^0)^4,\quad i=1,2 \tag{6.15}$$

$$F=[f_1,f_2,f_3,f_4]^{\mathrm{T}}=\begin{bmatrix} F_1(\theta,x,\dot{\theta},\dot{x}) \\ F_2(\theta,x,\dot{\theta},\dot{x}) \end{bmatrix} \tag{6.16}$$

式中，

$$F_1(\theta,x,\dot{\theta},\dot{x})=[f_1,f_2],\quad F_2(\theta,x,\dot{\theta},\dot{x})=[f_3,f_4]$$

$$f_1=-\left(\frac{1}{2}\rho_2 L_1 L_2^2\sin\theta_2+\rho_2 L_1\cos\theta_2\sum_{j=1}^{2}h_j(1)x_j(t)\right)\dot{\theta}_2^2$$

$$-\left(\rho_2 L_1 L_2^2\sin\theta_2+\rho_2 L_1\cos\theta_2\sum_{j=1}^{2}h_j(1)x_j(t)\right)\dot{\theta}_1\dot{\theta}_2$$

$$-\left(2\rho_2 L_1\sin\theta_2\sum_{j=1}^{2}h_j(1)\dot{x}_j(t)-2\rho_2 L_2\sum_{j=1}^{2}x_j(t)\dot{x}_j(t)\right)(\dot{\theta}_1+\dot{\theta}_2)$$

$$f_2=\left(\frac{1}{2}\rho_2L_1L_2^2\sin\theta_2+\rho_2L_1\cos\theta_2\sum_{j=1}^{2}h_j(1)x_j(t)\right)\dot{\theta}_1^2+2\rho_2L_2(\dot{\theta}_1+\dot{\theta}_2)\sum_{j=1}^{2}x_j(t)\dot{x}_j(t)$$

$$f_{i+2}=-\rho_2(\dot{\theta}_1+\dot{\theta}_2)^2x_i+\rho_2L_2\dot{\theta}_1^2\sin\theta_2h_i(1),\quad i=1,2$$

$$h_i(1)=\int_0^{L_2}\varphi_i^0(z)\mathrm{d}z,\ h_i(z)=\int_0^{L_2}z\cdot\varphi_i^0(z)\mathrm{d}z,\quad i=1,2$$

(2)末端带负载M_p时，有

$$M=\begin{bmatrix}m_{11}&m_{12}&m_{13}&m_{14}\\m_{21}&m_{22}&m_{23}&m_{24}\\m_{13}&m_{23}&m_{33}&0\\m_{14}&m_{24}&0&m_{44}\end{bmatrix}\tag{6.17}$$

式中，

$$\begin{aligned}m_{11}=&J_1+J_\mathrm{t}+M_\mathrm{t}L_1^2+\rho_2L_1^2L_2+\frac{1}{3}\rho_2L_2^3+\rho_2L_2\sum_{j=1}^{2}x_j^2(t)+\rho_2L_1L_2^2\cos\theta_2\\&-2\rho_2L_1\sin\theta_2\sum_{j=1}^{2}h_j(1)x_j(t)\\&+M_\mathrm{p}\left(L_1^2+L_2^2-2\rho_2L_1\sin\theta_2\sum_{j=1}^{2}h_j(1)x_j(t)+\left(\sum_{j=1}^{2}h_j(1)x_j(t)\right)^2\right)\end{aligned}$$

$$\begin{aligned}m_{12}=&J_\mathrm{t}+\frac{1}{3}\rho_2L_2^3+\rho_2L_2\sum_{j=1}^{2}x_j^2(t)+\frac{1}{2}\rho_2L_1L_2^2\cos\theta_2-\rho_2L_1\sin\theta_2\sum_{j=1}^{2}h_j(1)x_j(t)\\&+M_\mathrm{p}\left(L_2^2+L_1L_2\cos\theta_2+\left(\sum_{j=1}^{2}h_j(1)x_j(t)\right)^2-L_1\sin\theta_2\sum_{j=1}^{2}h_j(1)x_j(t)\right)\end{aligned}$$

$$m_{21}=m_{22}=J_\mathrm{t}+\frac{1}{3}\rho_2L_2^3+\rho_2L_2\sum_{j=1}^{2}x_j^2(t)+M_\mathrm{p}\left(L_2^2+\left(\sum_{j=1}^{2}h_j(1)x_j(t)\right)^2\right)$$

$$m_{2(i+2)}=\rho_2h_i(z)+M_\mathrm{p}L_2h_i(1),\qquad m_{(i+2)(i+2)}=\rho_2h_i(1),\quad i=1,2$$

$$\begin{aligned}m_{1(i+2)}=&\rho_2L_1\cos\theta_2h_i(1)+\rho_2h_i(z)\\&+M_\mathrm{p}L_1\cos\theta_2h_i(1)+M_\mathrm{p}L_2h_i(1),\quad i=1,2\end{aligned}$$

$$h_i(1)=\int_0^{L_2}\Phi_i(z)\mathrm{d}z,\ h_i(z)=\int_0^{L_2}z\Phi_i(z)\mathrm{d}z,\ H_i(1)=\int_0^{L_2}\Phi_i(L_2)\Phi_i(z)\,\mathrm{d}z,\quad i=1,2$$

且有

$$K=\begin{bmatrix}0&0&0&0\\0&0&0&0\\0&0&K_3&0\\0&0&0&K_4\end{bmatrix} \tag{6.18}$$

式中，$K_{i+2}=\mathrm{EI}_2H_i^4$，$i=1,2$。

$$F=[-f_1,-f_2,f_3,f_4]^{\mathrm{T}}=[F_1(\theta,x,\dot{\theta},\dot{x}),F_2(\theta,x,\dot{\theta},\dot{x})]^{\mathrm{T}} \tag{6.19}$$

$$F_1(\theta,x,\dot{\theta},\dot{x})=[-f_1,-f_2],\ F_2(\theta,x,\dot{\theta},\dot{x})=[f_3,f_4]$$

$$\begin{aligned}f_1=&\left(\frac{1}{2}\rho_2L_1L_2^2\sin\theta_2+\rho_2L_1\cos\theta_2\sum_{j=1}^{2}h_j(1)x_j(t)-M_\mathrm{p}\left(L_1\cos\theta_2\sum_{j=1}^{2}h_j(1)x_j(t)\right.\right.\\&\left.\left.+2L_1L_2\sin\theta_2\right)\right)\dot{\theta}_2^2+\left(\rho_2L_1L_2^2\sin\theta_2+\rho_2L_1\cos\theta_2\sum_{j=1}^{2}h_j(1)x_j(t)+M_\mathrm{p}\left(2L_1L_2\sin\theta_2\right.\right.\\&\left.\left.+2L_1\cos\theta_2\sum_{j=1}^{2}h_j(1)x_j(t)\right)\right)\dot{\theta}_1\dot{\theta}_2+\left(2\rho_2L_1\sin\theta_2\sum_{j=1}^{2}h_j(1)\dot{x}_j(t)-2\rho_2L_2\sum_{j=1}^{2}x_j(t)\dot{x}_j(t)\right.\\&\left.-M_\mathrm{p}\left(L_2^2+2\sum_{j=1}^{2}h_j(1)x_j(t)\cdot\sum_{j=1}^{2}x_j(t)\dot{x}_j(t)\right)\right)(\dot{\theta}_1+\dot{\theta}_2)\end{aligned}$$

$$\begin{aligned}f_2=&-\left(\frac{1}{2}\rho_2L_1L_2^2\sin\theta_2+\rho_2L_1\cos\theta_2\sum_{j=1}^{2}h_j(1)x_j(t)+M_\mathrm{p}\left(L_1\cos\theta_2\sum_{j=1}^{2}h_j(1)x_j(t)\right.\right.\\&\left.\left.+L_1L_2\sin\theta_2\right)\right)\dot{\theta}_1^2-\left(M_\mathrm{p}\left(L_2^2+\sum_{j=1}^{2}h_j(1)x_j(t)\cdot\sum_{j=1}^{2}x_j(t)\dot{x}_j(t)\right)\right.\\&\left.+2\rho_2L_2\sum_{j=1}^{2}x_j(t)\dot{x}_j(t)\right)(\dot{\theta}_1+\dot{\theta}_2)\end{aligned}$$

$$f_{i+2}=-(H_i(1)+\rho_2x_i)(\dot{\theta}_1+\dot{\theta}_2)^2+(L_1\sin\theta_2H_i(1)+\rho_2L_2\sin\theta_2\cdot h_i(1))\dot{\theta}_1^2,\quad i=1,2$$

6.2.2　模型实验验证

在参考文献[1]和[2]中，刚-柔双连杆臂机械手动力学模型(6.1)是基于下面的实验台进行建模得到的，刚-柔双连杆臂机械手实验台的三维结构图和实际加工与装配完的实验台分别如图 6.1 和图 6.2 所示。

实验台两个旋转关节的驱动部分采用交流伺服电机加减速器的驱动方式，电机型号分别为 MSMD5AZG1V 和 MSMD5AZG1U，减速器的型号为 PE60-040-P2，减速比为 40∶1，均采用型号为 MADHT1505 的驱动器。电机上带有增量式的光电编码

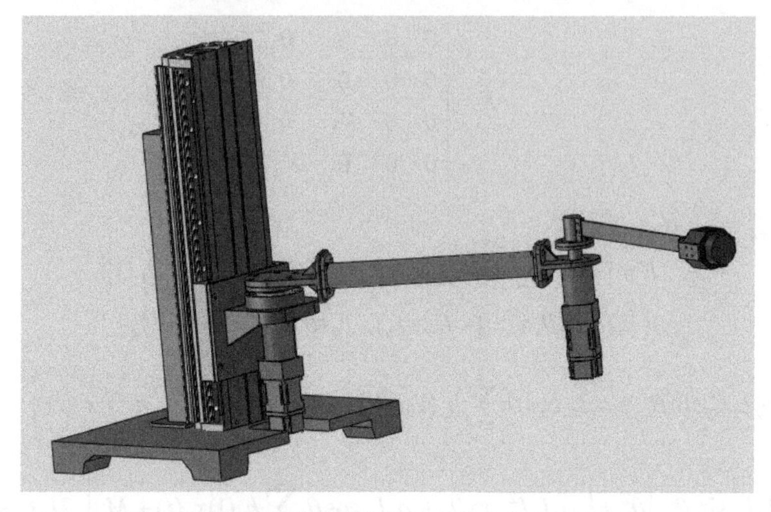

图 6.1　刚-柔双连杆臂机械手实验台的三维结构图

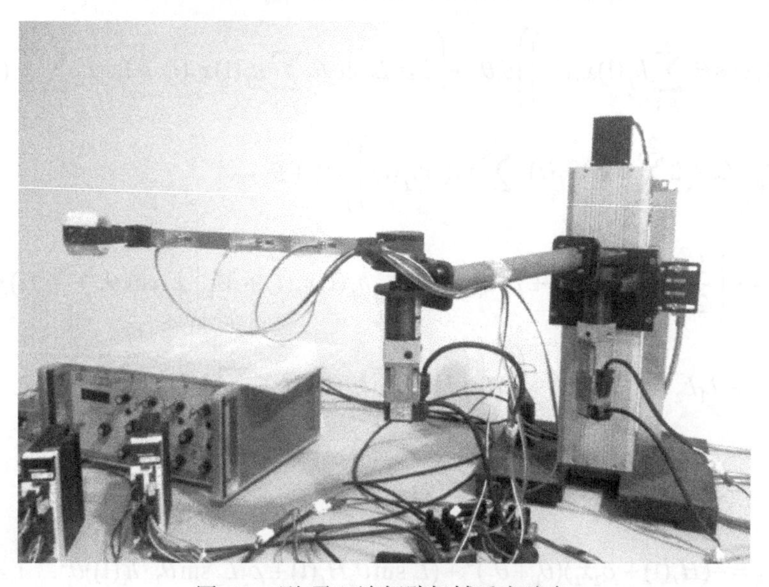

图 6.2　刚-柔双连杆臂机械手实验台

器测量两个旋转关节的角位移。同时，柔性臂上粘贴应变片，通过测量应变值计算末端的位移量。应变片变形电压值通过动态应变进行放大，再由数据采集卡采集到计算机上用于实时计算。实验台采用上海自动化仪表股份有限公司生产的 YD-28/4 型动态电阻应变仪对柔性臂振动变形的应变信号进行滤波和放大，采用北京波谱公司的 WS-2921/U 系列 16 通道的 USB 数据采集仪采集柔性臂振动数据。下位机采用固高 GT 系列的 4 轴 PCI 总线的控制卡，实时接收计算机指令和给定电机相应的控制指令。

采用应变片传感器实现柔性臂振动变形位移量测量的具体思路：在柔性臂上粘贴应变片，柔性臂在大范围运动中会产生振动和变形，使得应变片产生应变，通过电桥盒得到相应的模拟电压信号，再由动态应变仪对信号进行滤波和放大处理，最终由数据采集仪进行采集用于计算变形位移量。测量中应变片的半桥接法如图 6.3 所示。

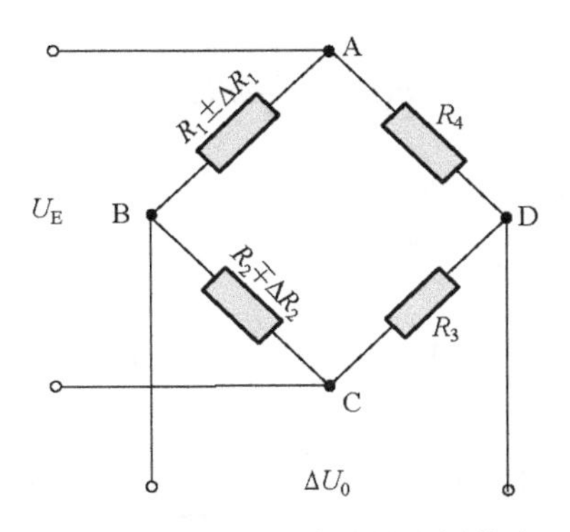

图 6.3　测量中应变片的半桥接法

采用差动半桥的电路接法消除了柔性臂的拉伸应变和压缩应变且具有温度补偿，使得应变片的测量结果主要反映柔性臂的弯曲变形。选择型号为 BX120 的应变片进行测量，主要技术指标如表 6.5 所示。

表 6.5　BX120 应变片主要技术指标

型号	敏感栅尺寸 /mm²	基底尺寸 /mm²	电阻值(±1%) /Ω	灵敏系数	灵敏温度系数 /%100℃
BX120-5AA	5×3	9.4×5.3	120	2.0	＜2

由图 6.3 可以计算电桥的输出电压：

$$\Delta U_0 = \left(\frac{R_1 \pm \Delta R_1}{R_1 + R_2 \pm \Delta R_1 \mp \Delta R_2} - \frac{R_4}{R_3 + R_4} \right) U_E \tag{6.20}$$

式中，R_1、R_2 表示随柔性臂振动变形而变化的应变片电阻；ΔR_1、ΔR_2 分别表示 R_1、R_2 应变片变形过程中阻值的变化量，$\Delta R_1 = \Delta R_2$；R_3、R_4 表示电桥盒内两个 120Ω 的精密无感线电阻，形成半桥测量的内半桥；U_E 表示供桥电压。

当图 6.3 中电桥平衡时，输出电压为

$$\Delta U_0 = \frac{1}{2} \frac{\Delta R_1}{R_1} U_E \tag{6.21}$$

应变片的灵敏系数 K_ε 为

$$K_\varepsilon = \frac{\Delta R_1}{R_1} \bigg/ \frac{\Delta L}{L} = \frac{\Delta R_1}{R_1} \bigg/ \varepsilon \tag{6.22}$$

式中，ε表示柔性臂上某一点的应变。把式(6.22)代入式(6.21)中可得

$$\Delta U_0 = \frac{1}{2} K_\varepsilon \varepsilon U_{\mathrm{E}} \tag{6.23}$$

根据材料力学可知

$$\varepsilon(z,t) = \frac{h}{2} \omega''(z,t) \tag{6.24}$$

式中，h表示实验台柔性臂的厚度；z表示柔性臂上某位置距关节的距离。

联合式(6.23)和式(6.24)，可得

$$\Delta U_0 = \frac{h}{4} K_\varepsilon U_{\mathrm{E}} \omega''(z,t) \tag{6.25}$$

将$\omega(z,t)$在前N阶特征函数上的展开式$\omega(z,t) \approx \sum_{i=1}^{N} \varphi_i(z) x_i(t)$代入式(6.25)，化简可得

$$\begin{bmatrix} x_1(t) \\ x_2(t) \\ \vdots \\ x_N(t) \end{bmatrix} = \frac{4}{K_\varepsilon U_{\mathrm{E}} h} \begin{bmatrix} \Phi_1''(z_1) & \Phi_2''(z_1) & \cdots & \Phi_N''(z_1) \\ \Phi_1''(z_2) & \Phi_2''(z_2) & \cdots & \Phi_N''(z_2) \\ \vdots & \vdots & & \vdots \\ \Phi_1''(z_N) & \Phi_2''(z_N) & \cdots & \Phi_N''(z_N) \end{bmatrix}^{-1} \begin{bmatrix} \Delta U(z_1,t) \\ \Delta U(z_2,t) \\ \vdots \\ \Delta U(z_N,t) \end{bmatrix} \tag{6.26}$$

式中，$z_i(i=1,2,\cdots,N)$表示粘贴在柔性臂上的应变片与关节连接处的距离。

综上，可以得到柔性臂的弹性变形与采集到的应变片电压值之间的关系如下：

$$\begin{aligned} \omega(x,t) &= \begin{bmatrix} \Phi_1(z) \\ \Phi_2(z) \\ \vdots \\ \Phi_N(z) \end{bmatrix}^{\mathrm{T}} \begin{bmatrix} x_1(t) \\ x_2(t) \\ \vdots \\ x_N(t) \end{bmatrix} \\ &= k_a \begin{bmatrix} \Phi_1(z) \\ \Phi_2(z) \\ \vdots \\ \Phi_N(z) \end{bmatrix}^{\mathrm{T}} \begin{bmatrix} \Phi_1''(z_1) & \Phi_2''(z_1) & \cdots & \Phi_N''(z_1) \\ \Phi_1''(z_2) & \Phi_2''(z_2) & \cdots & \Phi_N''(z_2) \\ \vdots & \vdots & & \vdots \\ \Phi_1''(z_N) & \Phi_2''(z_N) & \cdots & \Phi_N''(z_N) \end{bmatrix}^{-1} \begin{bmatrix} \Delta U(z_1,t) \\ \Delta U(z_2,t) \\ \vdots \\ \Delta U(z_N,t) \end{bmatrix} \end{aligned} \tag{6.27}$$

式中，$k_a = \dfrac{4}{K_\varepsilon U_{\mathrm{E}} h}$；$N$表示截断模型所用的阶数，只要在柔性臂上不同位置粘贴N组应变片用于计算柔性臂的振动变形即可。

根据6.2.1节，将描述柔性臂振动的无穷阶时空耦合系统降阶到2阶近似模型，式(6.27)可以写成

$$\omega(z,t)=k_a\begin{bmatrix}\Phi_1(z)\\ \Phi_2(z)\end{bmatrix}^{\mathrm{T}}\begin{bmatrix}\Phi_1''(z_1) & \Phi_2''(z_1)\\ \Phi_1''(z_2) & \Phi_2''(z_2)\end{bmatrix}^{-1}\begin{bmatrix}\Delta U(z_1,t)\\ \Delta U(z_2,t)\end{bmatrix}\tag{6.28}$$

柔性臂动力学模型验证是在给定同样输入情况下比较建立的动力学模型仿真结果和实验结果，如果结果接近，即可说明所建模型的合理性。动力学模型(6.13)以两旋转关节转矩为输入，而实验台是通过两个旋转关节电机的电压值使关节转动的。为了使上述输入一致，对电机加减速器的伺服驱动系统建立一个简单的动态模型。伺服驱动系统包括伺服电机和减速器，即以伺服电机的电压为输入和以减速器轴为输出，伺服驱动机构示意图[6]如图 6.4 所示。

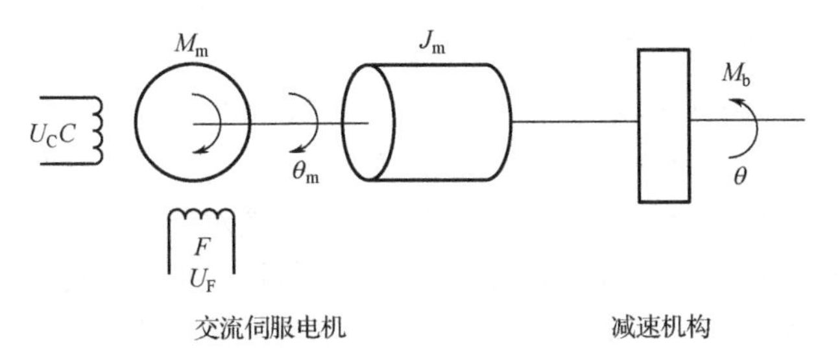

图 6.4　伺服驱动机构示意图

交流伺服电机的动态方程为

$$K_u U_{\mathrm{C}}=J_{\mathrm{m}}\frac{\mathrm{d}^2\theta_{\mathrm{m}}}{\mathrm{d}t^2}+(f_{\mathrm{m}}+K_{\omega})\frac{\mathrm{d}\theta_{\mathrm{m}}}{\mathrm{d}t}\tag{6.29}$$

式中，J_{m} 表示电机转子的转动惯量；f_{m} 表示电机及其负载折算到电机轴上的等效黏性摩擦系数；θ_{m} 表示电机轴的角位移；K_u、K_{ω} 均表示正常数；U_{C} 表示控制电压。

假定伺服驱动机构的减速装置的传动比为 η，即

$$\eta=\frac{\theta_{\mathrm{m}}}{\theta}\tag{6.30}$$

当不考虑电机的能量损耗时，根据转动定律可以得到该系统的动态转矩平衡方程为

$$M_{\mathrm{b}}=\eta\left(M_{\mathrm{m}}-J_{\mathrm{n}}\frac{\mathrm{d}^2\theta_{\mathrm{m}}}{\mathrm{d}t^2}\right)\tag{6.31}$$

$$J_{\mathrm{n}}=J_{\mathrm{m}}+J_{\mathrm{r}}\tag{6.32}$$

式中，M_{m} 表示电机的电磁转矩；M_{b} 表示减速装置输出轴的转矩；J_{r} 表示减速装置等效到电机轴上的转动惯量；J_{n} 表示等效转动惯量。

综合式(6.29)～式(6.32)，可以得到该伺服驱动系统的动力学方程：

$$\begin{cases} K_u U_{\mathrm{C}} = J_{\mathrm{m}} \dfrac{\mathrm{d}^2\theta_{\mathrm{m}}}{\mathrm{d}t^2} + (f_{\mathrm{m}} + K_\omega)\dfrac{\mathrm{d}\theta_{\mathrm{m}}}{\mathrm{d}t} \\ M_{\mathrm{b}} = \eta\left(K_u U_{\mathrm{C}} - K_\omega \dfrac{\mathrm{d}\theta_{\mathrm{m}}}{\mathrm{d}t} - J_{\mathrm{n}} \dfrac{\mathrm{d}^2\theta_{\mathrm{m}}}{\mathrm{d}t^2}\right) \\ \theta = \theta_{\mathrm{m}} / \eta \end{cases} \tag{6.33}$$

交流伺服电机的运动方程可以写成如下形式：

$$K_u U_{\mathrm{C}} = \eta J_{\mathrm{m}} \frac{\mathrm{d}^2\theta}{\mathrm{d}t^2} + \eta(f_{\mathrm{m}} + K_\omega)\frac{\mathrm{d}\theta}{\mathrm{d}t} \tag{6.34}$$

相关的技术参数为$\eta = 40$，$K_u = 0.001(\mathrm{N \cdot m})/\mathrm{V}$，$K_\omega = 0.2\times10^{-4}(\mathrm{N \cdot m})/(\mathrm{rad/s})$，$f_{\mathrm{m}} = 1.005\times10^{-5}(\mathrm{N \cdot m})/(\mathrm{rad/s})$，$J_{\mathrm{m}} = 0.025\times10^{-4}\mathrm{kg \cdot m^2}$，$J_{\mathrm{r}} = 0.22\times10^{-4}\mathrm{kg \cdot m^2}$。

在柔性臂上到关节不同距离的三个地方粘贴三组应变片，相应的粘贴位置如表 6.6 所示。在柔性臂上前后对称地粘贴应变片，按双臂半桥的方式接入电桥盒。通过动态应变仪进行放大，再由数据采集卡进行数据采集，采集频率设为 100Hz。由于柔性臂的振动变形很容易受外界干扰，特别当机械本体存在间隙时，在运动过程中只要有一极小的干扰就会引起振动的变化。为了能较好地验证模型降阶得到的二阶描述的变形位移量的准确性，避免机械结构之间的加工误差及外部干扰信号的影响，设刚性臂不运动而只有柔性臂在运动，即给定刚性臂关节电机的电压输入信号为 0，柔性臂关节电机的电压输入信号为阶跃信号。

表 6.6 应变片的粘贴位置

粘贴位置	第一个应变片/mm	第二个应变片/mm	第三个应变片/mm
x	40	110	205

实验过程中用于实验的柔性臂结构尺寸如表 6.7 所示，是长度 300mm、宽度 30mm、厚度 2mm 的铝板，在 5s 内通过控制卡给电机一个电压信号，5s 后不给信号。通过电机编码器得到电机的角位移结果，由采集应变片的变化电压值计算出末端的变形位移量。根据前面的电机模型计算得到输出的电机转矩作为仿真的输入信号，对仿真结果和实验结果进行对比分析，得到模型验证的结果如图 6.5 和图 6.6 所示。

表 6.7 柔性臂结构尺寸

结构	长度/mm	宽度/mm	厚度/mm
柔性臂	300	30	2

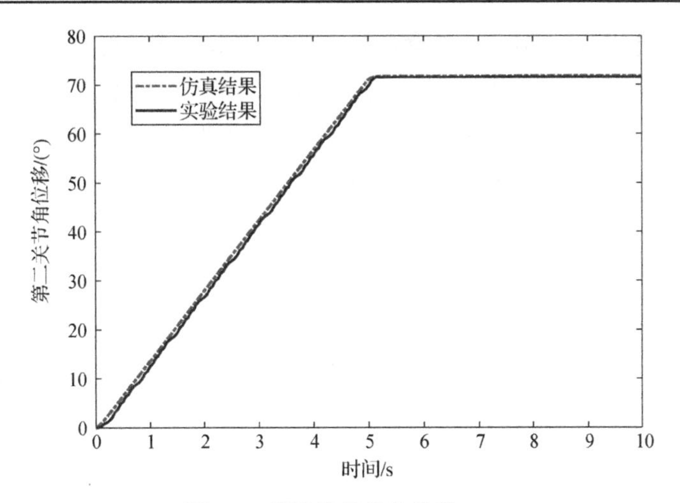

图 6.5　柔性关节的角位移

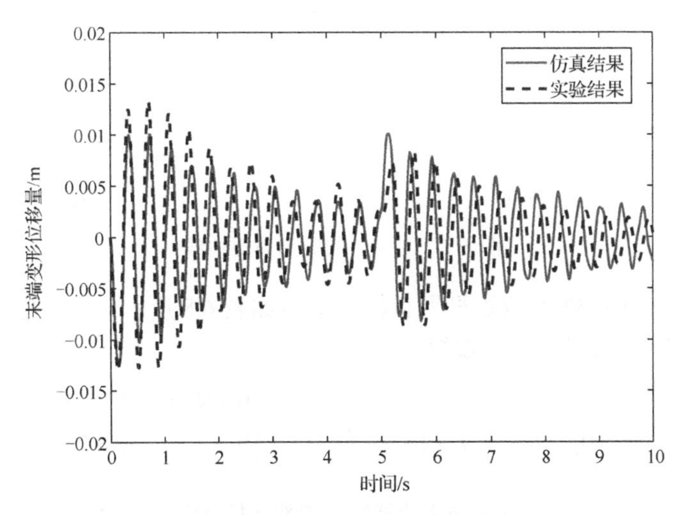

图 6.6　柔性臂末端变形位移量

由图 6.5 可知，对于大范围运动，仿真结果及实验结果基本上一致。由图 6.6 可以看出，仿真及实验的结果基本上相吻合，经分析认为存在的结果误差主要是由实验时外界干扰和机械本体设计与装配误差引起的。尤其要注意的是，第 5s 时撤去输入信号，在减速器及关节摩擦的作用下立刻停止转动，柔性臂惯性力的作用使得柔性臂产生一个振动突变，最后在结构阻尼的作用下振动突变慢慢消除。上述验证结果表明，描述柔性臂振动的低阶近似动力学模型是有效的。

6.2.3　动力学仿真分析

基于 6.2.2 节中对于柔性臂振动的低阶近似动力学模型的实验验证，本节在已知作用力矩的前提下，根据柔性臂低阶近似动力学模型分析不同结构参数对柔性臂动力学性能的影响。根据式(6.13)，在作用力矩作为已知输入的条件下，需要求解的有θ_1、θ_2、x_1、x_2共4个未知量。本节采用函数ode45在MATLAB软件中进行数值计算求解，并对不同末端负载的情况进行仿真分析。

具体两关节的驱动力矩曲线如图6.7所示。

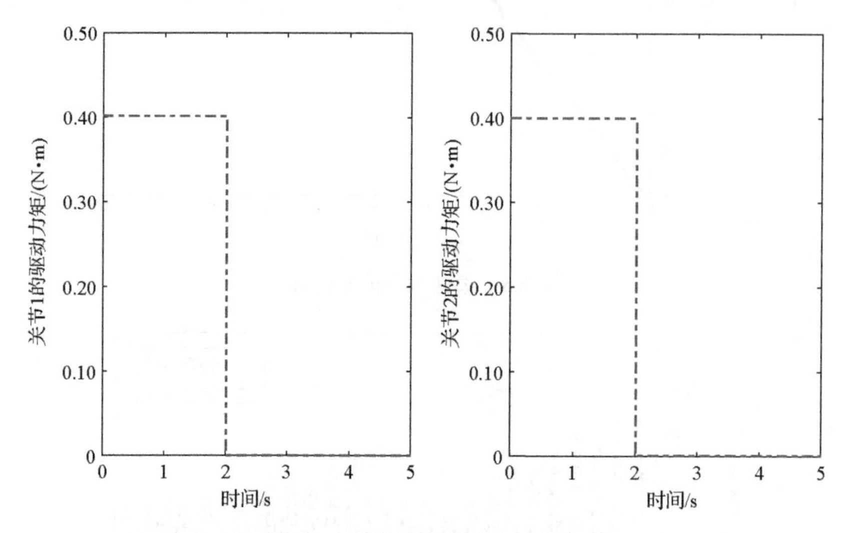

图6.7　两关节的驱动力矩曲线

用于仿真计算的刚-柔双连杆臂机械手参数如表6.8所示，其中作用在两关节上的驱动力矩取阶跃的形式，其规律取为

$$\tau_1=\begin{cases}0.4\text{N}\cdot\text{m}, & 0\leqslant t\leqslant 2\text{s}\\ 0, & t>2\text{s}\end{cases},\quad \tau_2=\begin{cases}0.4\text{N}\cdot\text{m}, & 0\leqslant t\leqslant 2\text{s}\\ 0, & t>2\text{s}\end{cases}\tag{6.35}$$

表6.8　用于仿真计算的刚-柔双连杆臂机械手参数

参数	长度/m	转动惯量/(kg·m^2)	抗挠刚度/(N·m^3)	线密度/(kg/m)	末端质量/kg
刚性连杆臂	0.33	0.0812	—	—	0.221
柔性连杆臂	0.3	0.138	26.055	0.4865	0.5

假设机械手末端夹持为集中质量，质心和机械手末端重合。在前面的驱动力矩作用下，当考虑机械手的阻尼因素时，两关节角度响应、速度响应分别如图6.8和图6.9所示。图6.8是系统在上述驱动力矩下不同末端质量的两关节角度响应，图6.9是两关节的速度响应。由图6.8和图6.9可以看出，末端负载越大，两关节的响应就越慢，转过的角度就越小。

图6.10为不同末端负载的柔性臂末端变形位移量，可以看出随着末端负载的增

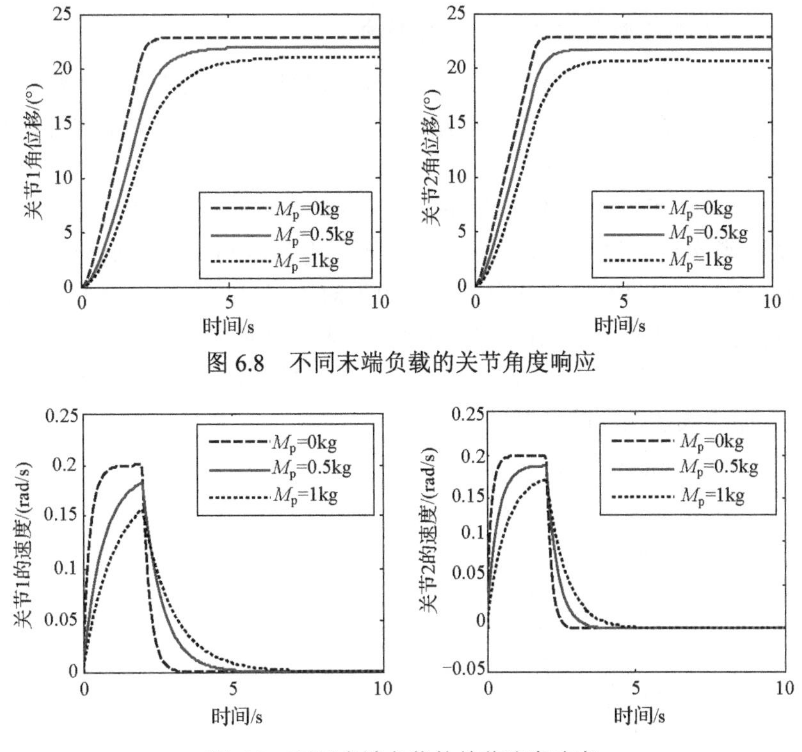

图 6.8　不同末端负载的关节角度响应

图 6.9　不同末端负载的关节速度响应

加，末端变形位移量增大，振动的频率降低。由于考虑了阻尼的影响，运动停止后末端的振动会慢慢趋于平稳，且随着负载的增大振动趋于平稳的时间增长。在工程实际应用中，操作机器人对末端负载是未知的，这就使得在工程实际应用中柔性臂的振动变形特性会随着未知负载的变化而变化，即增大了整个刚-柔耦合系统的不确定性。

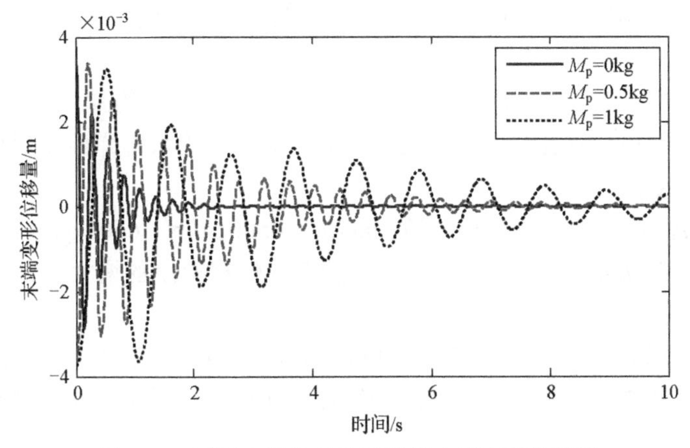

图 6.10　不同末端负载的柔性臂末端变形位移量

1. 结构阻尼对柔性臂动力学行为的影响

不同材料、形状的柔性臂具有不一样的结构阻尼，且其大小与柔性臂的振动变形有非常直接的关系。本节分析不同结构阻尼下柔性臂的振动变形特性，掌握规律可为柔性臂控制设计做好准备。

图 6.11 展示了柔性臂在不同结构阻尼下的振动变形响应。随着柔性臂结构阻尼的增大，柔性臂在运动过程中的末端弹性变形会有所减小，在运动停止后振幅减小，并且能较快停止。从图 6.11 中可知，结构阻尼对于运动停止后残余振动的消除有很大作用，得到不同结构阻尼柔性臂的动力学响应规律对柔性臂振动的被动控制具有重要的价值。合理地选择柔性臂的阻尼材料，使柔性臂可以在宽频带内有效地抑制结构振动，加速残余振动的衰减。

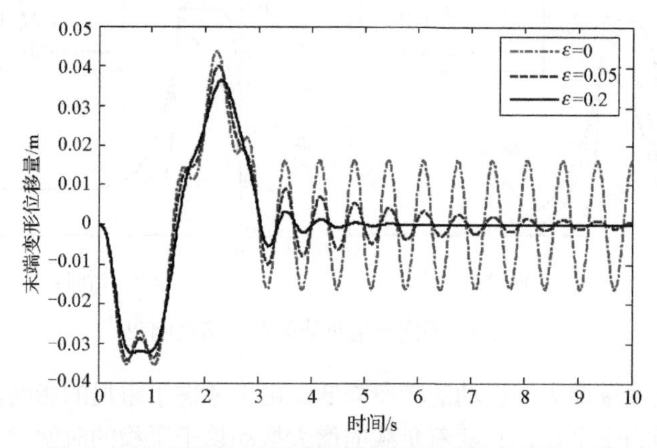

图 6.11　柔性臂在不同结构阻尼下的末端变形位移量

2. 不同结构参数对柔性臂动力学特性的影响

图 6.12～图 6.15 为不同结构参数在结构阻尼为零的情况下对柔性臂变形响应的影响。

分别取柔性臂的长度 L_2 为 0.3m、0.5m、0.7m，柔性臂的弹性变形如图 6.12 所示。由图 6.12 可知，随着柔性臂长度的增加，柔性臂的末端弹性变形增大，振幅增大，振动频率减小。

分别取柔性臂的质量密度 ρ 为 2700kg/m^3、4500kg/m^3、6600kg/m^3，柔性臂的弹性变形如图 6.13 所示。由图 6.13 可知，随着柔性臂密度的增大，柔性臂的末端弹性变形增大，振幅增大，振动频率减小。

分别取柔性臂的宽度 b 为 0.03m、0.06m、0.1m，柔性臂的弹性变形如图 6.14 所示。由图 6.14 可知，随着柔性臂宽度的增加，柔性臂末端的残余振动的振幅减小，振动频率增大。

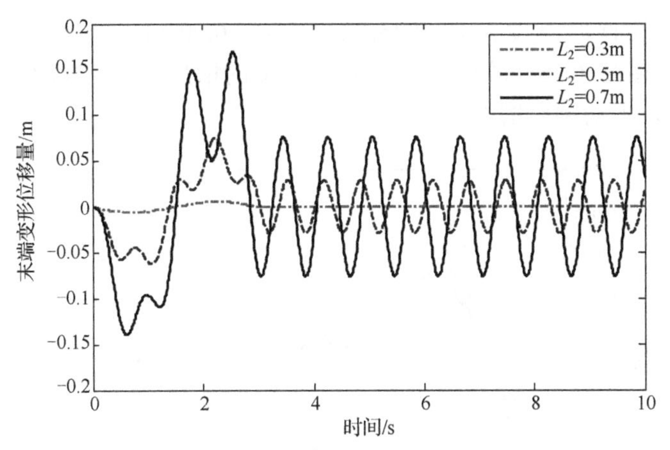

图 6.12　不同柔性臂长度的末端变形位移量

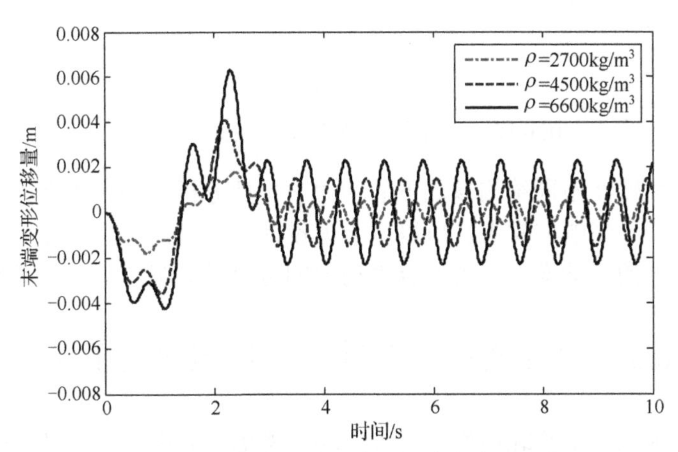

图 6.13　不同柔性臂密度的末端变形位移量

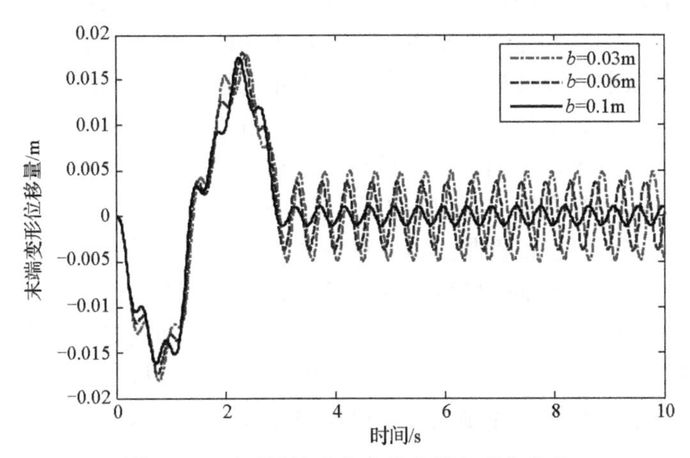

图 6.14　不同柔性臂宽度的末端变形位移量

分别取柔性臂的厚度 h 为 0.002m、0.0025m、0.003m，柔性臂的弹性变形如图 6.15 所示。由图 6.15 可知，随着柔性臂厚度的增加，柔性臂的末端弹性变形减小，振幅减小，振动频率增大。

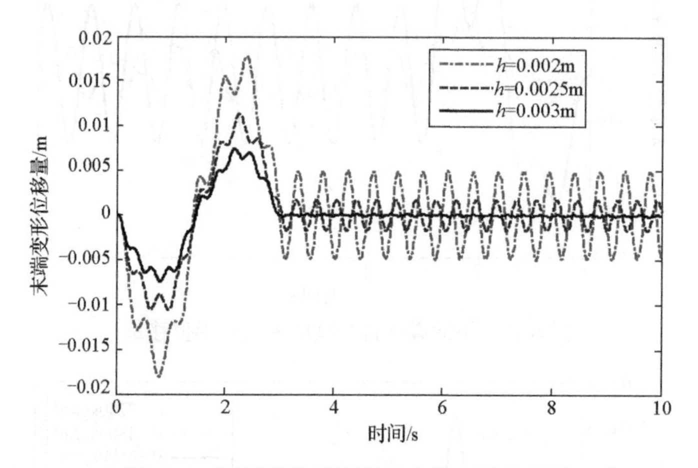

图 6.15　不同柔性臂厚度的末端变形位移量

由前面柔性臂在不同结构参数下的动力学特性分析可知，柔性臂的结构参数变化对其振动变形的影响非常大。所以，合理设计柔性臂的结构尺寸可以做到最大限度地减少柔性臂的振动变形，再结合主动控制可以最大限度地抑制柔性变形。

6.3　铝合金热精轧过程工作辊热变形预测

目前，我国铝合金热轧在生产过程中较少考虑热轧板凸度以及板带的横向厚度分布对后续冷轧过程板形的影响。随着现代化加工技术的发展，对铝板带产品的性能、价格比及产品的质量标准要求越来越高，为了降低成本、提高效益，更多的场合直接使用热轧板取代冷轧板。铝合金热轧板带的使用厚度也越来越薄，如果热轧铝板带板形差，由于板形具有遗传性，后续冷轧过程无法对其进行纠正，易导致冷轧板板形质量差。因此，在铝合金板带热轧过程中对板形进行控制具有非常重要的意义。由于热精轧板带较薄，可忽略宽展，轧后板带横向厚度分布与板形(板凸度和平直度)直接相关，所以在铝板带热精轧过程中可以采用测量板带出口横向厚度分布来反馈控制板形。除轧机部件精度、润滑条件、板厚、板宽、轧件横断面厚度和原始辊型等外，轧制时的轧制力、弯辊力、张力和喷淋冷却模式的热力耦合作用也会对板带出口横向厚度分布产生非常重要的影响。在铝合金板带热精轧过程中，可通过调节这些热力耦合作用来控制板带出口横向厚度分布，从而保证铝合金热精轧板带的良好板形[7]。

轧辊的热行为在板带轧制生产中占有重要的地位[8]，影响铝合金热精轧板带板形的因素除了轧制力、弯辊力、张力等力相关的因素以外，还有轧辊因受热不均而引起的热变形，这是影响板带出口横向厚度分布进而影响轧件板形质量的重要因素之一。同时，轧辊表面的网纹、龟裂以及剥落等现象都与轧辊的热行为有一定的关系。在板形理论中，轧辊的热变形理论和轧辊弹性变形理论居于同等重要的地位，板形的最终计算精度既依赖轧辊弹性变形的计算精度，也依赖轧辊热变形的计算精度。轧制过程中，工作辊的热变形既是一个扰动量，又是一个控制量[9]，若不能有效地对其进行预测、补偿和控制，则必然会对产品最终的板形质量产生不利影响。目前，在冷轧生产中，工作辊热凸度分段冷却控制技术已成为板形控制的重要手段之一，在局部浪形控制方面起到其他手段如弯辊、窜辊等无法取代的作用；而且，为了弯辊力和穿带辊缝位置的正确补偿优化以及乳化液的设定，需要对轧辊的热变形进行准确预测。工作辊的热变形是影响热轧带材板形、板凸度最活跃的因素之一，在铝板带热连轧机轧制过程中，由于技术的限制，至今还没有能在线准确测量工作辊热变形的仪器，所以工作辊热变形的在线计算与预报是板形和板凸度在线控制系统的重要组成部分。此外，板带轧机工作辊冷却水系统的优化设计，也需要对轧辊在轧制过程中的温度分布和热变形行为进行准确预测。

由于对轧辊热变形进行实时测试尚缺乏有效的技术，不断提高热变形计算方法的精度和速度是当前热变形研究的主要内容。对板带轧机轧辊热变形行为进行研究，主要是为了建立轧辊热凸度离线计算模型和在线预报模型。一般来说，工作辊热变形的计算大致可分为两步：第一步从热传导方程出发确定轧辊内部的温度场；第二步根据已求得的温度场分布确定轧辊的热变形。总结近 60 年热变形计算的研究，其计算方法大致可分为经验公式法、解析法和数值计算法。从热辊型计算方法的发展来看，20 世纪 70 年代以前，在计算热辊型时对轧辊温度场的分布影响考虑不多。从 20 世纪 70 年代至今，随着对热辊型形成规律与特征了解的深入，对轧辊温度场的模拟逐渐从稳态向动态发展，针对轧辊热边界条件的复杂多变性特点，学者提出了各种简化处理方法。对于经验公式法，Lark[10]认为轧辊表面和内部温度是一致的，但事实并非如此。在实际轧制过程中，轧辊内部存在一个非均匀的温度场，不仅轧辊表面温度和内部不同，即使是同一点，温度也随各种轧制条件的变化而不断变化。当然，采用这种经验公式法计算得出的轧辊温度场和热凸度偏离了实际的轧辊情况。博罗维克虽然注意到了轧辊温度分布的不均匀性，但试图用静态分析公式的方法简单描述复杂的动态温度场，这与实际情况是不相符的，其计算精度也无法满足热辊型在线预测控制系统的要求[11]。另外，解析法和数值计算法的求解思路是先根据轧辊热边界条件确定其温度场分布，再求出轧辊热变形，其基本理论合理，但轧辊热边界条件的处理是关键所在。其中，解析法简便快捷，计算速度快，可满足热变形在线预测的实时性要求，但是无法描述瞬态轧辊温度场变化，目前只能得到轧辊稳态温度场分布。实际轧制中工作辊表面热边界条件复杂多变，采用解析法求解意味着要对轧辊热边界条件进行大量简化处理，其计算的精度和使用的广泛性受到很大限制。随着板形控制技术的迅速发展，解析法越来越不能满足工作辊热变形在线预测精度的要求。

在数值计算法中，有限元法计算精度高，随着计算能力的提高，采用有限元法对工作辊温度场热变形的研究逐渐增多[12-14]。通用有限元软件的出现，使得建模过程被大大简化，且计算精度得到了国际认证。但是，有限元法计算收敛速度慢，计算量大，对设备要求高，难以满足轧制生产过程中板形在线控制系统的实时性要求，很难实现热变形的在线预报，工业上一般用来对热变形进行离线分析。有限差分法简便快捷，计算精度可满足工业要求，并且随着计算机计算速度的提高，有限差分法计算速度已可以达到热变形在线预测要求。但是，目前采用有限差分法对工作辊温度场及热变形的研究大多数集中于离线计算模型，能否应用在热辊型的在线预测上还是未知数。采用较多的是二维显式有限差分法，该方法对温度场的求解有稳定性条件，对时间步长的选取有严格的限制，当时间步长选取不当时，可能会使温度计算结果不稳定，导致热变形预测结果不准确。另外，利用有限差分法只能得到阶数较高的计算模型，同样不适用于轧辊热变形在线控制的实现。

随着对板形和板凸度指标要求的日益提高，板形在线控制系统的控制能力急需进一步提高，然而由于技术的限制，至今还没有能准确在线测量工作辊热变形的仪器[15,16]。由于计算机计算速度的提高，有限差分法已可应用于热连轧机精轧机组工作辊温度场和热凸度的在线计算与预报。我国从日本引进的部分热带钢连轧机精轧机组工作辊温度场和热凸度在线计算与预报就采用了有限差分法。但目前我国大部分轧制生产线，尤其是铝热轧生产线，都不具备工作辊热变形在线预报功能[17]，大大限制了板形在线控制精度的提高。因此，关于热辊型在线预报快速模型的研究有待进一步深入。

6.3.1　基于热传导方程的工作辊热变形计算模型

铝合金轧辊内部温度场具有时空耦合的特征，本质上属于复杂无穷阶系统。热变形是影响轧辊辊缝形状非常重要的因素之一。由于工作辊与高温金属板带和喷淋液体周期性接触，工作辊表面的温度变化非常迅速。工作辊中的热传递主要考虑为其内部的热传导以及表面与板带、空气和喷淋液体的热交换，另外还有热辐射。假定轧辊的材料是同质且各向同性的，则在圆柱坐标系下可以表示为

$$\rho c\frac{\partial T}{\partial t}=\lambda_{\mathrm{t}}\left(\frac{\partial^2 T}{\partial r^2}+\frac{1}{r}\frac{\partial T}{\partial r}+\frac{1}{r^2}\frac{\partial^2 T}{\partial \psi^2}+\frac{\partial^2 T}{\partial z^2}\right)+\dot{q}+\mu(T)+g(T)+h(T) \tag{6.36}$$

式中，$T=T(z,r,t)$ 表示轧辊某点的温度；t 表示时间；r、z 和 ψ 分别表示径向、轴向与圆周方向。

由于轧辊的影响为二阶量级，所以轧辊温度沿圆周方向的变化可以忽略，即 $\partial^2 T/\partial\psi^2=0$。因此，式(6.36)可以改写为

$$\rho c\frac{\partial T}{\partial t}=\lambda_{\mathrm{t}}\left(\frac{\partial^2 T}{\partial r^2}+\frac{1}{r}\frac{\partial T}{\partial r}+\frac{\partial^2 T}{\partial z^2}\right)+\dot{q}+\mu(T)+g(T)+h(T) \tag{6.37}$$

式中，λ_{t} 表示热传导系数；ρ、c 分别表示轧辊密度和比热容；其余的变量已经在 1.3.3 节中予以介绍。

由于工作辊表面在生产过程中产生与板带、空气和喷淋液体的热交换，式(6.37)的边界条件并不是完全已知的。因此，仅从物理的观点很难获得合理的边界条件。为了简单起见，令边界条件为边界温度，则工作辊的坐标 (z,r) 和环境温度 T_{E} 的未知非线性函数如下：

$$\begin{cases}\lambda_{\mathrm{t}}\left.\dfrac{\partial T}{\partial z}\right|_{z=0}=f_{b1}\\[2ex] -\lambda_{\mathrm{t}}\left.\dfrac{\partial T}{\partial z}\right|_{z=l}=f_{b2}\end{cases} \tag{6.38}$$

$$\begin{cases}\lambda_{\mathrm{t}}\left.\dfrac{\partial T}{\partial r}\right|_{r=0}=f_{b3}\\[2ex] -\lambda_{\mathrm{t}}\left.\dfrac{\partial T}{\partial r}\right|_{r=R}=f_{b4}\end{cases} \tag{6.39}$$

式中，

$$\begin{cases}f_{b1}=f_1(z,r,T,T_{\mathrm{E}})\big|_{z=0}\\ f_{b2}=f_2(z,r,T,T_{\mathrm{E}})\big|_{z=l}\end{cases}$$

$$\begin{cases}f_{b3}=f_3(z,r,T,T_{\mathrm{E}})\big|_{r=0}\\ f_{b4}=f_4(z,r,T,T_{\mathrm{E}})\big|_{r=R}\end{cases}$$

且 $f_{b1}\sim f_{b4}$ 为未知非线性函数。

偏微分方程(6.37)及边界条件(6.38)和(6.39)构成了一个完整的轧辊温度场模型。因此，首要的工作便是基于上述偏微分方程系统建立一个以喷淋为输入的低阶近似的工作辊热变形控制模型。显然，偏微分方程(6.37)为抛物型方程，其空间微分算子的特征值可以很容易地分为低阶的慢变量和快变量两个部分。对于这类方程，可以很方便地采用基于特征函数展开结合伽辽金方法构建系统的低阶近似模型。但是，由于边界条件(6.38)和(6.39)是未知非线性函数，从边界条件(6.38)和(6.39)中

直接得到空间微分算子的特征函数是不可能的。为了计算偏微分方程(6.37)的特征函数，系统(6.37)～(6.39)转变成具有齐次边界条件的等价模型：

$$\frac{\partial T}{\partial t}=\frac{\lambda_t}{\rho c}\nabla^2 T+F(T)+U(z,R,t) \tag{6.40}$$

$$\begin{cases}\left.\dfrac{\partial T}{\partial z}\right|_{z=0}=0\\ \left.\dfrac{\partial T}{\partial z}\right|_{z=l}=0\end{cases} \tag{6.41}$$

$$\begin{cases}\left.\dfrac{\partial T}{\partial r}\right|_{r=0}=0\\ \left.\dfrac{\partial T}{\partial r}\right|_{r=R}=0\end{cases} \tag{6.42}$$

式中，

$$\nabla^2=\frac{\partial^2}{\partial r^2}+\frac{\partial^2}{\partial z^2}$$

$$U(z,R,t)=\frac{1}{\rho c}g(T)$$

$$\begin{aligned}F(T)=&\frac{1}{\rho c}(\dot{q}+\mu(T)+h(T))+\frac{\lambda_t}{\rho c}\frac{1}{r}\frac{\partial T}{\partial r}-\delta(z-0)\frac{1}{\rho c}f_{b1}+\delta(z-l)\frac{1}{\rho c}f_{b2}\\&-\delta(r-0)\frac{1}{\rho c}f_{b3}+\delta(r-R)\frac{1}{\rho c}f_{b4}\end{aligned}$$

其中，$F(T)$表示含有未知非线性的非线性项；$\delta(\cdot)$表示狄拉克函数；$U(z,R,t)$表示轧辊表面的喷淋输入，$z\in[0,l]$，$r\in[0,R]$，$t\in[0,\infty)$。

下面是偏微分方程系统(6.37)～(6.39)和偏微分方程系统(6.40)～(6.42)的等价性证明。

假定偏微分方程系统(6.40)～(6.42)的解可以表示成如下正交函数组合的方式：

$$T(z,r,t)=\sum_{i=1}^{\infty}\sum_{j=1}^{\infty}\phi_i(z)\varphi_j(r)a_{ij}(t) \tag{6.43}$$

式中，$\phi_i(z)$和$\varphi_j(r)$分别表示轧辊轴向和径向的特征函数；$a_{ij}(t)$表示对应的时间系数。

将式(6.43)代入系统(6.40)，计算式(6.40)两边的残差如下：

$$Z=\left(\frac{\partial T}{\partial t}\right)-\left(\frac{\lambda_t}{\rho c}\nabla^2 T+F(T)+U(z,R,t)\right) \tag{6.44}$$

且满足如下的最小化条件：

$$\iint_{\Omega} Z\phi_i(z)\varphi_j(r)\mathrm{d}z\mathrm{d}r=0 \tag{6.45}$$

式中，Ω 表示空间域 $(0\leqslant z\leqslant l,0\leqslant r\leqslant R)$。

那么，式(6.45)可以写成

$$\int_0^R\int_0^l\frac{\partial T}{\partial t}\phi_i(z)\varphi_j(r)\mathrm{d}z\mathrm{d}r=\int_0^R\int_0^l\left(\frac{\lambda_t}{\rho c}\nabla^2 T+F(T)+U(z,R,t)\right)\phi_i(z)\varphi_j(r)\mathrm{d}z\mathrm{d}r \tag{6.46}$$

式中，

$$\begin{aligned}F(T)&=F_0(T)+F_\delta(T)\\&=\frac{1}{\rho c}\left(q+\mu(T)+h(T)+\frac{\lambda_t}{r}\frac{\partial T}{\partial r}\right)-\frac{1}{\rho c}\delta(z-0)f_{b1}+\frac{1}{\rho c}\delta(z-l)f_{b2}\\&\quad-\frac{1}{\rho c}\delta(r-0)f_{b3}+\frac{1}{\rho c}\delta(r-R)f_{b4}\end{aligned}$$

注意到，式(6.46)可以改写成

$$\begin{aligned}\int_0^R\int_0^l\frac{\partial T}{\partial t}\phi_i(z)\varphi_j(r)\mathrm{d}z\mathrm{d}r&=\int_0^R\int_0^l\left(\frac{\lambda_t}{\rho c}\nabla^2 T+F_\delta(T)\right)\phi_i(z)\varphi_j(r)\mathrm{d}z\mathrm{d}r\\&\quad+\int_0^R\int_0^l(F_0(T)+U(z,R,t))\,\phi_i(z)\varphi_j(r)\mathrm{d}z\mathrm{d}r\end{aligned} \tag{6.47}$$

式(6.47)右边的第一个积分为

$$\begin{aligned}&\int_0^R\int_0^l\left(\frac{\lambda_t}{\rho c}\nabla^2 T+F_\delta(T)\right)\phi_i(z)\varphi_j(r)\mathrm{d}z\mathrm{d}r\\&=\int_0^R\int_0^l\frac{\lambda_t}{\rho c}\frac{\partial T^2}{\partial z^2}\phi_i(z)\varphi_j(r)\mathrm{d}z\mathrm{d}r+\int_0^R\int_0^l\frac{\lambda_t}{\rho c}\frac{\partial T^2}{\partial r^2}\phi_i(z)\varphi_j(r)\mathrm{d}z\mathrm{d}r\\&\quad+\int_0^R\int_0^l F_\delta(T)\phi_i(z)\varphi_j(r)\mathrm{d}z\mathrm{d}r\end{aligned} \tag{6.48}$$

利用边界条件(6.41)～(6.42)，式(6.48)变成

$$\begin{aligned}&\int_0^R\int_0^l\left(\frac{\lambda_t}{\rho c}\nabla^2 T+F_\delta(T)\right)\phi_i(z)\varphi_j(r)\mathrm{d}z\mathrm{d}r\\&=-\int_0^R\int_0^l\frac{\lambda_t}{\rho c}\frac{\partial T}{\partial z}\frac{\mathrm{d}\phi_i(z)}{\mathrm{d}z}\varphi_j(r)\mathrm{d}z\mathrm{d}r-\int_0^R\int_0^l\frac{\lambda_t}{\rho c}\frac{\partial T}{\partial r}\phi_i(z)\frac{\mathrm{d}\varphi_j(r)}{\mathrm{d}r}\mathrm{d}z\mathrm{d}r\end{aligned} \tag{6.49}$$

$$
\begin{aligned}
&+\int_0^R\int_0^l F_\delta(T)\phi_i(z)\varphi_j(r)\mathrm{d}z\mathrm{d}r \\
&=-\int_0^R\int_0^l \frac{\lambda_{\mathrm{t}}}{\rho c}\left(\frac{\partial T}{\partial z}\frac{\mathrm{d}\phi_i(z)}{\mathrm{d}z}\varphi_j(r)+\frac{\partial T}{\partial r}\phi_i(z)\frac{\mathrm{d}\varphi_j(r)}{\mathrm{d}r}\right)\mathrm{d}z\mathrm{d}r \\
&+\int_0^R\int_0^l F_\delta(T)\,\phi_i(z)\varphi_j(r)\mathrm{d}z\mathrm{d}r
\end{aligned}
$$

将式(6.49)代入式(6.47)可得

$$
\begin{aligned}
&\int_0^R\int_0^l \frac{\partial T}{\partial t}\phi_i(z)\varphi_j(r)\mathrm{d}z\mathrm{d}r \\
&=-\int_0^R\int_0^l \frac{\lambda_{\mathrm{t}}}{\rho c}\left(\frac{\partial T}{\partial z}\frac{\mathrm{d}\phi_i(z)}{\mathrm{d}z}\varphi_j(r)+\frac{\partial T}{\partial r}\phi_i(z)\frac{\mathrm{d}\varphi_j(r)}{\mathrm{d}r}\right)\mathrm{d}z\mathrm{d}r \\
&+\int_0^R\int_0^l F_\delta(T)\phi_i(z)\varphi_j(r)\mathrm{d}z\mathrm{d}r \\
&+\int_0^R\int_0^l \big(F_0(T)+U(z,R,t)\big)\phi_i(z)\varphi_j(r)\mathrm{d}z\mathrm{d}r
\end{aligned}
\tag{6.50}
$$

另外，将展开式(6.43)作为式(6.37)～式(6.39)的解代入式(6.45)，可以得到

$$
\int_0^R\int_0^l \frac{\partial T}{\partial t}\phi_i(z)\varphi_j(r)\mathrm{d}z\mathrm{d}r=\int_0^R\int_0^l\left(\frac{\lambda_{\mathrm{t}}}{\rho c}\nabla^2 T+F_0(T)+U(z,R,t)\right)\phi_i(z)\varphi_j(r)\mathrm{d}z\mathrm{d}r \tag{6.51}
$$

注意到，式(6.51)可以写成

$$
\begin{aligned}
&\int_0^R\int_0^l \frac{\partial T}{\partial t}\phi_i(z)\varphi_j(r)\mathrm{d}z\mathrm{d}r \\
&=\int_0^R\int_0^l \frac{\lambda_{\mathrm{t}}}{\rho c}\nabla^2 T\phi_i(z)\varphi_j(r)\mathrm{d}z\mathrm{d}r+\int_0^R\left(\int_0^l F_0(T)+U(z,R,t)\right)\phi_i(z)\varphi_j(r)\mathrm{d}z\mathrm{d}r
\end{aligned}
\tag{6.52}
$$

式(6.52)右边第一个积分为

$$
\begin{aligned}
&\int_0^R\int_0^l \frac{\lambda_{\mathrm{t}}}{\rho c}\nabla^2 T\phi_i(z)\varphi_j(r)\,\mathrm{d}z\mathrm{d}r \\
&=\int_0^R\int_0^l \frac{\lambda_{\mathrm{t}}}{\rho c}\frac{\partial^2 T}{\partial z^2}\phi_i(z)\varphi_j(r)\,\mathrm{d}z\mathrm{d}r+\int_0^R\int_0^l \frac{\lambda_{\mathrm{t}}}{\rho c}\frac{\partial^2 T}{\partial r^2}\phi_i(z)\varphi_j(r)\,\mathrm{d}z\mathrm{d}r
\end{aligned}
\tag{6.53}
$$

利用边界条件(6.38)～(6.39)，式(6.53)可以写成

$$
\begin{aligned}
&\int_0^R\int_0^l \frac{\lambda_{\mathrm{t}}}{\rho c}\nabla^2 T\phi_i(z)\varphi_j(r)\,\mathrm{d}z\mathrm{d}r \\
&=\int_0^R \frac{\lambda_{\mathrm{t}}}{\rho c}\left(\phi_i(z)\frac{\partial T}{\partial z}\bigg|_0^l-\int_0^l \frac{\partial T}{\partial z}\frac{\mathrm{d}\phi_i(r)}{\mathrm{d}z}\mathrm{d}z\right)\varphi_j(r)\mathrm{d}r
\end{aligned}
\tag{6.54}
$$

$$+\int_0^l \frac{\lambda_t}{\rho c}\left(\varphi_j(r)\frac{\partial T}{\partial r}\bigg|_0^R - \int_0^R \frac{\partial T}{\partial r}\frac{\mathrm{d}\varphi_j(r)}{\mathrm{d}r}\mathrm{d}r\right)\phi_j(z)\mathrm{d}z$$

$$=-\int_0^R\int_0^l \frac{\lambda_t}{\rho c}\left(\frac{\partial T}{\partial z}\frac{\mathrm{d}\phi_i(z)}{\mathrm{d}z}\varphi_j(r)+\frac{\partial T}{\partial r}\phi_i(z)\frac{\mathrm{d}\varphi_j(r)}{\mathrm{d}r}\right)\mathrm{d}z\mathrm{d}r$$

$$+\int_0^R\int_0^l F_\delta(T)\phi_i(z)\varphi_j(r)\mathrm{d}z\mathrm{d}r$$

将式(6.54)代入式(6.40)，则可以得到和式(6.50)相同的结果。因此，可以断定边界条件为式(6.38)和式(6.39)的偏微分方程系统(6.37)与边界条件为式(6.41)和式(6.42)的偏微分方程系统(6.40)等价。

对于轧辊的热变形，由 t 时刻的温度分布 $T(z,r,t)$ 可以求出 t 时刻与中心点距离为 r 处的温度分布引起的径向位移量：

$$y_t(z,t)\big|_r=\frac{1+\nu}{1-\nu}\beta_t\left((1+2\nu)\frac{r}{R^2}\int_0^R T(z,r,t)\mathrm{d}r+\frac{1}{r}\int_0^r T(z,r,t)\mathrm{d}r\right) \tag{6.55}$$

式中，ν 表示轧辊材料的泊松比；β_t 表示热膨胀系数；R 表示轧辊的半径。

当 $r=R$ 时，可以求出 t 时刻轧辊表面点的位移，即工作辊的热变形量为

$$y_t(z,t)\big|_{r=R}=2(1+\nu)\frac{\beta_t}{R}\int_0^R T(z,r,t)\mathrm{d}r \tag{6.56}$$

对方程(6.56)采用数值积分的方法，可以得到轧辊热变形量的大小。

在具体的计算过程中，为求工作辊在不同位置和不同时刻的热膨胀量，先利用式(6.57)得到工作辊网格划分中 z 位置节点在 t 时刻的辊身轴向截面的平均温度为

$$T_{\mathrm{AV}}(z,t)=\int_0^R 2\pi r T(z,r,t)\mathrm{d}r/(\pi R^2) \tag{6.57}$$

式中，$T_{\mathrm{AV}}(z,t)$ 表示工作辊在 z 位置节点、t 时刻周向截面的平均温度；$T(z,r,t)$ 表示工作辊在 z 位置、与轧辊中心距离为 r 处节点在 t 时刻的温度。

然后可根据求解温度对称分布的无限长圆柱体热膨胀量的计算理论求得轧辊径向位移。根据弹性力学有关理论，工作辊表面某个点径向位置变化可描述为

$$y_t(z,t)=(1+\nu)\beta_t R(T_{\mathrm{AV}}(z,t)-T_0) \tag{6.58}$$

式中，$y_t(z,t)$ 表示轧辊在 z 位置节点、t 时刻的径向热膨胀量；T_0 表示在四辊轧机开始工作时，对工作辊进行人工加温的设定温度，在本章中，根据实际的生产要求，一般设置为 50℃。

6.3.2　基于时空分离的工作辊温度场近似建模

根据系统(6.40)不同方向上的空间微分算子，可将系统轴向和径向上的空间微分算子的特征函数分别取为

$$\phi_i(z)=\sqrt{\frac{2}{l}}\cos\frac{i\pi z}{l},\ \varphi_j(r)=\sqrt{\frac{2}{R}}\cos\frac{j\pi r}{R} \tag{6.59}$$

分别满足如下的内积关系：

$$\int_0^l \phi_i(z)\phi_j(z)\mathrm{d}z=\delta_{ij},\ \int_0^R \varphi_i(r)\varphi_j(r)\mathrm{d}r=\delta_{ij} \tag{6.60}$$

且对应的特征值为

$$\xi_i=-\frac{\lambda_t}{\rho c}\left(\frac{i\pi}{l}\right)^2,\ \zeta_j=-\frac{\lambda_t}{\rho c}\left(\frac{j\pi}{R}\right)^2 \tag{6.61}$$

采用式(6.59)中的空间基函数对时空变量进行时空分离，再利用伽辽金方法可以得到

$$T(z,r,t)=\sum_{i=1}^{M}\sum_{j=1}^{N}a_{ij}(t)\phi_i(z)\varphi_j(r) \tag{6.62}$$

式中，M、N 分别表示轴向和径向空间基函数的截断值大小。

令 $\bar{\sigma}_{ij}$ 为对应空间基函数 $\phi_i(z)\varphi_j(r)$ 的特征函数，则按照特征值的大小进行排列可以得到一组新的特征值序列 σ_n 和对应的空间基函数序列 $\tau_n(z,r)$ 如下：

令 $\sigma_n=\{\bar{\sigma}_{ij}\}$ 且有 $\sigma_1>\sigma_2>\cdots>\sigma_n>\cdots$，则 $\bar{\sigma}_{ij}=-\frac{\lambda_0}{\rho_0 c_0}\left(\left(\frac{i\pi}{l}\right)^2+\left(\frac{j\pi}{R}\right)^2\right)$，$\tau_n(z,r)=\{\phi_i(z)\varphi_j(r)\}$，$a_n(t)=\{a_{ij}(t)\}$，其中，$i=1,2,\cdots,M$、$j=1,2,\cdots,N$，$n=(N-1)i+j\in\{1,2,\cdots,MN\}$，且对于任何一个 $n\in\{1,2,\cdots,MN\}$，都能找到一组 $i\in\{1,2,\cdots,M\}$、$j\in\{1,2,\cdots,N\}$ 使得 $n=(N-1)i+j$。

综上所述，可得到新的空间基函数集合 $\{\tau_1(z,r),\tau_2(z,r),\cdots,\tau_{MN}(z,r)\}$ 和对应的新的时间变量 $\{a_1(t),a_2(t),\cdots,a_{MN}(t)\}$。

那么，式(6.62)可以改写成

$$T(x,r,t)=\sum_{n=1}^{MN}a_n(t)\tau_n(z,r) \tag{6.63}$$

将式(6.63)代入系统(6.40)，且只考虑稳态情况下采用伽辽金方法进行近似建模，可得到如下的常微分方程系统：

$$\begin{cases}\dfrac{\mathrm{d}a(t)}{\mathrm{d}t}=Aa(t)+Bu(t)+f(a(t),u(t))\\ y(t)=Ca(t)\end{cases} \tag{6.64}$$

式中，$a(t)=[a_1(t),a_2(t),\cdots,a_{MN}(t)]^{\mathrm{T}}$；$y(t)=[y(z_1,t),y(z_2,t),\cdots,y(z_L,t)]^{\mathrm{T}}$；$u(t)=[u_1(t),u_2(t),\cdots,u_p(t)]^{\mathrm{T}}$；$L$、$p$ 分别表示热凸度测量点和喷淋输入的个数；$f(a(t),u(t))$ 表示未知的非线性项；矩阵 A、B 的计算方法分别如下：

$$A = \mathrm{diag}(\sigma_1, \sigma_2, \cdots, \sigma_{MN})$$

$$B = \begin{bmatrix} B_{1,1} & B_{1,2} & \cdots & B_{1,p} \\ B_{2,1} & B_{2,2} & \cdots & B_{2,p} \\ \vdots & \vdots & & \vdots \\ B_{MN,1} & B_{MN,2} & \cdots & B_{MN,p} \end{bmatrix} \tag{6.65}$$

由于选取的轧制生产线上工作辊的喷淋输入共有 24 个喷嘴，其中两个喷淋点的间隔为 0.08m，则将喷淋看作轧辊表面的区间输入可得到

$$B_{n,k} = \int_{0.09+0.08(k-1)}^{0.09+0.08k} \tau_n(z, R)\,\mathrm{d}z \tag{6.66}$$

将 n 对应到某个 i、j，有

$$\begin{aligned} B_{(N+1)i+j,k} &= \int_{0.09+0.08(k-1)}^{0.09+0.08k} \phi_i(z)\,\varphi_j(R)\mathrm{d}z \\ &= \int_{0.09+0.08(k-1)}^{0.09+0.08k} \sqrt{\frac{2}{l}}\cos\frac{i\pi z}{l}\ \sqrt{\frac{2}{R}}\cos\frac{j\pi r}{R}\,\mathrm{d}z \\ &= \sqrt{\frac{2}{l}}\frac{1}{i\pi}\sqrt{\frac{2}{R}}\cos\left(\frac{j\pi R}{R}\right)\sin\left(\frac{i\pi z}{R}\right)\Bigg|_{0.09+0.08(k-1)}^{0.09+0.08k} \\ &= 2\sqrt{\frac{l}{R}}\frac{1}{i\pi}\cos(j\pi)\left(\sin\frac{i\pi}{l}(0.09+0.08k) - \sin\frac{i\pi}{l}(0.01+0.08k)\right) \end{aligned} \tag{6.67}$$

式中，$i = 1, 2, \cdots, M$；$j = 1, 2, \cdots, N$；$k = 1, 2, \cdots, p$。

对于矩阵 C 的计算，z 点辊身周向截面的平均温度 $T_{\mathrm{AV}}(z,t)$ 为

$$\begin{aligned} T_{\mathrm{AV}}(z,t) &= \int_0^R 2\pi r T(z,r,t)\mathrm{d}r / (\pi R^2) \\ &= \int_0^R 2\pi r\left(\sum_{i=1}^{M}\sum_{j=1}^{N} a_{ij}(t)\,\phi_i(z)\varphi_j(r)\right)\mathrm{d}r / (\pi R^2) \\ &= \sqrt{\frac{2}{R}}\frac{2}{(j\pi)^2}\sum_{i=1}^{M}\sum_{j=1}^{N} a_{ij}(t)\,\phi_i(z)(\cos(j\pi)-1) \\ &= \left(\sqrt{\frac{2}{R}}\frac{2}{\pi^2}\phi_1(z)(\cos\pi-1), \cdots, \sqrt{\frac{2}{R}}\frac{2}{(n\pi)^2}\phi_1(z)(\cos(n\pi)-1), \cdots,\right. \\ &\quad \sqrt{\frac{2}{R}}\frac{2}{(j\pi)^2}\phi_i(z)(\cos(j\pi)-1), \cdots, \sqrt{\frac{2}{R}}\frac{2}{\pi^2}\phi_M(z)(\cos\pi-1), \cdots, \\ &\quad \left.\sqrt{\frac{2}{R}}\frac{2}{(n\pi)^2}\phi_M(z)(\cos(n\pi)-1)\right)a(t) \end{aligned} \tag{6.68}$$

则有

$$y(t)=(1+\nu)\beta R\begin{bmatrix} C_{1,1} & C_{1,2} & \cdots & C_{1,MN} \\ C_{2,1} & C_{2,2} & \cdots & C_{2,MN} \\ \vdots & \vdots & & \vdots \\ C_{L,1} & C_{L,2} & \cdots & C_{L,MN} \end{bmatrix} a(t)+(1+\nu)\beta R T_0 \tag{6.69}$$

式中，$C_{k,n}=(1+\nu)\beta R\int_0^R 2\pi r\tau_n(z_k,r)\mathrm{d}r/(\pi R^2)$；$T_0$ 为轧辊初始温度，这里取 50℃。

将 n 对应到具体的 i、j，有

$$C_{k,(N-1)i+j}=\phi_i(z_k)\sqrt{\frac{2}{R}}\frac{2}{(j\pi)^2}(\cos(j\pi)-1)$$

式中，$i=1,2,\cdots,M$；$j=1,2,\cdots,N$；$k=1,2,\cdots,L$。

6.3.3 基于平衡截断变换空间基函数的系统降阶

采用第 3 章中提出的平衡截断方法对系统(6.64)对应的线性系统部分进行降阶，可以得到如下低阶的 k_{b} 阶线性部分[18]：

$$\begin{cases} \dot{\bar{a}}(t)=\bar{A}\bar{a}(t)+\bar{B}u(t) \\ \bar{y}(t)=\bar{C}\bar{a}(t) \end{cases} \tag{6.70}$$

式中，$\bar{a}(t)=[\bar{a}_1(t),\bar{a}_2(t),\cdots,\bar{a}_{k_{\mathrm{b}}}(t)]^{\mathrm{T}}$；$\bar{a}(t)=R_{\mathrm{b}}^{\mathrm{T}}a(t)$，$R_{\mathrm{b}}$ 表示对系统(6.70)进行平衡截断以后得到的 $MN\times k_{\mathrm{b}}$ 变换矩阵。

通过线性空间基函数变换，可以得到一组新的正交空间基函数：

$$\{\omega_1(z,r),\omega_2(z,r),\cdots,\omega_{k_{\mathrm{b}}}(z,r)\}=\{\tau_1(z,r),\tau_2(z,r),\cdots,\tau_{MN}(z,r)\}R_{\mathrm{b}} \tag{6.71}$$

式中，$k_{\mathrm{b}}<MN$。

基于新的正交空间基函数(6.71)进行时空分离，再利用伽辽金方法进行投影可得到低阶常微分系统：

$$\begin{cases} \dot{\bar{a}}(t)=\bar{A}\bar{a}(t)+\bar{B}u(t)+\bar{f}(\bar{a}(t),u(t)) \\ \bar{y}(t)=\bar{C}\bar{a}(t) \end{cases} \tag{6.72}$$

式中，

$$\bar{a}(t)=[\bar{a}_1(t),\bar{a}_2(t),\cdots,\bar{a}_{k_{\mathrm{b}}}(t)]^{\mathrm{T}}$$

$$\bar{y}(t)=[\bar{y}(z_1,t),\bar{y}(z_2,t),\cdots,\bar{y}(z_L,t)]^{\mathrm{T}}$$

$$\bar{A}=R_{\mathrm{b}}^{\mathrm{T}}AR_{\mathrm{b}}$$

$$\bar{B}=R_{\mathrm{b}}^{\mathrm{T}}B$$

$$\bar{C}=CR_{\mathrm{b}}$$

$$\overline{f}(\overline{a}(t),u(t))=[\overline{f}_1(\overline{a}(t),u(t)),\overline{f}_2(\overline{a}(t),u(t)),\cdots,\overline{f}_{k_b}(\overline{a}(t),u(t))]^{\mathrm{T}}$$

且 $\overline{f}_i(\overline{a}(t),u(t))=\int_0^R\int_0^l F(T)\omega_i(z,r)\mathrm{d}z\mathrm{d}r$ 表示名义上的非线性项。

6.3.4　神经网络混合智能建模

为了实际采用上述模型进行预测，采用欧拉前向公式对方程(6.72)进行离散，可以得到如下方程：

$$\begin{cases}\overline{a}(k+1)=(I+\Delta t\overline{A})\overline{a}(k)+\Delta t\overline{B}u(k)+\Delta t\overline{f}(\overline{a}(k),u(k))\\ \overline{y}(k)=\Delta t\overline{C}\overline{a}(k)\end{cases}\tag{6.73}$$

式中，Δt 表示采样时间间隔。

为了简便，用 $a(k)$、$y(k)$ 表示式(6.73)中的 $\overline{a}(k)$、$\overline{y}(k)$，则可得

$$\begin{cases}a(k+1)=A_0a(k)+B_0u(k)+f(a(k),u(k))\\ y(k)=C_0a(k)\end{cases}\tag{6.74}$$

式中，$A_0=I+\Delta t\overline{A}$；$B_0=\Delta t\overline{B}$；$C_0=\Delta t\overline{C}$；$f(a(k),u(k))=\Delta t\overline{f}(\overline{a}(k),u(k))$。

由于方程(6.74)中 $f(a(k),u(k))$ 为未知非线性项，所以可以采用一个混合智能模型对式(6.74)进行辨识，利用中国某大型铝业集团的铝合金热轧生产线数据训练一个 BP 神经网络来辨识式(6.74)中的未知非线性项，得到混合智能模型如下：

$$\begin{cases}\hat{a}(k+1)=A_0\hat{a}(k)+B_0u(k)+NN[\hat{a}(k),u(k)]\\ \hat{y}(k)=C_0\hat{a}(k)\end{cases}\tag{6.75}$$

混合智能模型(6.75)可以在线进行训练，这样建立了工作辊喷淋 $u(k)$ 和时间系数 $\hat{a}(k)$ 之间的动态关系，从而可以预测工作辊的热变形为 $\hat{y}(k)=C_0\hat{a}(k)$。

6.3.5　实验数据来源

在铝合金热精轧过程中，工作辊热变形的控制主要依赖控制冷却液与轧辊的热交换。热变形控制技术基于一个合适的预测模型来预报在不同流量和喷淋分布下的冷却效果。预测模型的建立是铝合金热精轧过程中预测控制技术用于控制轧辊热变形的首要工作。为了构建如式(6.75)所示的混合智能模型，采集中国某大型铝业集团的生产线数据用于进行系统辨识，铝合金热精轧生产线现场图如图 6.16 所示。

图 6.16 中铝合金板带的热精轧生产过程是经粗轧机组轧出的带坯通过轨道进入精轧，由精轧机完成最后的轧制。其中，四组四辊精轧机的布置如图 6.17 所示。图中，F_1、F_2、F_3、F_4 表示四组精轧机。每组精轧机中，与板带接触的 2 个小辊为工作辊，与工作辊接触的 2 个大辊为支撑辊，如图 6.18 所示。带坯进入精轧机之前要经过测温和测厚，再进行整定计算，并用于控制飞剪切头切尾。在精轧完成后由

图 6.16　铝合金热精轧生产线现场图

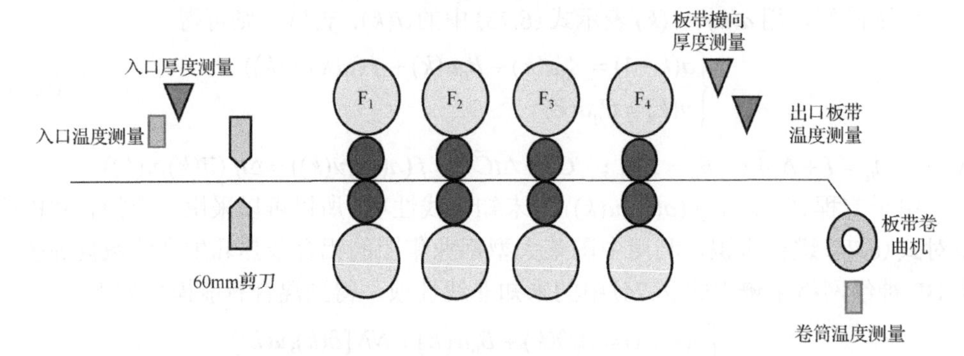

图 6.17　四组四辊精轧机的布置

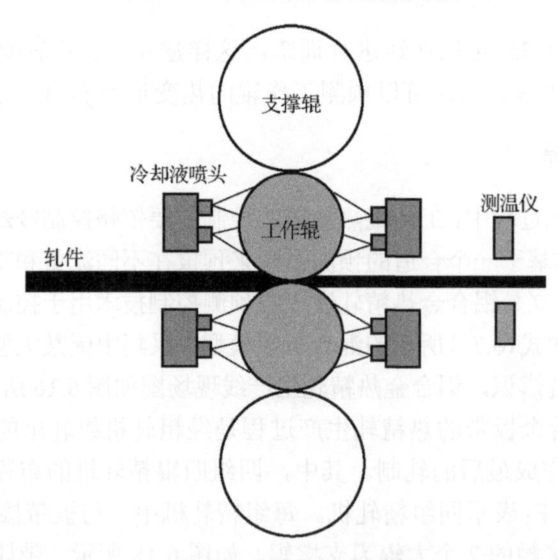

图 6.18　精轧机布置图

卷曲机进行卷曲前，要进行板带各项指标的测量，测量的数据供计算机处理后对精轧机组进行反馈控制。图 6.18 中设置了 24 个喷嘴位置用于控制工作辊热变形。每个时刻记录每个喷嘴位置冷却液的流量级别，具体设置为 0～10。某时刻工作辊轴线方向冷却液流量级别分布如图 6.19 所示。

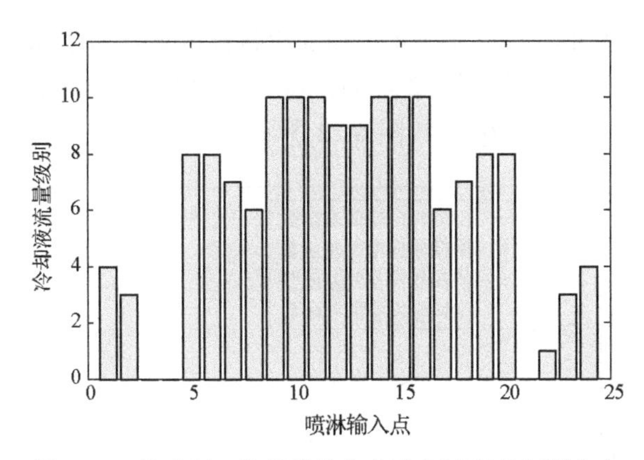

图 6.19　某时刻工作辊轴线方向冷却液流量级别分布

显然，工作辊热变形的在线测量是不太现实的。本章的主要目的是对工作辊热变形建立预测模型以进行理论性研究，工作辊热变形的混合智能模型的辨识采用上述工厂铝合金热精轧生产线二级系统中给出的热变形数据。上述数据是基于在工作辊表面测量的温度采用有限差分法进行计算得到的，保持了较好的计算精度。在热精轧生产线工作时 1s 的采样时间内共采集 150 组数据，其中图 6.20 中的数据共 50 组，用于测试混合智能模型的预测效果。

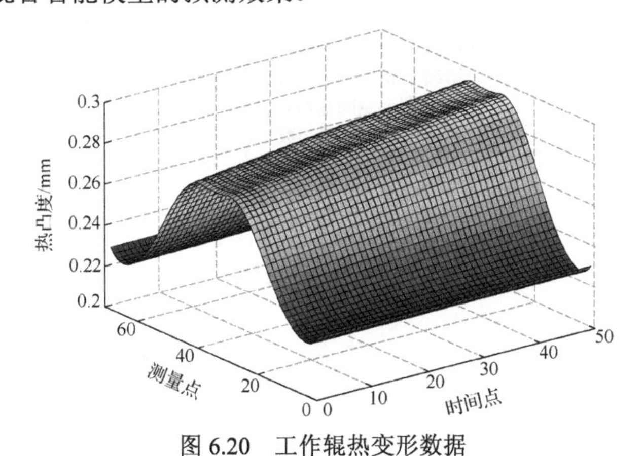

图 6.20　工作辊热变形数据

6.3.6　模型验证与预测结果

首先，工作辊热变形低阶动态预测模型的相关参数如表 6.9 所示。

表 6.9　工作辊热变形低阶动态预测模型的相关参数

工作辊变量	轴向长度/m	半径/m	密度/(kg/m^3)	比热容/(J/(kg·K))	热传导系数/(W/(m·K))	测量点个数	喷淋输入个数
参数值	2.1	0.375	7800	586.15	34.88	71	24

在工作辊轴向和径向分别选择 4 阶和 3 阶特征函数作为空间基函数，采用基于变量分离和伽辽金方法得到一个 12 阶的常微分方程系统。其中，工作辊前 4 阶轴向和径向空间基函数分别如图 6.21 和图 6.22 所示。

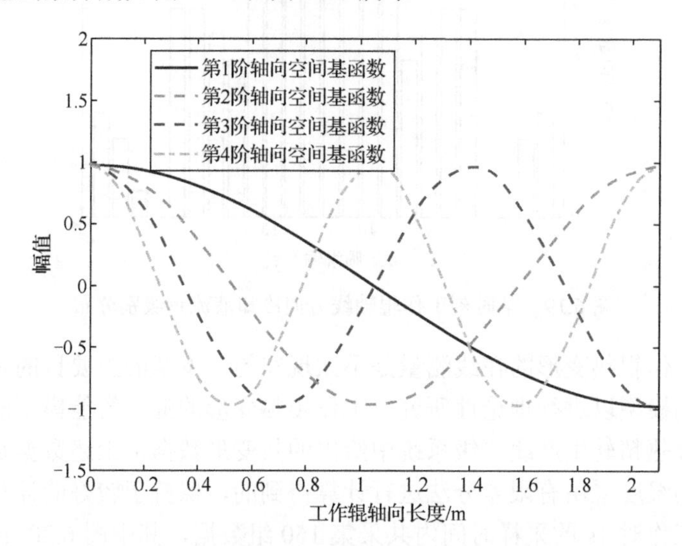

图 6.21　前 4 阶工作辊轴向空间基函数

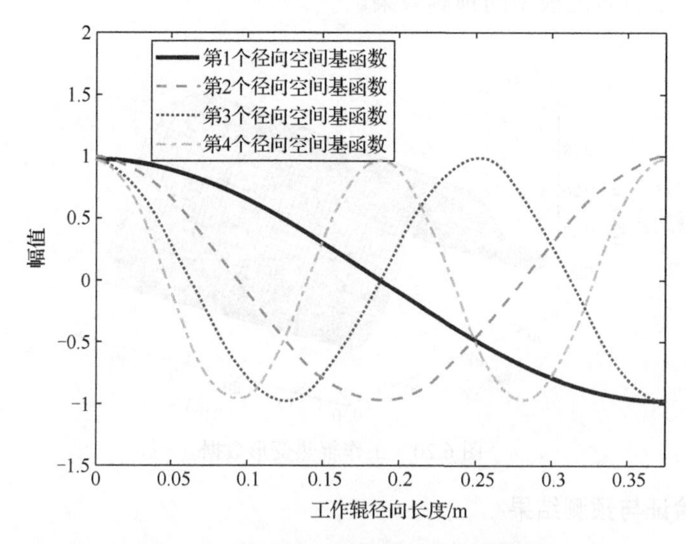

图 6.22　前 4 阶工作辊径向空间基函数

利用平衡截断方法对谱方法获得系统对应的线性部分进行降阶，结合神经网络近似系统的未知非线性部分，可得到 5 阶如式(6.64)所示的近似系统。利用前 100 个实际数据进行训练，利用后 50 个实际数据进行预测比较，5 阶混合智能模型的预测输出和预测误差分别如图 6.23 和图 6.24 所示。

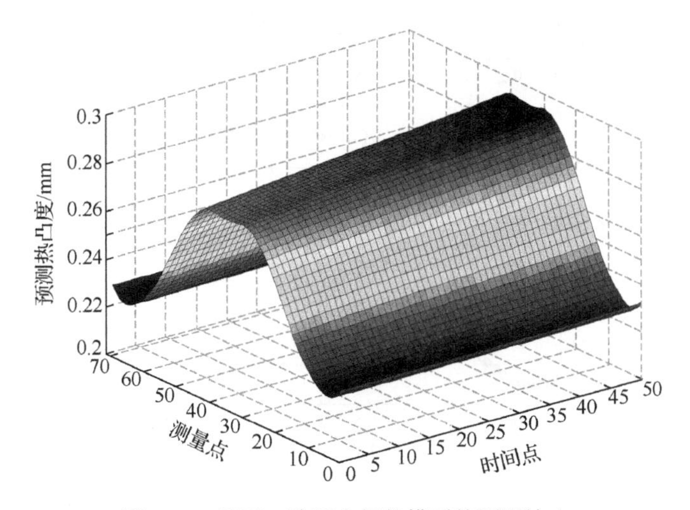

图 6.23　基于 5 阶混合智能模型的预测输出

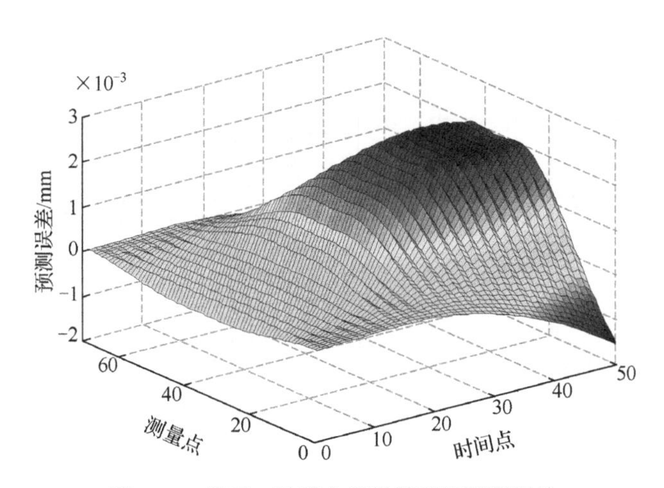

图 6.24　基于 5 阶混合智能模型的预测误差

图 6.25 分别给出了在 15s、25s、35s 和 45s 时，基于 5 阶混合智能模型工作辊热变形的预测输出与工厂生产线数据比较。结果表明，本章提出的方法对于工作辊热变形具有较好的预测效果。

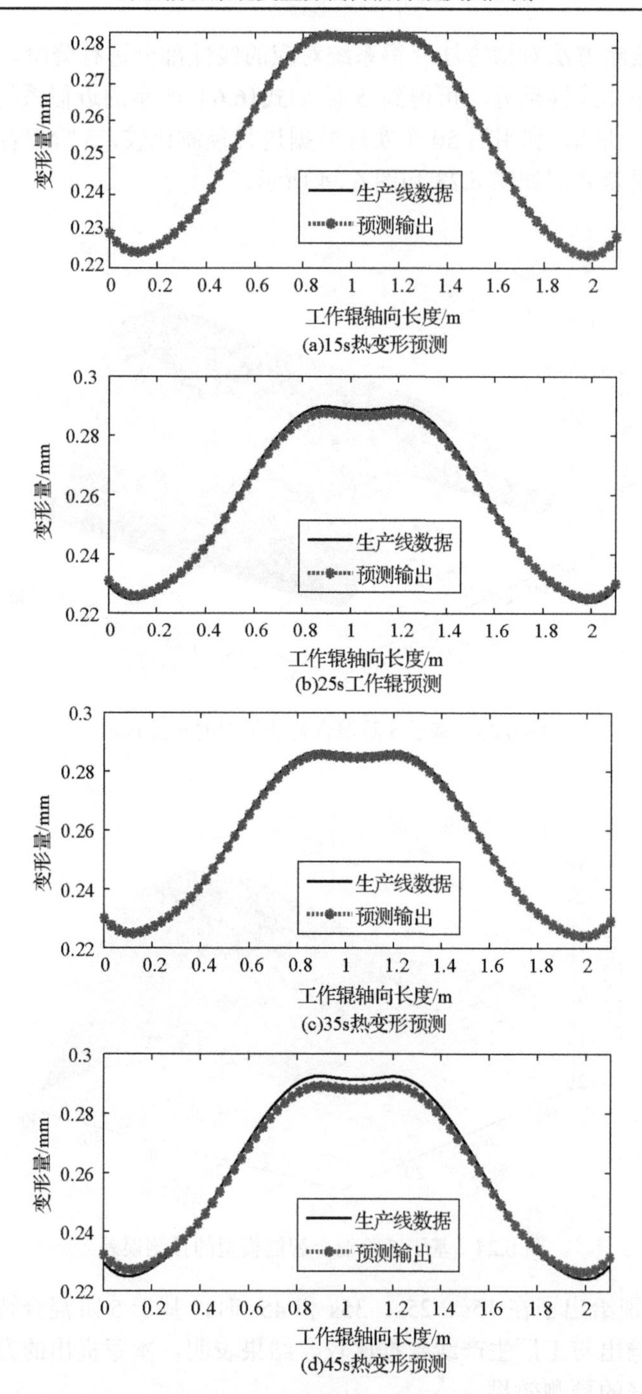

图 6.25　基于 5 阶混合智能模型工作辊热变形的预测输出与工厂生产线数据比较

6.4　梁类结构裂纹位置识别

6.4.1　含裂纹梁类结构横向分布振动模型

1.3.4 节中介绍了具有随长度方向变化刚度系数和阻尼系数的梁类结构横向分布振动模型(1.10)。如果图 1.3 中的梁类结构出现了一个局部损伤(如呼吸裂纹)，假定局部损伤并不影响梁类结构的几何非线性，则可以得到描述含裂纹梁类结构横向分布振动的新偏微分方程[19]如下：

$$\frac{\partial^2 X(z,t)}{\partial t^2}+\hat{\mathrm{EI}}(z)\frac{\partial^4 X(z,t)}{\partial z^4}+\hat{C}(z)\frac{\partial X(z,t)}{\partial t}+F(X(z,t))=U(z,t) \tag{6.76}$$

由于梁类结构出现局部损伤会影响梁类结构中的刚度系数和阻尼系数，所以偏微分方程(6.76)中刚度系数和阻尼系数的值与分布振动模型(1.10)中的取值并不相同。令 $\hat{\mathrm{EI}}(z)$ 和 $\hat{C}(z)$ 分别表示梁类结构中产生损伤后沿长度方向的刚度系数和阻尼系数。在梁类结构的某个位置点 z_0 添加外界的激励力，则方程(6.76)中 $U(z,t)=\delta(z-z_0)u(t)$。

如果设置特征点将图 1.3 中的梁类结构划分为小的区域，则可以假定损伤出现在第 k 个区域 $[z_{k-1},z_k]$ 内，此区域的刚度系数 $\mathrm{EI}(z)$ 和阻尼系数 $C(z)$ 将产生相应的变化。但是，其他非损伤区域内的刚度系数 $\mathrm{EI}(z)$ 和阻尼系数 $C(z)$ 将仍然保持和损伤产生前一样。基于上述分析，可以得到

$$\begin{cases}\hat{\mathrm{EI}}(z)\neq \mathrm{EI}(z)\\ \hat{C}(z)\neq C(z)\end{cases},\quad z\in[z_{k-1},z_k] \tag{6.77}$$

且

$$\begin{cases}\hat{\mathrm{EI}}(z)= \mathrm{EI}(z)\\ \hat{C}(z)= C(z)\end{cases},\quad z\notin[z_{k-1},z_k] \tag{6.78}$$

注 6.1　振动系统中的结构损伤将导致其本身的动态行为具有较为明显的非线性特征。以往对于含裂纹结构的分析和监测主要是集中分析刚度改变如何影响结构的动力学响应特征[20,21]。但是，结构损伤位置的阻尼变化也是必须要考虑的，而不是仅假定阻尼在损伤产生前后不发生变化。在对结构动力学非线性进行度量时，如果不考虑阻尼在裂纹增长过程中的变化，则损伤的程度有可能被低估[22]。损伤位置阻尼系数和刚度系数的改变，将使得在正弦激励条件下的结构振动响应产生非线性扭曲。然而，至少在低频激励的条件下，小的局部结构损伤对于结构全局振动响应不会产生较大的影响[23]。可以确定的是，局部结构损伤将很明显地改变其邻近部分

的振动响应特性[24]。以往的研究表明：含损伤梁类结构在正弦激励条件下，不同区域获得的振动非线性扭曲的程度不同。而损伤区域附近的振动响应具有最大扭曲程度的变化，给出了损伤存在区域的位置信息[25]。如果对于梁类结构特征点位置非线性扭曲的变化采用非线性度量进行量化，则梁类结构损伤位置能够很清楚地被识别出来。

6.4.2　基于非线性度量的低阶模型构建方法

根据 5.2 节中给出的非线性度量定义，以及 5.3 节中该定义在时空耦合系统中的推广应用，可以采用如下针对时空耦合系统的非线性度量定义：

$$\delta_N = \inf_{G\in\mathcal{G}} \sup_{U(z,t)} \left\| N(z,t) - G(z,t) \right\| \tag{6.79}$$

式中，N 表示非线性时空耦合系统；G 表示线性时空耦合系统；$\| N(z,t) - G(z,t) \|$ 表示范数意义下 N 和 G 之间的距离；$N(z,t)$ 表示非线性时空耦合系统在输入为 $U(z,t)$ 时的动态轨迹；$G(z,t)$ 表示线性时空耦合系统在输入为 $U(z,t)$ 时的动态轨迹；$\mathcal{G}$ 表示线性近似系统集合；$U(z,t)\in\mathcal{U}$ 表示输入信号集合。

此时，假定梁类结构的输入为正弦激励，则有

$$U(z,t) = \delta(z - z_0) P\sin(\omega t) \tag{6.80}$$

式中，P 表示外部激励输入的幅值；ω 表示外部激励输入的频率；$\delta(z - z_0)$ 表示狄拉克函数；z_0 表示梁类结构上外部激励输入施加的位置。

如果外部激励输入的幅值和频率一定，即梁类结构有确定的激励，则式(6.79)可以简化为

$$\delta_N = \inf_{G\in\mathcal{G}} \left\| N(z,t) - G(z,t) \right\| \tag{6.81}$$

式(6.81)中的 δ_N 代表了在范数意义下非线性系统和某个最优线性系统的最小绝对误差，因此非线性估计的定义可以用非线性系统到最优线性系统集合之间的距离来进行解释和描述。显然，$\delta_N \geqslant 0$。当 $\delta_N = 0$ 时，非线性时空耦合系统 N 与线性近似系统 G 在输入(6.80)下的动力学行为相同。

假定在本章中的非线性度量计算采用如下的 L_2 范数：

$$\left\| N(z,t) \right\|_{L_2} = \sqrt{\int_{\Omega}\int_0^{\infty} \left| N(z,t) \right|^2 \mathrm{d}t\mathrm{d}z} \tag{6.82}$$

因此，非线性度量可以分别用代表梁类结构无损伤的非线性振动模型(1.10)和有损伤的模型(6.76)来计算其非线性度。假定非线性振动模型的动态轨迹 $N(z,t)$ 可以用如下的展开式进行近似：

$$N(z,t) \approx \sum_{i=1}^{r} y_i(t)\varphi_i(z) \tag{6.83}$$

式中，$\varphi_i(z)$ 表示测量时空数据采用正交分解得到的经验特征函数；$y_i(t)$ 表示对应

的时间变量。

将式(6.83)代入非线性偏微分方程(6.76)，并且采用伽辽金方法得到如下的 r 阶动态系统：

$$\frac{\mathrm{d}y(t)}{\mathrm{d}t}=f(y(t))+Bu(t) \tag{6.84}$$

式中，$y(t)=[y_1(t),y_2(t),\cdots,y_r(t)]^{\mathrm{T}}$；$f(y(t))$ 表示 $y(t)$ 的非线性函数；B 表示常数矩阵，且有 $B_{ij}=\int_{\Omega}\varphi_i(z)\delta(z-z_0)\mathrm{d}z$，$i=1,2,\cdots,r$，$j=1$；$u(t)$ 表示外部的时间输入。

基于非线性度量对非线性偏微分方程进行降阶，可获得如下的线性时不变系统来近似非线性动力学行为：

$$\frac{\mathrm{d}\overline{y}(t)}{\mathrm{d}t}=A\overline{y}(t)+Bu(t) \tag{6.85}$$

式中，A 为常数矩阵；$\overline{y}(t)=[\overline{y}_1(t),\overline{y}_2(t),\cdots,\overline{y}_r(t)]^{\mathrm{T}}$ 为满足式(6.85)的对应经验特征函数 $\{\varphi_1(z),\varphi_2(z),\cdots,\varphi_r(z)\}$ 的时间系数；其余变量和矩阵都与式(6.84)中一致。

因此，原非线性偏微分方程的动态轨迹 $N(z,t)$ 可以用线性时空耦合系统的轨迹 $G(z,t)$ 进行逼近：

$$G(z,t)\approx\sum_{i=1}^{r}\overline{y}_i(t)\varphi_i(z) \tag{6.86}$$

式(6.85)中矩阵 A 可以通过优化误差 $\|N(z,t)-G(z,t)\|_{L_2}$ 计算得到。最优化问题可以详细给出如下：

$$\begin{aligned}
&\min_A\|N(z,t)-G(z,t)\|\\
&=\min_A\left\|\sum_{i=1}^{r}y_i(t)\varphi_i(z)-\sum_{i=1}^{r}\overline{y}_i(t)\varphi_i(z)\right\|\\
&=\min_A\sqrt{\int_0^l[\varphi_1(z),\varphi_2(z),\cdots,\varphi_r(z)]\int_0^{T_{\max}}(y(t)-\overline{y}(t))(y(t)-\overline{y}(t))^{\mathrm{T}}\mathrm{d}t\begin{bmatrix}\varphi_1(z)\\\varphi_2(z)\\\vdots\\\varphi_r(z)\end{bmatrix}\mathrm{d}z}
\end{aligned} \tag{6.87}$$

5.4 节中已经给出基于粒子群优化算法的矩阵 A 求解计算方法，则非线性度量值(6.81)和线性近似系统(6.85)可以同时求解得到。但是，由于矩阵 A 的阶数为 $r\times r$，所以对于式(6.87)的优化计算是一个高阶的最小化问题，需要较多的计算量和计算时间，从而限制了上述方法的推广应用。

6.4.3 非线性度向量计算

由式(6.81)可知，时空耦合系统非线性度的计算实际上是寻找一个名义上的线性近似系统，使得线性近似系统的时空输出可以最优地近似原系统的非线性时空耦合输出。为了避免粒子群优化算法带来的复杂计算，可采用正交分解技术来规避上述问题。从本质上说，基于奇异值分解的正交分解技术是对非线性时空数据的线性分解近似，即采用分解后的矩阵乘积作为一个线性系统的时空输出去近似原非线性系统的时空耦合输出[26]。利用正交分解技术的上述能力，建立一个可以快速计算的方法来实现非线性度量在梁类结构中损伤位置识别的应用。

当梁类结构存在外部激励时，其内部损伤的产生或者拓展将改变结构内部振动传递的输入输出关系。当梁类结构内部振动传递的输入输出关系本身为非线性时，损伤的存在将加剧其非线性程度，即可以将损伤看成一个附加的非线性因素[27]。如果动态行为中的非线性程度可以量化，则根据损伤发生前后梁类结构动态行为非线性程度的变化，可以判断梁类结构内部是否发生了损伤。但是，这对确定梁类结构内部损伤发生的位置并没有帮助。因此，首先将梁类结构进行区域划分，如图 6.26 所示[23]，然后采集每个区域的振动响应进行非线性程度估计。

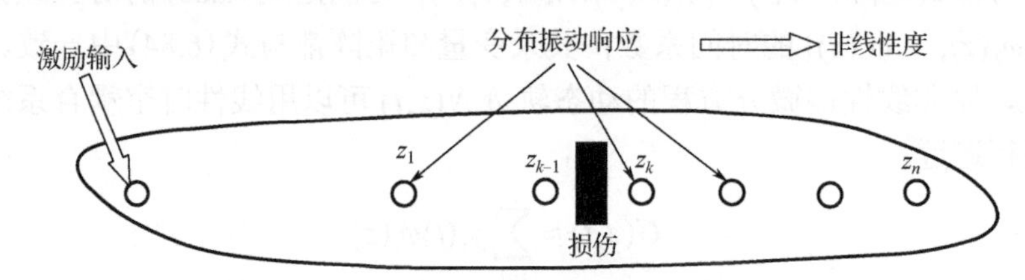

图 6.26　梁类结构区域划分和分布振动响应非线性度量

如图 6.26 所示，假定梁类结构的振动响应数据在位置点 $z_1,z_2,\cdots,z_n$ 上进行测量，则梁类结构的动态轨迹 $N(z,t)$ 可以表示为 $[N(z_1,t),N(z_2,t),\cdots,N(z_n,t)]$。如果动态轨迹 $N(z,t)$ 的时间采样点为 $t_1,t_2,\cdots,t_m$，则可以得到如下的矩阵表示梁类结构采样时间内的动态轨迹 $N(z,t)$：

$$\hat{N}=\begin{bmatrix} N(z_1,t_1) & N(z_1,t_2) & \cdots & N(z_1,t_m) \\ N(z_2,t_1) & N(z_2,t_2) & \cdots & N(z_2,t_m) \\ \vdots & \vdots & & \vdots \\ N(z_n,t_1) & N(z_n,t_2) & \cdots & N(z_n,t_m) \end{bmatrix} \tag{6.88}$$

式中，$\hat{N}$ 的第 i 行表示在梁类结构第 i 个位置测量得到的振动响应信号。

为了计算近似非线性时空耦合系统的线性系统，可以在数值上寻找一个线性系统的轨迹来近似矩阵 $\hat{N}$，即寻找一个最优线性系统在位置点 $z_1,z_2,\cdots,z_n$ 和采样时间 $t_1,t_2,\cdots,t_m$ 的动态轨迹：

$$\hat{G}=\begin{bmatrix} G(z_1,t_1) & G(z_1,t_2) & \cdots & G(z_1,t_m) \\ G(z_2,t_1) & G(z_2,t_2) & \cdots & G(z_2,t_m) \\ \vdots & \vdots & & \vdots \\ G(z_n,t_1) & G(z_n,t_2) & \cdots & G(z_n,t_m) \end{bmatrix} \tag{6.89}$$

式中，矩阵 $\hat{G}$ 表示由矩阵 $\hat{N}$ 的奇异值分解得到的名义线性系统的动态轨迹，即

$$\hat{N} = USV^{\mathrm{T}} \tag{6.90}$$

其中，U 表示 $n \times n$ 正交矩阵；V 表示 $m \times m$ 正交矩阵；S 表示 $n \times m$ 对角矩阵。

S 矩阵对角线上有 $r = \min(n,m)$ 个非零元素 σ_i，且按照大小降序排列：

$$S = \begin{bmatrix} \sigma_1 & 0 & \cdots & 0 \\ 0 & \sigma_2 & \cdots & 0 \\ \vdots & \vdots & & \vdots \\ 0 & 0 & \cdots & \sigma_r \end{bmatrix} \tag{6.91}$$

式中，$\sigma_1, \sigma_2, \cdots, \sigma_r$ 表示矩阵 $\hat{N}$ 的奇异值。

式(6.90)同样可写成式(6.92)的形式：

$$\hat{N} = QV^{\mathrm{T}} = \sum_{i=1}^{r} q_i v_i^{\mathrm{T}} \tag{6.92}$$

式中，q_i 表示矩阵 Q 的第 i 列；v_i 表示矩阵 V 的第 i 列；动态轨迹 $N(z,t)$ 由矩阵 $\hat{N}$ 表示，而时间变量 $y_i(t)$ 由列矩阵 q_i 表示，基函数 $\varphi_i(z)$ 由列矩阵 v_i^{T} 表示。

基于上述分析可发现，时空耦合系统非线性度量的最优化问题转变成寻找矩阵 $\hat{Q}$ 最佳的近似式(6.92)中的矩阵 Q。对于任何 $k<r$，在式(6.91)中设 $\sigma_{k+1} = \sigma_{k+2} = \cdots = 0$ 可以得到矩阵 S_k，构成式(6.92)中矩阵 $\hat{N}$ 的最优 k 阶近似 $\hat{G}$：

$$\hat{G} = US_kV^{\mathrm{T}} = \hat{Q}V^{\mathrm{T}} \tag{6.93}$$

式(6.93)中的最优 k 阶近似表明，没有别的 k 阶矩阵在 Frobenius 范数(离散版本的 L_2 范数[26])意义下能够比式(6.93)中的 $\hat{G}$ 更好地近似矩阵 $\hat{N}$。这意味着，$\hat{Q} = US_k$ 是矩阵 Q 的最佳线性近似。根据正交分解技术在结构健康监测中的应用[24,25,28]，最优近似矩阵的阶数 k 可以根据特征值大小的比值 $\sigma_k / \sigma_{k+1} \geqslant 10$。由于 $\hat{G}$ 是梁类结构上 $z_1, z_2, \cdots, z_n$ 的最优线性近似信号矩阵，所以误差信号矩阵可以定义为

$$\hat{e} = \left|\hat{G} - \hat{N}\right| \tag{6.94}$$

式中，$\hat{e}(i,j) = \left|\hat{G}(i,j) - \hat{N}(i,j)\right|$。

假定 $\hat{e}(i,:)$ 表示误差 $\hat{e}$ 的第 i 列，则梁类结构位置点 z_i 上基于 L_2 范数的非线性度量值为

$$\delta_{Ni} = \sqrt{\int_0^{T_{\max}} \hat{e}(i,:)^2 \mathrm{d}t} = \sqrt{\int_0^{T_{\max}} \left|\hat{G}(i,:) - \hat{N}(i,:)\right|^2 \mathrm{d}t} \tag{6.95}$$

式中，δ_{Ni} 表示在第 i 个特征点测量的振动响应的非线性度。

式(6.95)中的最大积分时间 $T_{\max}$ 为可自由选择参数，需要根据系统的物理性质和相关理论进行确定。一般来说，由系统从瞬态到稳态的过程来选择积分限。

6.4.4 裂纹定位方法

下面分别将 6.4.3 节中的动态响应非线性度量方法应用到有激励输入下的梁类结构有损伤和无损伤的情形。假定对于有损伤和无损伤的梁类结构进行 M 次实验，在特征点位置 $z_1,z_2,\cdots,z_n$ 上采集得到的动态轨迹数据为 $\{N^j(z,t),\bar{N}^j(z,t),j=1,2,\cdots,M\}$ 。假定根据上述数据计算得到的非线性度分别为 $\delta_N^j=[\delta_{N1}^j,\delta_{N2}^j,\cdots,\delta_{Nn}^j]$ 和 $\bar{\delta}_N^j=[\bar{\delta}_{N1}^j,\bar{\delta}_{N2}^j,\cdots,\bar{\delta}_{Nn}^j]$，则可以得到如下的误差：

$$\Delta\delta^j=\left|\delta_N^j-\bar{\delta}_N^j\right| \tag{6.96}$$

式中，$\Delta\delta^j=[\Delta\delta_1^j,\Delta\delta_2^j,\cdots,\Delta\delta_n^j]$； $\Delta\delta_i^j=\left|\bar{\delta}_{Ni}^j-\delta_{Ni}^j\right|$, $i=1,2,\cdots,n$。

用 M 次实验的计算结果平均可以得到 $\{N^j(z,t),\bar{N}^j(z,t),j=1,2,\cdots,M\}$ 的非线性度平均值为

$$\Delta\delta=\frac{1}{M}\sum_{j=1}^{M}\Delta\delta^j \tag{6.97}$$

式中，$\Delta\delta=[\Delta\delta_1,\Delta\delta_2,\cdots,\Delta\delta_n]$； $\Delta\delta_i=\frac{1}{M}\sum_{j=1}^{M}\Delta\delta_i^j$, $i=1,2,\cdots,n$。

式(6.97)中非线性度的变化量可用于构建结构损伤的识别指标，其中某邻近区域的非线性度变化最大，即可指示可损伤的位置。假定 $\Delta\delta_k=\max\{\Delta\delta_1,\Delta\delta_2,\cdots,\Delta\delta_n\}$，则可以确定损伤区域在 $[z_{k-1},z_k]$ 内。

6.4.5 实验设备及方法

本节采用基于机器视觉的非接触测量方法获得梁类结构多位置点分布振动响应信号，采用的机器视觉测振实验系统和激振器及其原理图分别如图 6.27 和图 6.28 所示。被测物体的根部端通过螺母固定在基座上，另一端呈自由状态。将被测物体与激振杆固定连接，并在其连接处下端粘贴一个振动加速度传感器进行实时振动反馈用于激振器目标谱控制。通过激振器控制系统产生激励信号并加载到激振器上，经加速度传感器反馈到激振器控制器系统对被测物体进行激励。在被测物体的边缘截面上粘贴等间距的反光标记点对被测物体进行区域划分，通过相机检测反光标记点的运动获得分布位置振动位移信号。两个条形光源放置在被测物体的侧前方以保证标记点的光照均匀，将相机(图 6.29)固定在三脚架上水平放置在被测物体的正前方。通过相机进行连续图像或者视频采集，将获取的序列图像或视频信号传递给计算机的图像采集系统，提取振动序列图像计算标记点像素位移，最终转换成被测物体各分布位置振动位移信号。

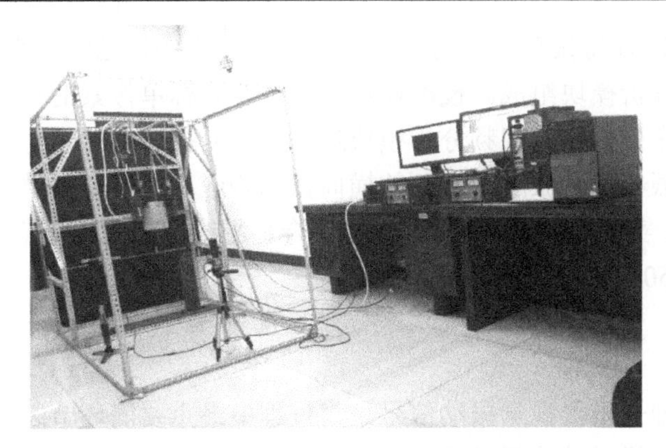

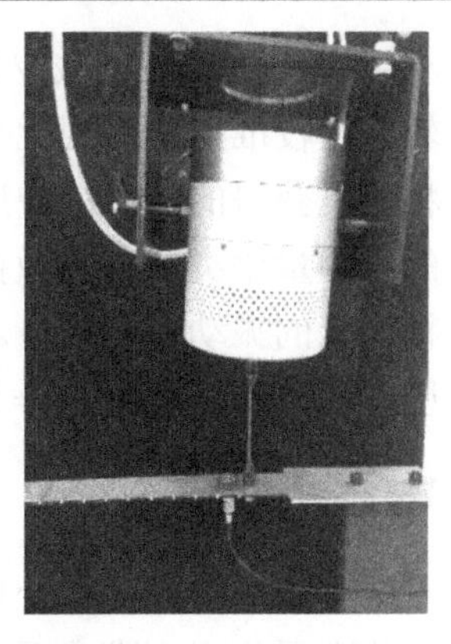

图 6.27　机器视觉测振实验系统和激振器

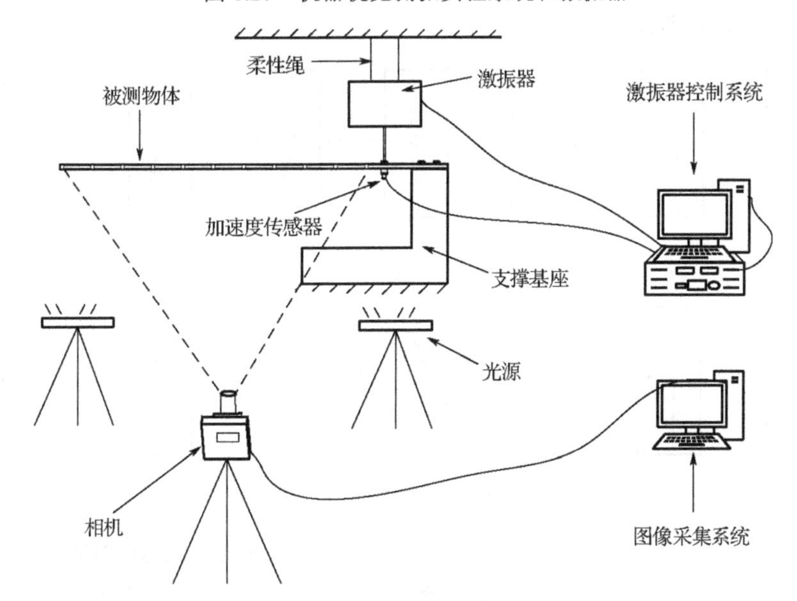

图 6.28　机器视觉测振实验系统原理图

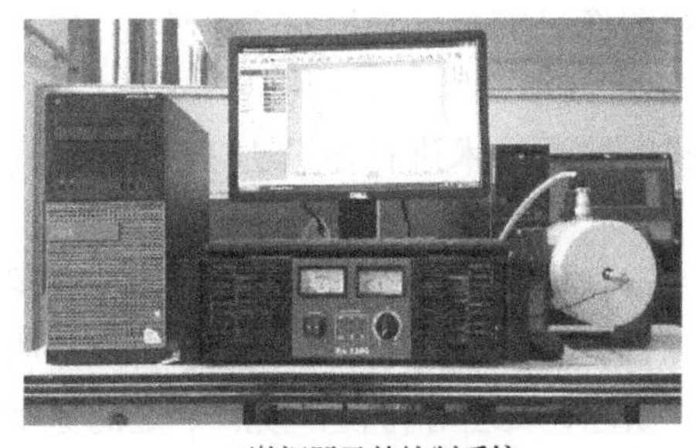

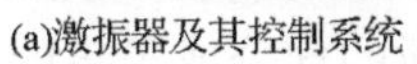

(a)激振器及其控制系统

(b)相机

图 6.29　激振器及其控制系统和相机

利用 Python 和 OpenCV 软件将振动测量功能整合到图 6.27 中的视觉测量系统，内置软件由校准模块和视觉分析模块组成。校准模块用于计算目标单像素的实际大小。将相机获得的视频图像序列传递到视频分析模块进行处理并提取振动信息。实验目的是测量梁类结构在激振器定频激励条件下的横向振动响应，获得梁类结构上多个特征点的振动位移信号。实验用的悬臂梁由 6061 铝合金经线切割而成，其规格为长度 $l = 600\text{mm}$ 、宽度 $b = 50\text{mm}$ 、厚度 $h = 3\text{mm}$ 。

1. 振动信号采集

对序列图像进行数据处理是机器视觉振动信号采集过程中最重要的环节之一，决定着能否采集得到准确反映梁类结构振动特性且噪声较小的振动响应信号，具体实现方式如图 6.30 所示。

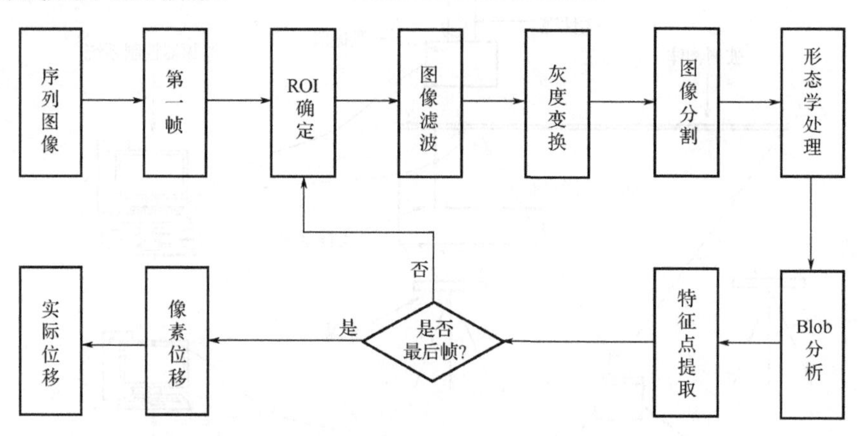

图 6.30 振动响应提取流程

振动位移信号提取流程主要包括感兴趣区域(region of interest, ROI)确定、图像滤波、灰度变换(图像特征增强)、图像分割、形态学处理、Blob 分析，经过特征点提取得到像素位移，最后转换成实际位移。每个步骤的作用和含义分别介绍如下：

(1)感兴趣区域确定使得处理每帧图像只需要处理区域内像素点，极大地减少需要处理的图像数据。

(2)图像滤波中采用小波分解变换的滤波技术进行滤波去噪处理，以提高图像的视觉性能。

(3)灰度变换(图像特征增强)是基于像素点增强的一种有效手段，在图像空间直接对图像的灰度值进行处理，使处理后的图像清晰度提高，图像层次分明。

(4)图像分割是根据像素的灰度、颜色、纹理等特性，按照一定的原则将一幅图像或景物分割成若干个特定的、具有独特性质的部分或子集的方法。图像分割的质量直接影响着后续图像提取的效果。

(5)形态学处理是采用圆形结构元素进行形态学闭运算，以保证后续所有序列图像的特征点都能提取。

(6)Blob 分析是一种以区域分割为基础的高级分析方法，是从经图像分割后的二值图像获取像素位移的方法，使得二值图像中只包含特征点。计算每个特征点的质心所在的行数、列数，并将其保存在像素坐标中得到像素位移。特征点质心计算公式如下：

$$\begin{cases} x = \dfrac{\sum\limits_{i=1}^{M}\sum\limits_{j=1}^{N} if(i,j)}{\sum\limits_{i=1}^{M}\sum\limits_{j=1}^{N} f(i,j)} \\ y = \dfrac{\sum\limits_{i=1}^{M}\sum\limits_{j=1}^{N} jf(i,j)}{\sum\limits_{i=1}^{M}\sum\limits_{j=1}^{N} f(i,j)} \end{cases} \tag{6.98}$$

式中，x 和 y 分别表示特征点质心的水平方向和竖直方向像素坐标；M、N 分别表示特征点的行数、列数；$f(i,j)$ 表示图像中的灰度值。

(7)实际位移是通过像素毫米比来换算得到特征点在实际空间中振动的位移大小，根据针孔成像原理得到面内振动成像的数学模型。

面内振动器的相机成像针孔模型如图 6.31 所示。图中，v 为像距，u 为物距，O 为相机光心，假定被测对象相对于相机成像平面平行且只在 Y 平面内运动，则在 t_0 时刻 A 为被测对象振动前的位置，到中心线的距离为 h，B 为被测对象振动前在成像平面中的位置，到中心线的距离为 h'。被测对象 A 经过 Δt 时间后运动至 A'，位移距离为 w，同时 B 在成像平面内运动到 B'，根据相似关系得到被测对象在成像平面中的位移为

$$\Delta h = H - h' = \frac{v(h+w)}{u} - \frac{v \cdot h}{u} = \frac{v \cdot w}{u} \tag{6.99}$$

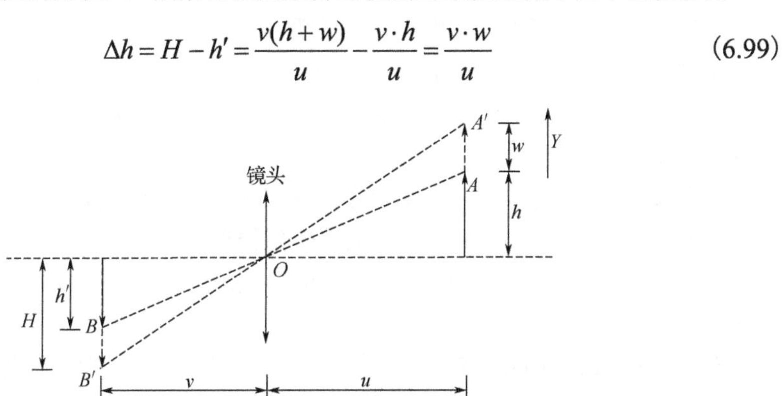

图 6.31　面内振动的相机成像针孔模型

由式(6.99)可知，面内运动的位移量与相机成像平面内的位移量呈线性关系，可通过被测对象振动图像中像素坐标的变化来表示其真实空间下的位移变化。

2. 机器视觉测振方法验证

为验证机器视觉测振方法的测试精度，以悬臂梁为实验对象，与激光位移传感器测量结果进行对比验证，实验装置如图 6.32 所示。与机器视觉测振类似，激光位移传感器也是直接测试得到振动位移，以其作为比较标准可避免采用传统加速度传感器得到信号进行换算带来的误差。另外，激光位移传感器具有较高的测量精度，实验中使用机器视觉测量系统和基恩士公司 LK-G30(测量精度 0.1μm)激光位移传感器同时进行振动响应信号的采集，因为 LK-G30 激光位移传感器只能进行单点测量，所以取悬臂梁边缘截面上的 8 号特征点，在定频激励振动下同时进行数据采集。

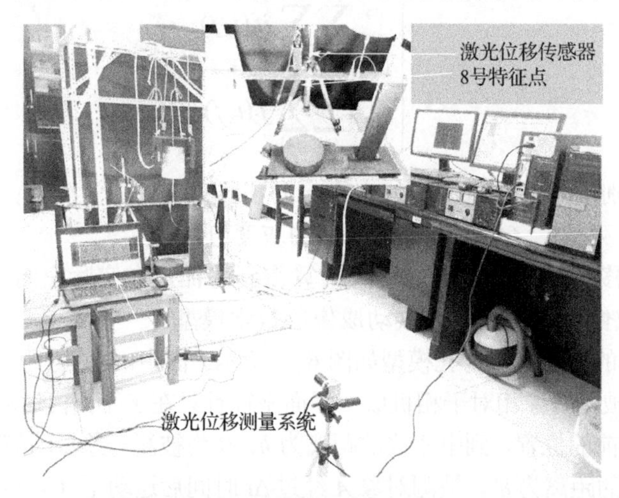

图 6.32　视觉测量精度验证实验装置

对比验证实验过程分为以下几个步骤：

步骤 1　悬臂梁的根部端与基座用螺母固定，另一端为自由端，在其边缘截面上粘贴等间距的反光特征点，将激光位移传感器射出的激光点垂直对准 8 号特征点的位置，如图 6.32 中的局部图所示。

步骤 2　通过激振器控制系统设定激振频率为 45.92Hz，对悬臂梁进行定频激励，待其产生振动后，相机和激光位移传感器同时进行采集。

步骤 3　在悬臂梁稳定振动一段时间后，相机和激光位移传感器同时停止采集，并保存数据。

对相机拍摄获得的图像序列进行处理，获得悬臂梁 8 号特征点的振动位移信号，如图 6.33 和图 6.34 所示。将其与激光位移传感器的测试结果进行比较，如图 6.35 所示。从图 6.33 和图 6.34 可知，两种测量方法所得振动位移曲线趋势一致，两者的幅值误差较小且主要体现在最大值位置，这是因为两种测量方法在测量时间点上没能做到严格一致，从而导致测量结果出现一定的偏差。

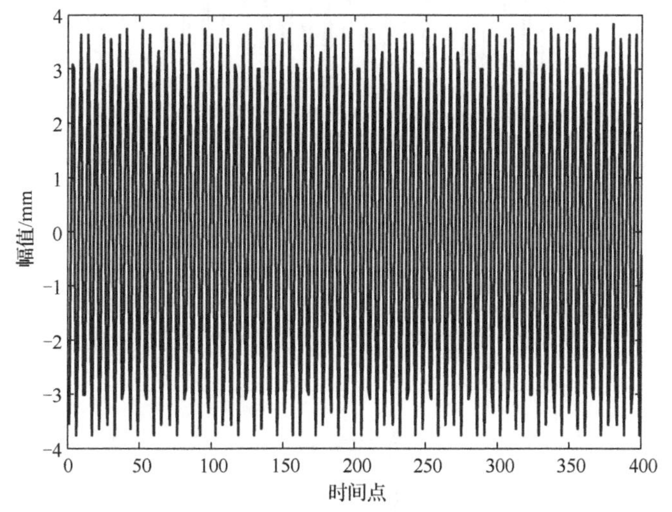

图 6.33　视觉测振方法的位移信号

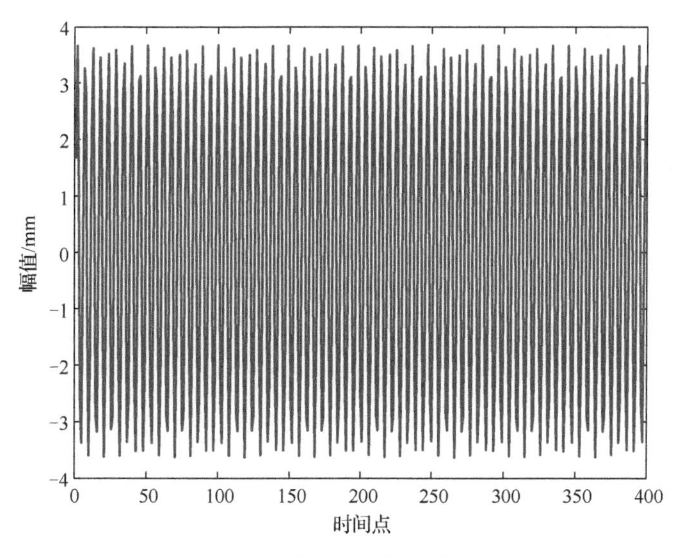

图 6.34　激光位移传感器的位移信号

将两种测量方法得到的振动位移信号分别进行傅里叶变换，得到振动响应的频谱如图 6.36 和图 6.37 所示。从图 6.36 和图 6.37 可知，两者的主频相差不大，且其幅值误差较小，表明两种信号的主要成分一致，通过机器视觉测振方法获取的振动响应信号具有较高的可靠性。

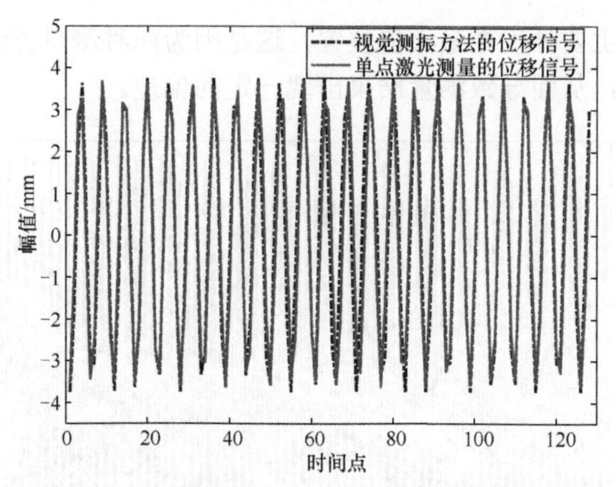

图 6.35　视觉测振方法与单点激光测量结果对比

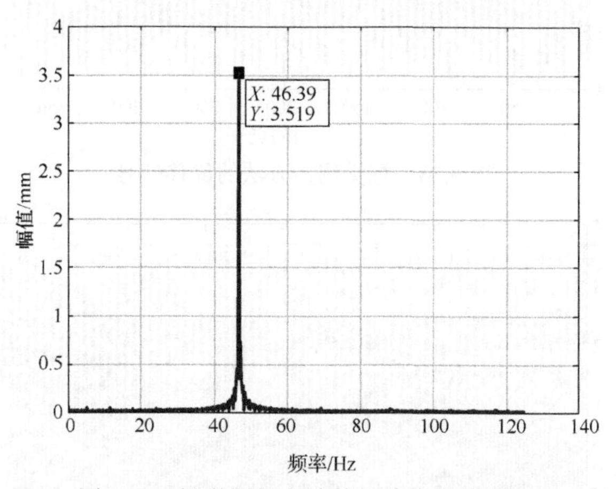

图 6.36　视觉测振方法的位移信号频谱图

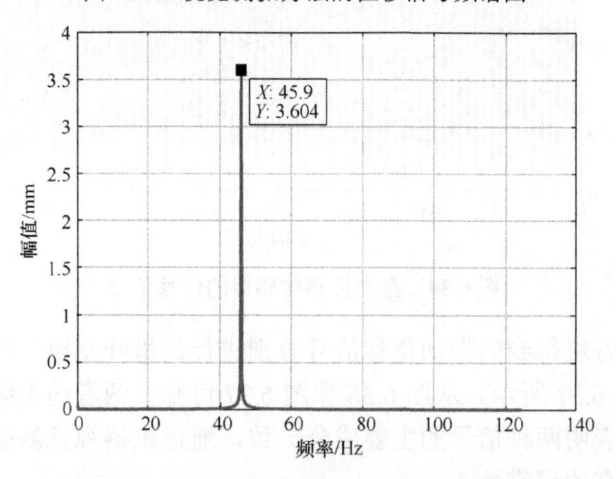

图 6.37　激光位移传感器的位移信号频谱图

6.4.6　实验验证

实验目的是验证本节基于振动响应非线性度量的梁类结构裂纹定位方法的有效性。实验主要分为以下三个步骤。

步骤 1　采用激振器和振动加速度传感器进行测量，确定测量对象的固有频率。如图 6.27 所示，加速度传感器固定在悬臂梁上，采用 B&K Pulse 采集振动信号。在激振器控制系统中从低到高对激振频率进行调整实现悬臂梁激振，当悬臂梁发生共振时，可以确定对应的共振频率。本次实验中得到的悬臂梁固有频率如表 6.10 所示。

表 6.10　悬臂梁的固有频率

频率阶次	固有频率/Hz
第一阶	7.69
第二阶	47.42
第三阶	91.37

步骤 2　选择合适的激振频率和幅值激励悬臂梁，采用机器视觉测振方法获得悬臂梁上分布特征点的振动响应信号，记录和分析悬臂梁振动图像序列。对图像序列进行分析的目的是确定每个特征点在图像中的像素位移，从而定义振动位移。首先对采集的图像序列进行预处理，消除噪声和其他缺陷。根据文献[22]，激振频率越高，含裂纹梁类结构振动响应的非线性程度越大。如果激振频率过低，则有可能无法激发出含裂纹梁类结构振动响应的非线性特性；如果激振频率过高，则在图像处理和振动信号获取的过程中需要非常大的计算量和计算时间，且并不意味着更好的测量精度。因此，本实验中采用二阶固有频率对梁类结构进行定频激励，通过调节激振的幅值来激励含裂纹梁类结构产生非线性动态行为。

步骤 3　对梁类结构上的裂纹位置进行验证。在裂纹产生前后分别测量获得梁类结构上特征点位置的振动响应后，采用非线性度量的方法分析振动响应中非线性程度的变化，通过寻找非线性程度变化量最大的位置来实现裂纹位置的确定。实验中，在悬臂梁上设置 18 个等距特征点，选择其中两个特征点的中间区域设置局部损伤，其中损伤采用线切割设备切割而成。为了模拟切割位置阻尼的变化，在切割的裂缝中采用玻璃胶进行填充处理。悬臂梁的特征点和损伤具体设置如图 6.38 所示。

选用二阶固有频率 47.42Hz 对悬臂梁进行激振，采样时间为 5s，其中选择 1s 的采样信号进行展示。先后采集同一悬臂梁无损伤和有损伤时的振动信号，并进行非线性度量。假定设置的特征点位置为 $z_1,z_2,\cdots,z_{18}$，选择区域 (z_5,z_6) 和 (z_9,z_{10}) 设置局部损伤。实验结果分别如下：

1) 损伤在区域 (z_5,z_6)

仅选择损伤区域邻近的 z_5、z_6 两点采集到的振动响应进行展示。在损伤产生前后，特征点 z_5 上测量得到的振动位移信号如图 6.39 和图 6.40 所示，其中图 6.39 表示的是无损伤悬臂梁上测量得到的振动位移信号，图 6.40 表示的是有损伤悬臂梁上测量得到的振动位移信号。

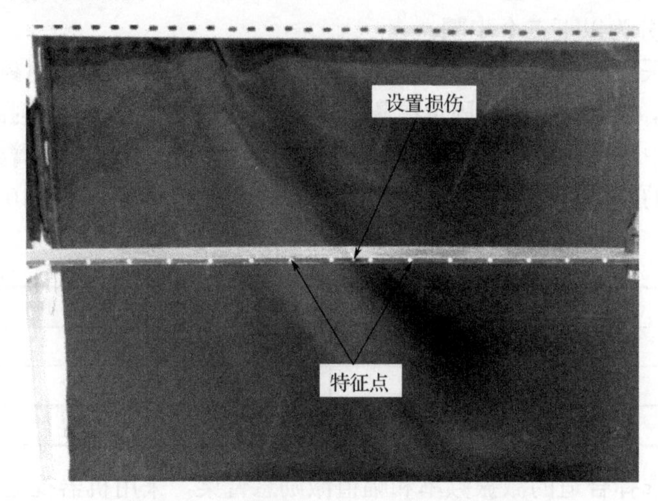

图 6.38 悬臂梁特征点和损伤具体设置

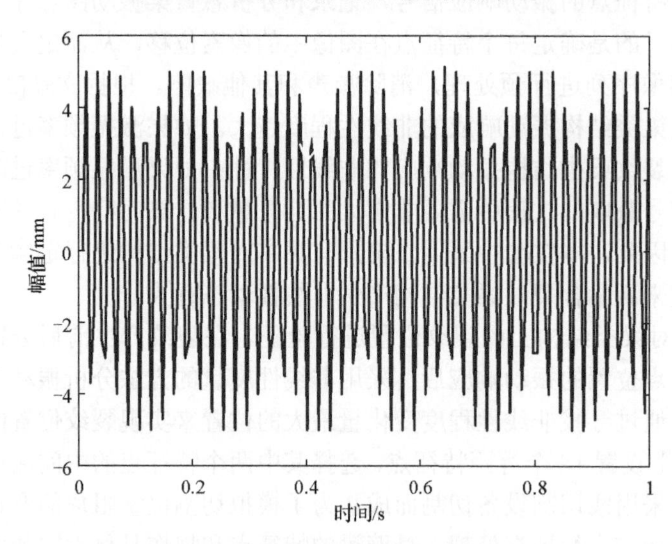

图 6.39 损伤产生前特征点 z_5 的振动位移信号

同样，特征点 z_6 上测量得到的振动位移信号如图 6.41 和图 6.42 所示，其中图 6.41 表示的是无损伤悬臂梁上测量得到的振动位移信号，图 6.42 表示的是有损伤悬臂梁上测量得到的振动位移信号。在悬臂梁无损伤和有损伤时，所有特征点振动响应的非线性度量结果如图 6.43 所示，非线性度量值的绝对误差结果如图 6.44 所示。

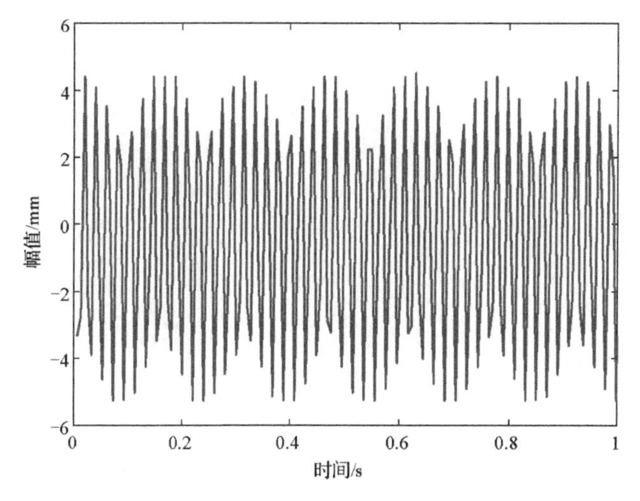

图 6.40　损伤产生后特征点 z_5 的振动位移信号

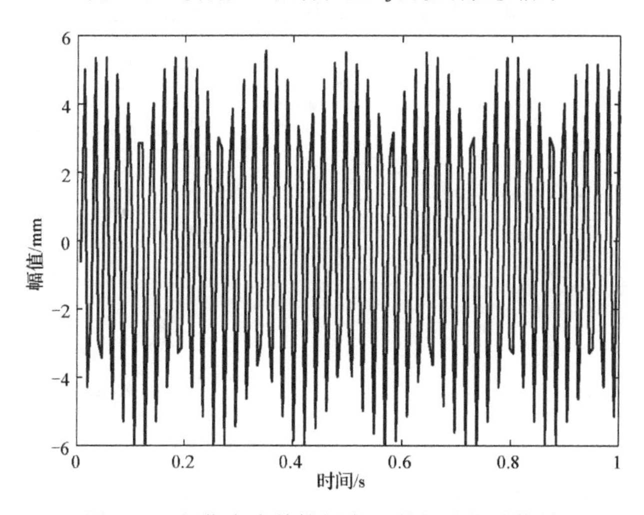

图 6.41　损伤产生前特征点 z_6 的振动位移信号

2) 损伤在区域 (z_9, z_{10})

选择损伤区域邻近的 z_9、z_{10} 两点采集到的振动响应进行展示。在损伤产生前后，特征点 z_9 上测量得到振动位移信号如图 6.45 和图 6.46 所示，其中图 6.45 表示的是无损伤悬臂梁上测量得到的振动位移信号，图 6.46 表示的是有损伤悬臂梁上测量得到的振动位移信号。

同样，特征点 z_{10} 上测量得到振动位移信号如图 6.47 和图 6.48 所示，其中图 6.47 表示的是无损伤悬臂梁上测量得到的振动位移信号，图 6.48 表示的是有损伤悬臂梁上测量得到的振动位移信号。在悬臂梁无损伤和有损伤时，所有特征点振动响应的非线性度量结果如图 6.49 所示，非线性度量值的绝对误差结果如图 6.50 所示。

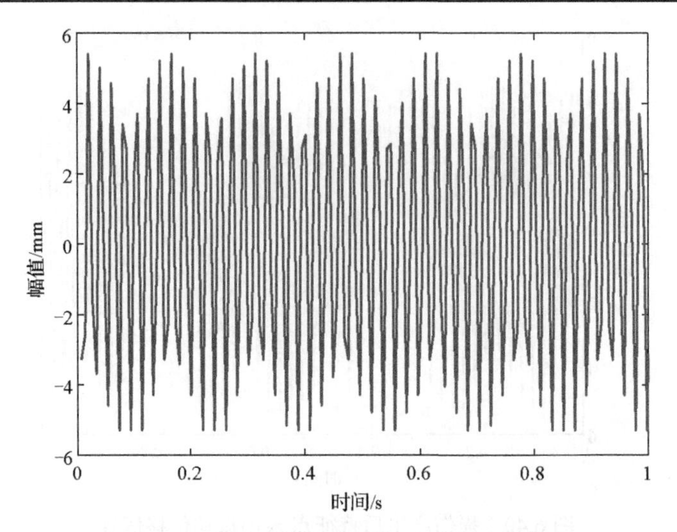

图 6.42　损伤产生后特征点 z_6 的振动位移信号

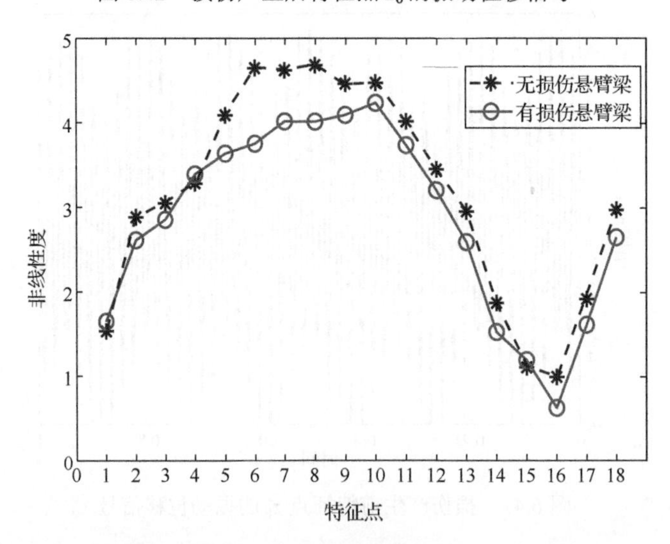

图 6.43　区域($z5$,$z6$)损伤产生前后悬臂梁特征点的非线性度量结果

在幅值固定的正弦激励条件下，梁类结构的振动响应由于损伤位置刚度系数和阻尼系数的变化将产生非线性扭曲。利用本节中提出的度量方法对振动响应的非线性扭曲程度进行度量，可以通过寻找损伤产生前后非线性度量值变化的最大位置来确定损伤发生的位置。由图 6.44 和图 6.50 可以发现，非线性度量值误差的最大值位置恰好在损伤后的第一个特征点位置，验证了损伤定位方法的有效性。

为了进一步验证基于非线性度量的梁类结构裂纹定位方法，继续进行关于裂纹深度变化的实验。选择另一个同规格、同材质的铝制悬臂梁，在悬臂梁上布置 18 个特征点，由于裂纹深度的增加对自由端特征点的位移具有较大的影响，所以仅

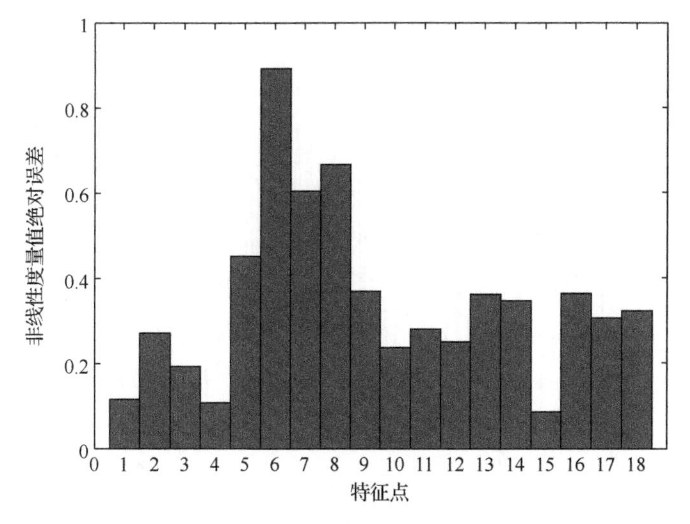

图 6.44　区域($z5$,$z6$)损伤产生前后悬臂梁特征点非线性度量值绝对误差结果

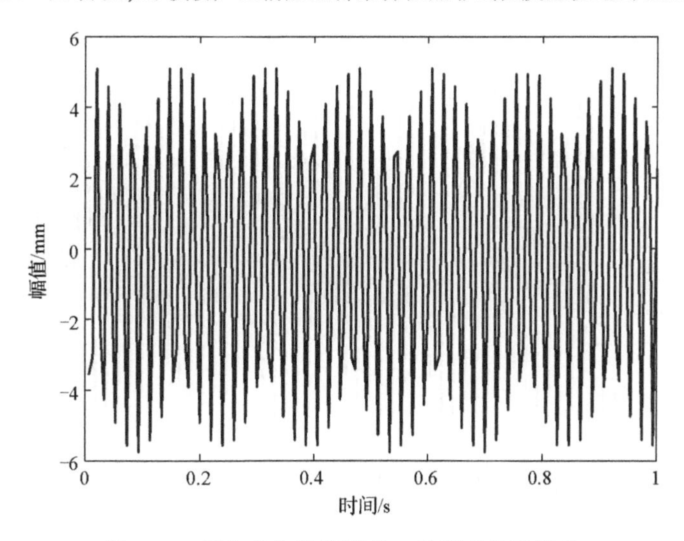

图 6.45　损伤产生前特征点 z_9 的振动位移信号

测量第 1～17 个特征点的振动响应。首先通过扫频确定其二阶固有频率为 45.6Hz。选择二阶固有频率在激振器控制系统中进行设置，将损伤设置在悬臂梁特征点 z_8 和 z_9 之间。仍采用线切割方法在此悬臂梁中设置 0mm、0.4mm、0.8mm、1.2mm、1.6mm 的裂纹深度进行实验。在每个裂纹深度下，实验的步骤都与前面采用的步骤一致。在不同的裂纹深度下，悬臂梁上分布特征点振动响应的非线性度量结果如图 6.51 所示。

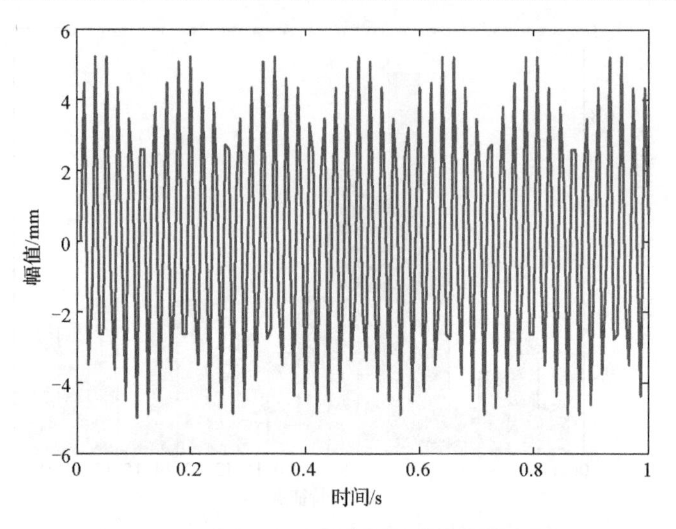

图 6.46　损伤产生后特征点 z_9 的振动位移信号

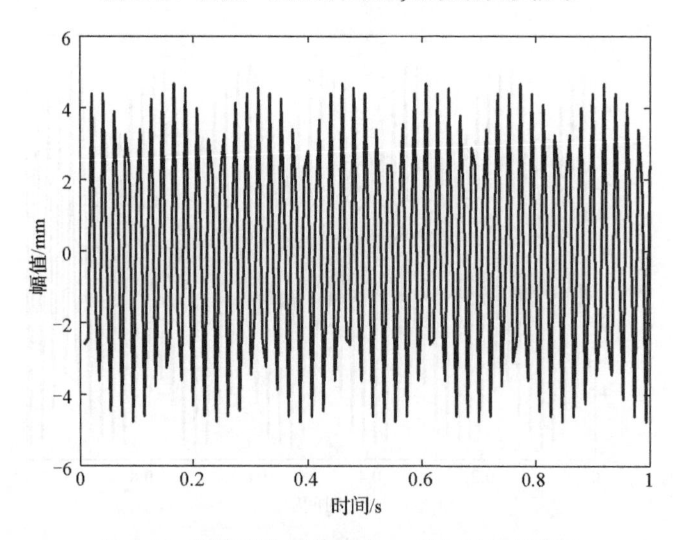

图 6.47　损伤产生前特征点 z_{10} 的振动位移信号

从图 6.51 可知，裂纹深度的变化将带来特征点上非线性度量结果的变化。由于非线性度是根据振动响应的幅值进行计算的，且不同裂纹深度下的损伤悬臂梁是采用无损伤状态时的同一个固有频率和激振力进行激励的，所以随着裂纹深度的增大，有损伤悬臂梁的自然频率将会明显变小。当含裂纹悬臂梁仍采用无损伤状态时的固有频率和激振力进行激振时，悬臂梁振动响应的幅值将明显变小。因此，当悬臂梁中有损伤时，其特征点振动响应的非线性度量值变小。另外，在相同的激励条件下，有更深损伤的悬臂梁振动幅值要比有较浅损伤的悬臂梁振动幅值大，这是因为裂纹损伤位置的刚度随着裂纹深度的增加会变小。这就解释了图 6.51 中为什么含更深裂纹的悬臂梁特征点非线性度量值更加接近于无损伤的情形。但是，暂时还没有发现悬臂梁特征点非线性度量值的变化与裂纹深度的变化存在函数对应关系。在不同的裂纹深度条件下，对损伤前后悬臂梁特征点振动响应非线性度的绝对误差进行计算，如图 6.52～图 6.55 所示，绝对误差的最大位置显示出悬臂梁局部损伤的正确位置。

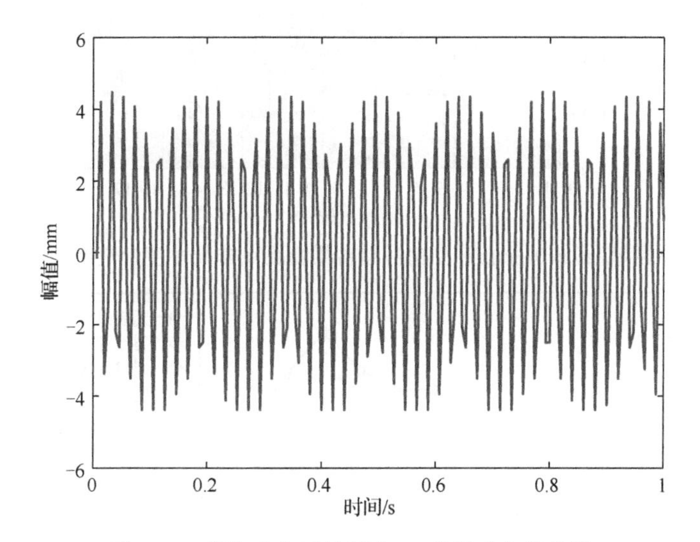

图 6.48　损伤产生后特征点 z_{10} 的振动位移信号

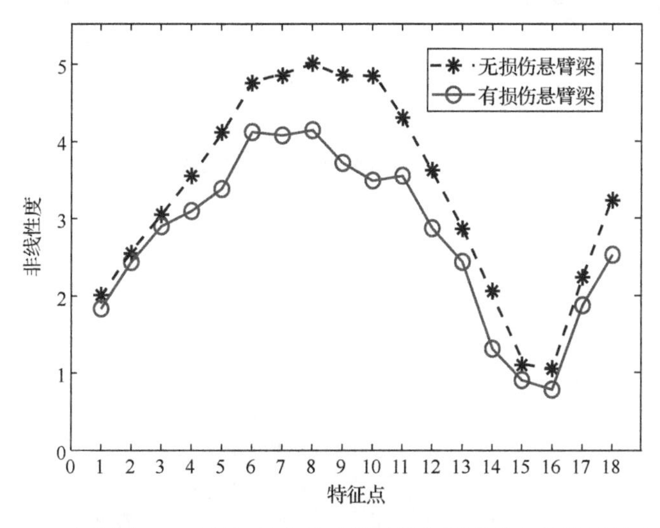

图 6.49　区域($z9$,$z10$)损伤产生前后悬臂梁特征点的非线性度量结果

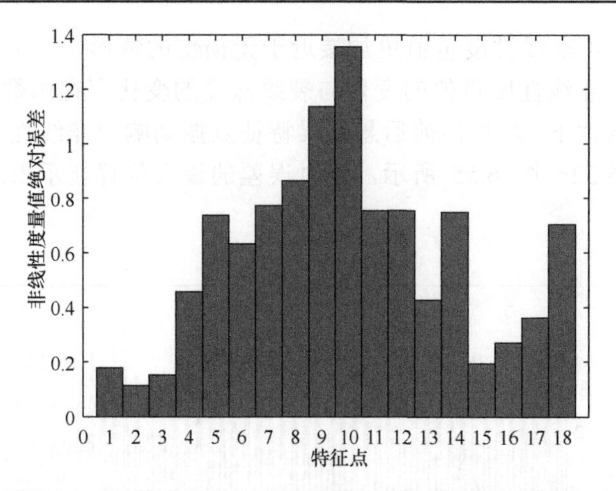

图 6.50　区域($z9$,$z10$)损伤产生前后悬臂梁特征点非线性度量值绝对误差结果

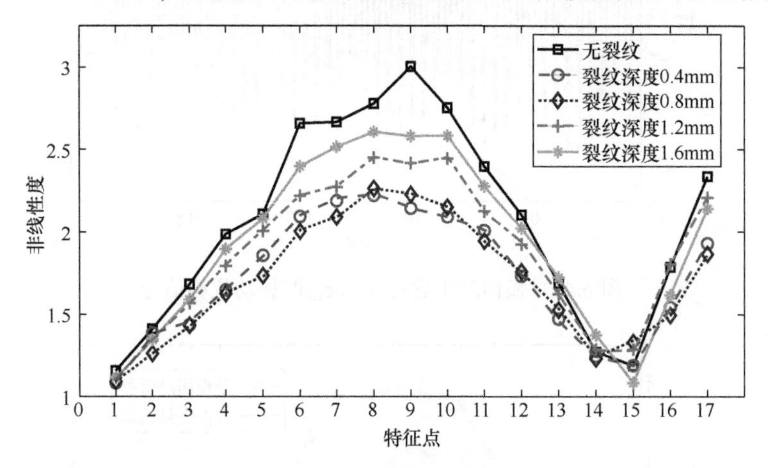

图 6.51　不同裂纹深度下悬臂梁特征点振动响应的非线性度量结果

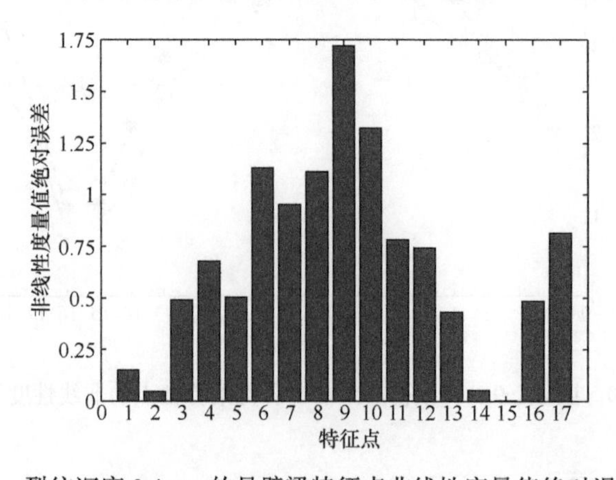

图 6.52　裂纹深度 0.4mm 的悬臂梁特征点非线性度量值绝对误差分布

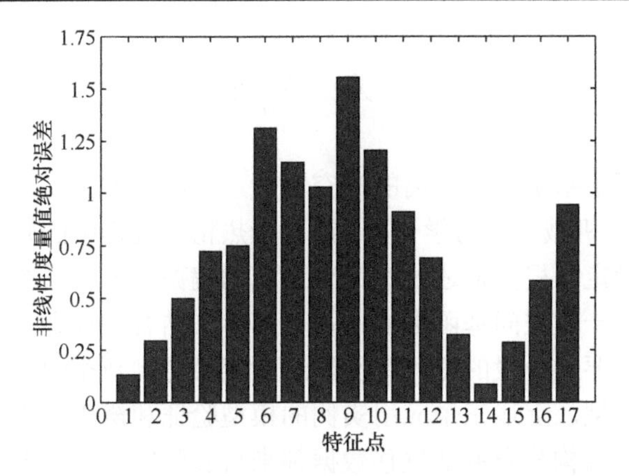

图 6.53　裂纹深度 0.8mm 的悬臂梁特征点非线性度量值绝对误差分布

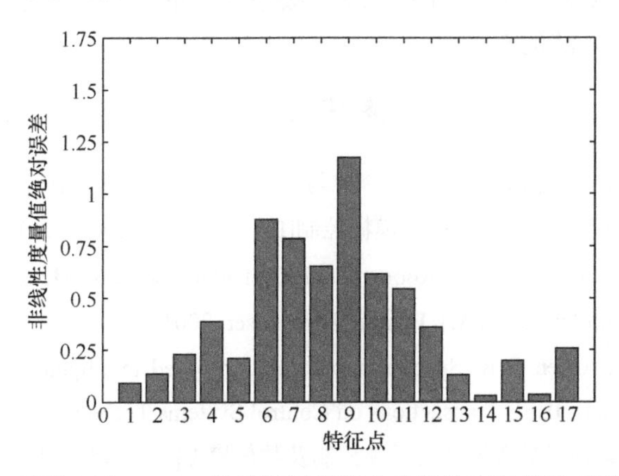

图 6.54　裂纹深度 1.2mm 的悬臂梁特征点非线性度量值绝对误差分布

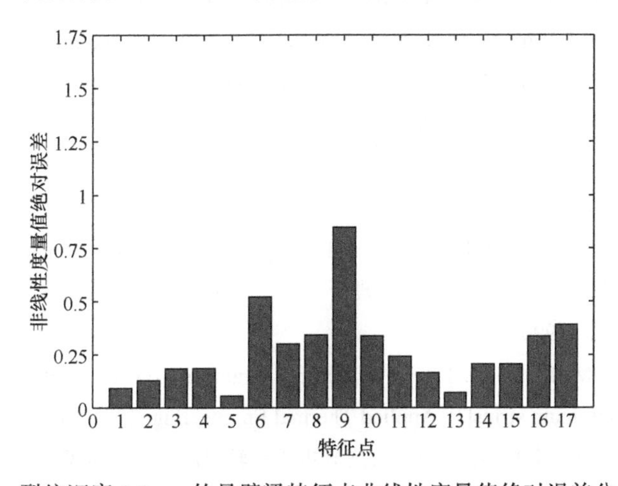

图 6.55　裂纹深度 1.6mm 的悬臂梁特征点非线性度量值绝对误差分布

6.5 本章小结

本章主要介绍了基于变量分离的时空耦合系统降阶方法在工程中的应用，主要包括刚-柔双连杆臂机械手动力学分析、铝合金热精轧过程中的轧辊热变形预测和梁类结构损伤位置确定。根据描述时空耦合系统的偏微分方程系统本身的特点可以确定是直接采用基于一般空间基函数的变量分离方法结合伽辽金方法截断来建立低阶近似模型，还是需要对一般的空间基函数进行变换得到新空间基函数再来展开和投影获得低阶近似模型。上述三个应用实例的模型验证和辨识都采用实验数据，柔性臂运动变形和梁类结构分布振动位移数据都来自实验室，而铝合金热精轧过程工作辊的数据来自国内某铝合金集团生产线二级系统上的数据。上述几个应用算例中采用实验数据验证了方法的有效性。

参考文献

[1] 潘云. 基于谱方法的刚柔机械手模型降维与控制研究[D]. 长沙: 中南大学, 2011.

[2] 陈琳. 基于降维模型的刚-柔机械臂模糊控制[D]. 长沙: 中南大学, 2014.

[3] Christofides P D. Nonlinear and Robust Control of PDE Systems: Methods and Applications to Transport-Reaction Processes[M]. Boston: Birkhauser, 2001.

[4] Deng H, Li H X, Chen G R. Spectral-approximation-based intelligent modeling for distributed thermal processes[J]. IEEE Transactions on Control Systems Technology, 2005, 13(5): 686-700.

[5] 陈星, 方之楚. 柔性机械臂振动的反馈控制及数值模拟[J]. 振动与冲击, 2006, 25(1): 1-4.

[6] 冯纯伯. 鲁棒控制系统设计[M]. 南京: 东南大学出版社, 1995.

[7] Jiang M, Li X J, Wu J G, et al. A precision on-line model for the prediction of thermal crown in hot rolling processes[J]. International Journal of Heat & Mass Transfer, 2014, 78: 967-973.

[8] 张朝锋. 基于局部一维隐式法铝板带热轧工作辊热辊型快速预测研究[D]. 长沙: 中南大学, 2011.

[9] 王国栋. 板形控制和板形理论[M]. 北京: 冶金工业出版社, 1986.

[10] Lark E C. The Rolling of Strip, Sheet and Plate[M]. London: Chapman and Hall, 1963.

[11] 李世烩. 热辊型动态形成过程的机理研究——2800 铝带热精轧机热辊型仿真分析[D]. 长沙: 中南工业大学, 1996.

[12] Bagheripoor M, Bisadi H. Effects of rolling parameters on temperature distribution in the hot rolling of aluminum strips[J]. Applied Thermal Engineering, 2011, 31(10): 1556-1565.

[13] 杜凤山, 郭振宇, 朱光明. 多道次可逆轧机工作辊温度场及热辊型的研究[J]. 冶金设备, 2004, (2): 12-15.

[14] Choi J W, Lee J H, Sun C G, et al. FE based online model for the prediction of work roll thermal

profile in hot strip rolling[J]. Ironmaking & Steelmaking, 2010, 37(5): 369-379.

[15] 郭文涛, 何安瑞, 杨荃. 基于二维交替方向差分法热轧工作辊热辊形模型的研究[J]. 冶金设备, 2009, 1: 20-23.

[16] 钟恬. 板带热轧工作辊热辊形模型的研究[C]. 全国轧钢生产技术会议, 大连, 2008: 839-841.

[17] 昌先文. 轧辊热凸度模拟系统的开发[D]. 沈阳: 东北大学, 2005.

[18] Deng H, Jiang M, Huang C Q. New spatial basis functions for the model reduction of nonlinear distributed parameter systems[J]. Journal of Process Control, 2012, 22(2): 404-411.

[19] Jiang M, Zhang W A, Lu Q H. A nonlinearity measure-based damage location method for beam-like structures[J]. Measurement, 2019, 146: 571-581.

[20] Tsyfansky S L, Beresnevich V I. Non-linear vibration method for detection of fatigue cracks in aircraft wings[J]. Journal of Sound and Vibration, 2000, 236(1): 49-60.

[21] Tsyfansky S L, Beresnevich V I. Detection of fatigue cracks in flexible geometrically non-linear bars by vibration monitoring[J]. Journal of Sound and Vibration, 1998, 213(1): 159-168.

[22] Bovsunovsky A P, Surace C. Considerations regarding superharmonic vibrations of a cracked beam and the variation in damping caused by the presence of the crack[J]. Journal of Sound and Vibration, 2005, 288(4-5): 865-886.

[23] Yang W X, Lang Z Q, Tian W. Condition monitoring and damage location of wind turbine blades by frequency response transmissibility analysis[J]. IEEE Transactions on Industrial Electronics, 2015, 62(10): 6558-6564.

[24] Pascal D B, Jean-Claude G. Principal component analysis of a piezosensor array for damage localization[J]. Structural Health Monitoring, 2003, 2(2): 137-144.

[25] Matveev V V, Bovsunovsky A P. Vibration-based diagnostics of fatigue damage of beam-like structures[J]. Journal of Sound & Vibration, 2002, 249(1): 23-40.

[26] Chatterjee A. An introduction to the proper orthogonal decomposition[J]. Current science, 2000, 78(7): 808-817.

[27] Cheng C M, Peng Z K, Dong X J, et al. A novel damage detection approach by using Volterra kernel functions based analysis[J]. Journal of the Franklin Institute, 2015, 352(8): 3098-3112.

[28] Ruotolo R, Surace C. Using SVD to detect damage in structures with different operational conditions[J]. Journal of Sound and Vibration, 1999, 226(3): 425-439.